新时代 上海科普发展 战略研究

主　编　李健民
副主编　王建平　张仁开

Research on
the Development Strategy of
Shanghai Science Popularization
in the New Era

上海交通大学出版社
SHANGHAI JIAO TONG UNIVERSITY PRESS

内容提要

构建大科普格局,实现高质量发展,是新时代上海科普发展的战略目标。本书聚焦上海科普发展研究,分为战略篇、专题篇和区域篇三个部分,首先从宏观上对上海"十四五"期间科普发展战略进行了全面的思考研究,再立足于科技创新主体、科普产业发展、智慧科普、社区科普、科普立法、科普工作评价等方向进行专题探索,并以嘉定区、青浦区、徐汇区的科普工作为例,展现区域科普工作现状,旨在引领科普事业实现整体发展、充分发展和平衡发展。本书适合科普工作人员、政府科技和科普管理人员等阅读。

图书在版编目(CIP)数据

新时代上海科普发展战略研究/李健民主编. —上海:上海交通大学出版社,2021.11
ISBN 978 - 7 - 313 - 25365 - 1

Ⅰ.①新… Ⅱ.①李… Ⅲ.①科普工作-发展战略-研究-上海 Ⅳ.①N4

中国版本图书馆 CIP 数据核字(2021)第 175790 号

新时代上海科普发展战略研究
XINSHIDAI SHANGHAI KEPU FAZHAN ZHANLUE YANJIU

主　　编:李健民		副 主 编:王建平　张仁开	
出版发行:上海交通大学出版社		地　　址:上海市番禺路 951 号	
邮政编码:200030		电　　话:021 - 64071208	
印　　制:上海景条印刷有限公司		经　　销:全国新华书店	
开　　本:710mm×1000mm　1/16		印　　张:17.75	
字　　数:307 千字			
版　　次:2021 年 11 月第 1 版		印　　次:2021 年 11 月第 1 次印刷	
书　　号:ISBN 978 - 7 - 313 - 25365 - 1			
定　　价:98.00 元			

前／言

　　科学普及（以下简称"科普"）是全社会共同的责任,是实施创新驱动发展战略、建设世界科技强国和全球科创中心的社会基础性工程。中国特色社会主义进入新时代,上海科创中心建设迈入全面提升策源功能新阶段,上海科普事业发展迎来了难得的时代机遇。

　　"十三五"以来,上海科普工作以能力建设为主线,以提高公民科学素质为导向,着力激发创意,积极宣传创新,主动服务创业,加快推进科普工作的社会化、市场化、国际化、品牌化,与具有全球影响力科技创新中心相匹配的科普工作格局加速形成,公民科学素质持续领先全国。"十四五"时期是我国全面建成小康社会、实现第一个百年奋斗目标之后,乘势而上开启全面建设社会主义现代化国家新征程、向第二个百年奋斗目标进军的第一个五年,也是上海科普事业实现高质量发展的重要时期。

　　本书是我们近年来科普战略研究成果的集成。全书以新时代科普高质量发展为主线,立足"十四五",展望2035年,注重战略引领与工作导向相结合、理论研究与实践探索相结合,聚焦区域科普、社区科普、科普基地、科普产业、科普人才以及科普立法等重点方面,阐述了新时代推动上海科普事业高质量发展的基本思路及任务举措。

　　全书分为战略篇、专题篇和区域篇,包括14个研究报告。其中,战略篇聚焦新时代全球科创中心的战略需求和人民群众的美好生活需要,阐释了面向2035年特别是"十四五"时期上海科普事业实现高质量发展的总体思路和基本路径。专题篇聚焦创新主体科普工作效果、科普产业发展、智慧科普、社区科普服务圈、社区创新屋、科普工作评价机制、科普进商场、科普立法和科普绩效评价等专题,分析了上海科普若干重点工作和关键要素的现状态势及未来发展思路。

区域篇选择嘉定、青浦和徐汇三个区域作为案例,立足于打造"一区一特"科普品牌,提出了区域科普工作高质量发展的思路及举措。

本书可供政府部门、企事业单位、群团组织以及社会公众和科普工作者参考借鉴。由于编写时间较短,难免存在缺陷,敬请读者谅解。

在编著过程中,我们得到上海市科学技术委员会、上海市科学技术协会、上海市科学学研究会、上海科技管理干部学院、上海市科学学研究所、上海交通大学出版社等单位有关领导和专家的支持和帮助,同时也参考和吸取了有关专家学者的研究成果,在此一并表示感谢!

编　者

2021 年 8 月

目 / 录

战 / 略 / 篇

专 / 题 / 篇

区 / 域 / 篇

战 / 略 / 篇

构建大科普格局，实现高质量发展
——新时代上海科普发展新战略①

党的十九大做出了"中国特色社会主义进入新时代"的重大战略判断，从而确立了我国发展新的历史方位。科学普及是实现创新发展的两翼之一，是浓郁创新氛围、提升科学素质的社会基础性工程。当前，上海加快向具有全球影响力的科技创新中心进军，全力打响"上海服务""上海制造""上海购物""上海文化"四大品牌（以下简称"四大品牌"），加快打造国内大循环的中心节点、国内国际双循环的战略链接，对进一步做好科普工作提出了更高的要求。建设全球科技创新中心，全力打响"四大品牌"，把科技创新摆在发展全局的核心位置，必须树立"大科普"理念、构建"大科普"格局，既要激发创意、营造有利于科技发展的良好氛围，也要宣传创新、形成有利于科技创新的正确导向、传播和集聚创新正能量，更要服务创业、促进科技创新成果转化应用、实现科技创新价值。

一、把握新时代新要求

推动新时代的科普发展，必须准确把握中国特色社会主义新时代对科普工作提出的新要求，构建"大科普"格局，大力提升工作质量和效益，努力开创科普事业发展新征程，更好地满足人民日益增长的美好生活需要，推动人的全面发展，实现社会全面进步。

---

① 本报告由张仁开、李健民主笔撰写，部分内容曾以《新时代科普发展的新战略——以上海为例》为题刊登于《安徽科技》2018 年第 9 期。

（一）坚持以人民为中心，把提高人民群众的获得感作为科普工作的基本遵循

坚持人民立场，心系人民才能造福人民。中国特色社会主义进入新时代，我国社会主要矛盾已转化为人民日益增长的美好生活需要和不平衡不充分的发展之间的矛盾。作为与人民美好生活息息相关的科普事业，也要积极顺应我国社会矛盾的这一重大历史性变化，着力解决好发展不平衡不充分问题，把满足人民群众对美好生活的需要作为科普工作的出发点和落脚点，实现科普服务的公平与普惠。

（二）突出政治引领，把贯彻宣传新思想作为科普工作的重大任务

党的十九大把习近平新时代中国特色社会主义思想确立为党的指导思想，具有划时代的重大意义。科普工作要把宣传和贯彻落实习近平新时代中国特色社会主义思想作为重大政治任务，加大对新发展理念、科技创新重大成果、优秀团队、重点政策举措的宣传和普及，让社会公众更多地了解、理解和参与科技创新，在全社会凝聚共识，汇聚创新正能量，推动形成创新发展的强大合力。大力宣传以习近平同志为核心的党中央对科技创新和科学普及工作的高度重视和支持、对科技工作者的高度关怀和关爱，引导社会公众特别是科技工作者深刻理解科技自立自强作为国家发展战略支撑的重大意义，不断加深对中国特色社会主义的思想认同理论认同和情感认同。

（三）聚焦高质量发展，把培育发展新动能作为科普工作的重要方面

党的十九大报告指出，我国经济已由高速增长阶段转向高质量发展阶段，正处在转变发展方式、优化经济结构和转换增长动力的攻关期，必须在中高端消费、创新引领、绿色低碳、共享经济、现代供应链、人力资本服务等领域培育新增长点，形成新动能。科学普及是万众创新、大众创业的重要领域，面对经济新常态，我们要把培育新动能、形成新的经济增长点作为科普工作的重要方面，以繁荣科普市场、培育科普产业为突破口，鼓励和支持社会公众围绕科普相关领域开展创业实践，在展教具、图书出版、影视、玩具、游戏、旅游、网站等领域，催生具有科普功能的新业态，增加市场化、专业化科普服务供给，集聚形成科普产业集群。

（四）注重开放协同，把深化长三角区域合作作为科普工作的重要支撑

长三角是我国经济最具活力、开放程度最高、创新能力最强的区域之一，也

是"一带一路"与长江经济带的重要交汇地带。习近平总书记指出,上海要发挥龙头带动作用,不断推动长三角地区实现更高质量一体化发展,更好引领长江经济带发展,更好服务国家发展大局。李强书记提出,要以更加强烈的使命担当、更加积极主动的行动和更高的工作标准,对推动长三角更高质量一体化发展进行再谋划、再深化,并以钉钉子精神推动落实。科普工作要以围绕长三角实现高质量一体化发展的战略目标,强化与苏浙皖及相关城市的合作交流,促进上海具有美誉度的科普活动、科普资源向国内外辐射扩散,让更多人享受和共享。

(五)对接"四大品牌",把塑造科普品牌作为科普工作的重大举措

打响"四大品牌"是上海更好落实和服务国家战略、加快建设现代化经济体系的重要载体,是推动高质量发展、创造高品质生活的重要举措,也是上海当好新时代全国改革开放排头兵、创新发展先行者的重要行动。对接全力打响"四大品牌"的战略要求,科普工作要树立以品牌为核心、以需求为导向的发展新思路,打造更多引领时代潮流、具有鲜明上海特色的科普新品牌,为上海打响"四大品牌"注入科普力量。

二、面临新问题新挑战

面对新时代的新形势和新需求,当前上海科普发展还存在一些不适应、不协调的短板和问题,突出表现为"四个不平衡",这对上海进一步构建"大科普"格局形成了新的挑战。

(一)创新与普及不平衡

科技传播链与科技创新链存在一定程度的脱节。创新主体对科普工作重要性的认识不够,在资源投入、条件保障方面明显存在"重研发、轻普及"的现象。科技工作者参与科普工作的积极性和主动性不够,在现行的职称评定和考核评价中,科普工作量或科普作品往往被忽略不计。科技创新成果的科普化渠道还不够丰富。科普内容开发缺乏系统考虑和顶层设计,重知识轻思想方法的现象比较突出,对重大科技成果、重要科技人物的宣传还需要加强。

(二)需求与供给不平衡

高端科普供给不足与人民群众日益增长的科普需求之间存在矛盾。随着人

们生活水平的提高以及对高品质生活的期盼,其对科普文化的需求也日益增加,但高端科普产品供给能力还存在较大的缺口。原创作品和精品仍然比较缺乏,具有优势和特色的传媒资源和电视(台)科普(技)节目还不够丰富。国际性科普平台和项目较少,科普国际化程度与上海作为国际化大都市的地位极不相称。

(三) 事业与产业不平衡

公益性科普事业与经营性科普产业尚未形成良性互动的发展机制。科普事业总体上处于以政府推动为主的阶段,社会力量特别是企业从事科普的意愿还比较缺乏。市场化科普工作机制亟待完善,市场在优化配置科普资源中的决定性作用发挥不足,社会化、市场化科普主体在科普发展格局中存在"缺位""错位"现象,民间科普机构严重缺乏。科普产业尚未成为社会的共识,科普市场和科普产业的发育程度还比较低,专门从事市场化科普业务的企事业单位还比较少。

(四) 政府与市场不平衡

政府科普管理模式与科普社会化、市场化发展趋势不完全适应。现代化的科普治理体系尚未形成,科普治理能力亟须提升。政府管理部门的统筹协调能力亟须加强。科普评估和监测机制尚需健全,科普绩效评估指标体系、公民科学素质监测体系需要进一步优化,科普统计、科普理论和决策咨询研究需要进一步加强。

三、构筑新优势新基础

"十三五"以来,上海科普发展以能力建设为主线,以提升公众科学素质为导向,着力激发创意,积极宣传创新,主动服务创业,重大工程加快落实,科普工作社会化、市场化、国际化、品牌化程度进一步提升,市民科学素质继续保持全国领先水平,与具有全球影响力科技创新中心相匹配的科普工作格局加快确立,科普已成为市民文化生活的重要组成部分,科普工作的显示度和惠民度加速提升,为新时代、新起点实现更高质量新发展奠定了坚实的基础。

(一) 注重开放融合,社会化科普格局进一步健全

开放协同是现代科普发展的重要趋势。"十三五"以来,全市科普工作坚持上下联动、左右协同,"政府引导、部门协作、社会参与、市场运作"的"社会化大科

普"工作机制进一步健全。

加强部门协同。充分发挥市科普工作联席会议的协调作用，在市科普工作联席会议的基础上，建立了"4＋1"科普工作模式，即每季度召开一次科普工作例会，每年召开一次全市科普工作会议，进一步强化了各部门、各区以及市区间的科普工作合力。各成员单位充分发挥各自的职能优势，深入开展针对不同人群的科普活动，推动了全市大科普工作格局的形成。例如，市委宣传部围绕上海市五年来的重大科技成果和科普工作进展，于2017年举办了"逐梦新时代·上海2012—2017"大型主题展览。2017年5月30日，在首个"全国科技工作者日"前后，市科协以"精忠报国、敢为人先、求真诚信、拼搏奉献"为主题，组织市级学会、区科协及基层科协组织等共同开展系列活动。团市委、市科协、市教委等多家单位联合举办了第十五届"挑战杯"大学生课外学术科技作品竞赛。

强化市区联动。拓展渠道、创新机制，鼓励各区积极参与全市性的重大科普活动，进一步加强市区联动，形成市区科普工作合力。例如，浦东新区积极承接国家和市级重大科普活动任务，于2017年举办了"一带一路"青花瓷展、"2017上海国际科普文艺展演"等活动。黄浦区、徐汇区等12个区组团科技园区、科技企业参展2017上海国际科普博览会。静安区开展"走进自然，感受科技——静安市民科普行"系列活动。闵行区举办了第三届上海国际自然保护周"人与自然——发现"主题摄影展。

（二）聚焦产业孵育，市场化发展机制更加完善

科普产业是科普社会化、市场化的必然趋势，科普发展必须事业、产业并重。"十三五"以来，上海以培育"互联网＋科普"产业为重点，加快推进科普宣传内容创新、手段创新和形式创新，科普的市场化发展机制更加完善。

建设科普产业孵化基地，培育科普产业。2017年5月，上海市科委在虹口区建立了全国首家科普产业孵化基地——方糖小镇科普产业基地；2018年5月，与徐汇区政府签订了《上海市科普产业孵化基地建设备忘录》，依托氪空间徐家汇社区，建设了上海市第二个科普产业孵化基地。经公开征集，首批共有"妙小程""科学盒子""星趣科普""码趣学院""精练"等10个科普创业企业入驻孵化器；至2018年底，5个科普创业企业获得了社会资本投融资，其中种子轮投资1个、天使轮投资3个、A轮投资1个。同时，市科委与宝山区合作，依托智慧湾园区建设科普公园，在打造科普体验场所的同时，进一步探索公益性与市场化相结合的运作机制，培育孵化一批以科普服务为主营业务的社会化、市场化专业

机构。至 2018 年,全市共建成科普产业孵化基地 2 个,在建 1 个,共培育科普创业企业 14 个,企业自发成立上海科普产业联盟,上海科普产业初具雏形。

联合行业龙头企业,推动"科普＋产业"深度融合。2017 年,市科委与百联集团签署了科技创新和科学普及工作合作框架协议,双方以科普集市、特色主题展等形式开展科普领域的深层次合作,推进科普展览内容和商业展陈模式创新,做大做强科普品牌,"自然趣玩屋""如何复活一只恐龙"等系列科普活动深受消费者喜爱。同时,加强与上汽集团、跨国公司在沪研发机构等企业合作,动员和吸引企业积极参与上海科技节等重大科普活动,促进科普与产业、科普与商业、科普与研发的深度融合。

(三) 深化合作交流,国际化科普影响持续拓展

"十三五"以来,上海坚持以国际视野谋划科普发展,深化国内外科普合作交流,拓展科普工作格局,扩大科普工作的影响力和辐射面。

以长三角为重点,深化国内合作。长三角科普资源共享不断深化,2018 年科技节期间,沪苏浙皖一市三省的多家科普场馆共同成立"长三角科普场馆联盟",致力于推进科普教育、展示、收藏和研究等方面的深入交流,形成"产-学-研-用-展"一条链,实现馆间、馆企、馆研、馆校协同发展,共同推动长三角一体化。加大科技(普)扶贫对口支援,上海市科学技术委员会、上海科技馆、沪杏科技图书馆、上海西马特机械制造有限公司 4 家单位获"2017 年全国科技活动周'科普进西藏'活动先进集体"表彰。干频、曹宏明、梁兆正、顾卫东、梁小玲 5 位同志获"2017 年全国科技活动周'科普进西藏'活动先进个人"表彰。

以"一带一路"为引领,拓展国际交流。加强与泰国、马来西亚、菲律宾、埃及、巴基斯坦、乌兹别克斯坦等"一带一路"沿线国家和地区的科普交流合作,共同策划开展"青出于蓝——青花瓷的起源与发展"展、"星空之境"展,打造具有国际影响力的科普成果交流平台。2017 年科技节期间,举办了科技节国际沙龙、"一带一路"国际科普乐园等多个国际化活动,来自欧洲科普活动协会、马耳他科学节以及捷克、波兰、荷兰、匈牙利、马来西亚、新加坡等多个国家和国际组织的科学家和优秀科普工作者参加了相关活动,进一步拓展了上海科普活动的国际参与度和影响力。市教委和市科委共同主办的上海国际青少年科技博览会已成为国内乃至亚太地区规模最大、知名度最高的国际性青少年科技交流品牌活动之一,受到广大青少年的欢迎,形成了较好的国际影响力。

（四）突出绩优高效，品牌化科普活动不断涌现

"十三五"期间，上海以品牌化为导向，探索切合自身实际的特色活动和项目，上海科技节、全国科普日、少年爱迪生、国际自然保护周、上海科普产品博览会等一批科普品牌的"美誉度"和吸引力不断增强。

上海科技节品牌影响力加速提升。2018年上海科技节期间，全市共举办各类科普活动1600余场，主会场及分会场的主要活动网络视频直播点击量超过1000万次。300余家科普教育基地向公众免费或优惠开放；100余家高校、科研院所的重点实验室、世界500强企业邀请公众走进实验室，拉近科技和公众的距离，让公众感受科学的魅力。上海科技节已成为继上海国际电影节、上海旅游节、上海国际艺术节之后的又一重大品牌活动。

一批知名品牌获得广泛好评。百万青少年争创明日科技之星，《少年爱迪生》《未来说》等电视电台栏目以及上海国际科技艺术展演、上海国际自然保护周等重大科普活动的品牌知名度、社会参与度、群众美誉度不断提升。例如，大型青少年科学梦想秀节目《少年爱迪生》成功播出五季，节目最高收视率达5.4%，有效锁定4～14岁和35～65岁两大收视人群，节目"含金量"位居同类节目之首，连续两年荣获亚洲电视大奖最佳儿童节目提名奖，并获上海市科技新闻奖一等奖和上海市科技进步奖二等奖。又如，上海市青少年"明日科技之星"评选活动自2003年开始，至今已经举办了十五届。每年有数千份优秀作品入选，评出50名"明日科技之星"和50名"明日科技之星提名奖"，并将奖项纳入高中生综合素质评价，活动形成了一套具有特色和公信力的评价体系，力求科学、公平、公正地选拔品学兼优的青少年科技人才。

（五）着眼持续发展，长效性科普能力建设不断深化

按照全面深化改革要求，着眼未来持续发展，进一步创新科普工作思路，着力壮大面向一线的科普工作队伍、保障多元供给的科普工作经费、健全植根基层的科普设施体系，不断增强科普公共服务能力。

科普人才队伍建设持续推进。加强科普培训。2017年共开展面向科普管理者、科普讲解员、科技宣传工作者的业务培训7期，培训科普工作骨干300多名。一批优秀科普人才获得国家表彰。在2017年全国科普讲解大赛中，上海代表队的6名队员全部获奖，其中来自宝山区气象科普馆的田青云、上海自然博物馆的黄麒通获得一等奖，并获"全国十佳科普使者"称号。2016年，上海科普教

育发展基金会、上海市科学技术委员会科普工作处、上海市科普事业中心、上海科技馆展示教育处 4 家单位荣获"全国科普工作先进集体"表彰,俞奕、朱贤定、宋林飞、陈文娟、沈晓兰、徐湮 6 位同志荣获"全国科普工作先进者"表彰。上海市科学技术协会科学普及部、中共上海市委宣传部宣传处、上海地铁公共文化发展中心、上海市宝山区科学技术协会、上海市科普作家协会 5 家单位获《全民科学素质行动计划纲要》"十二五"实施工作先进集体表彰,龙琳、钟倩、曹晓清、沈湫莎、徐超、龚健 6 人获《全民科学素质行动计划纲要》"十二五"实施工作先进个人表彰。

科普基础设施进一步优化。至 2017 年,全市共建有 2 家综合性科普场馆、54 家专题性科普场馆、273 家基础性科普基地、83 家社区创新屋、25 家青少年科学创新实践工作站及 100 个实践点、社区科普 e 站和社区科普大学教学点各 1 000 多家,形成了覆盖社区、广布全市的科普设施体系。全市平均每 44 万人拥有一个专题性科普场馆,已达到国际先进水平。部分重点科普场馆形成了广泛影响力,上海科技馆入围全球最受欢迎的 20 家博物馆,位列第 6。2016 年,社区创新屋作为国家优秀科普展项参加"国家'十二五'科技创新成就展",受到了中央领导的高度评价和参展群众的热烈欢迎。

科普传播网络进一步拓展。深入推进科普信息化,做大互联网科普,科普传播网络进一步拓展。市科委依托上海科普云、科普微信、微博等新媒体扩大科普宣传,以项目资助的方式,培育了汽笛声、科萌萌、趣知医、创新 WOW 等专业化互联网科普平台。同时,加大互联网科普内容投放,通过科普电子屏、社区科普宣传栏等社会化科普载体,在人流密集场所投放科普内容,进行立体化、社会化科普宣传,扩大科普受众面。

四、确立大科普新定位

大科普是随着"大科技"的发展应运而生的,它既是科技自身发展的必然结果,也是经济社会发展的必然选择。"大科普"是相对于"部门科普""领域科普"而言的,所谓"大科普"就是指全社会的科普,是指科普成为全社会的共同责任,成为各行各业、各个部门的共同工作。当前,学科交叉化、技术集成化的趋势日益明显,科技与经济、社会、文化的融合直接促成"大科技"的产生,也就需要"大科普"与之相匹配、相呼应。从总体上看,与传统意义上的"部门科普"或"领域科普"概念相比,"大科普"具有以下鲜明特征:

（一）科普内容的综合性

科普内容的综合性越来越强，呈现纵向不断延伸、横向不断拓展的发展趋势。一是自然科学与人文社会科学有机融合，"大科普"的内容不仅仅是自然科技知识，还包括经济、管理、法律等人文社会知识；二是知识、方法、思想和精神有机统一，"大科普"不仅普及和传播科学知识，更重视创新方法的培训，创新思想和创新精神的宣扬；三是科普、娱乐、体验、生产相互促进，科普与艺术、旅游、体育以及各类生活生产活动的结合更加紧密，寓教于乐、寓教于玩，让人们在潜移默化中感受和体验科技的无穷魅力成为"大科普"的重要方式；四是创意、创新、创业纵向延展，随着创新链的不断延伸和扩展，科普不仅仅关注科技创新，更需要激发创意、推动和服务创业，适用技术技能和创新创业知识的教育培训都应纳入科普范畴。

（二）科普对象的全覆盖

以公众为本的互动性是"大科普"的本质属性。在"大科普"格局中，"人人从事科学传播、人人享受科普服务"，追求科普对象全覆盖及科普服务均等化，以提高全民科学素质为宗旨，针对各类公众群体全方位开展科学知识、科学方法、科学思想和科学精神的普及，是"大科普"发展的必然要求。科普工作贯穿于职前、职中、职后的全过程，形成科普教育的终身体系。公众由更多地接受和理解科学转向更加积极地参与科学，他们不仅仅是科学传播的受众，也是从事科学传播的主体，"人人既是接受者、享受者，也是传播者、从事者"。

（三）科普机制的社会化

科普工作机制的社会化和市场化，是形成"政府引导、部门协作、社会参与、市场运作"的"大科普"格局的原动力。在"大科普"格局中，科普成为各行、各业、各部门的自觉行为。政府发挥政策、资金的鼓励和引导作用，市场机制在科普资源优化配置中发挥决定性作用，各类社会主体和机构积极参与科普事业，公益性科普事业与经营性科普产业互动发展，形成多元化投入、多渠道兴办科普的局面。

（四）科普方式的多元化

科普方式和科学传播载体的多元化和多样性是"大科普"的重要体现。随着现代信息技术、显示展示技术的发展,传统大众媒体的科学传播功能、科学普及效果将得以改进和提升;微博、微信、App 等新媒体手段在科学普及上的应用更加广泛。此外,电子屏、幕墙、画廊等各类社会化宣传载体的科普功能也呈现勃勃生机。在"大科普"理念下,任何物体既是科普的对象,也是科普的载体和渠道,科学普及将无处不在。从科普的方式和载体角度看,"泛在科普"就是"大科普"的最好诠释。

(五) 科普发展视野的国际化

国际视野是"大科普"发展的必然要求,"大科普"在本质上就是"国际化的科普"。在一个开放的世界,科学传播和科学普及也必然要求开放,加强国际合作交流。在功能辐射上,科技传播和科学普及要实现从注重本地化向本地化、区域化、国际化有机结合的转变,重视引进国外优质的科普资源;同时,将自身推向国际、融入全球科普格局,在国际舞台上树立创新、开放、专业的良好形象。

五、推动高质量新发展

"大科普"促进大发展。面对新形势、新要求,在上海向具有全球影响力的科技创新中心迈进的征途中,上海科普工作应着力转变思路,树立"大科普"理念,构建"大科普"工作格局,聚焦主攻方向和重点领域,全方位、多层次、宽领域推进,为上海建设全球科技创新中心、率先实现创新驱动发展、全力打响"四大品牌"营造良好的文化氛围。要聚焦重大任务、重点项目和品牌活动,以点带面,通过品牌活动、精品力作、重点项目的实施,引领科普事业的整体发展、充分发展和平衡发展。

(一) 聚焦品牌塑造,扩大社会影响

品牌活动和项目是科普社会影响和社会效益的核心所在。新时代的科普工作要聚焦品牌化这个核心要素,以品牌项目和品牌活动提升科普工作的社会影响和社会效益;要围绕科技制高点、经济增长点和社会民生关注点,集聚政府优势资源,在科普设施、科普活动、科技教育和科技传播等方面,培育形成一批具有鲜明特色的品牌项目和精品内容,彰显上海科普的影响和特色。加强市场化运作,广泛发动全社会力量参与上海科技节,继续为上海市民奉献一场规模宏大、内涵丰富的科技嘉年华。不断创新科普活动的内容、形式和组织动员机制,办好

全国科普日、上海职工科技节、草坪音乐会、上海科普大讲坛等品牌活动。持续打造《少年爱迪生》《未来说》《十万个为什么》等电台电视品牌节目。坚持高标准、高质量和高要求原则，深入推进"一馆一品一课"发展，鼓励和支持科普场馆挖掘自身特色，培育打造科普场馆特色品牌。

（二）聚焦产业培育，激发工作活力

以提高科普工作效能为导向，顺应网络社会、信息社会发展趋势，应用互联网思维开展科学普及，以培育互联网＋科普产业为重点，通过政策扶持、资金支持、资源集聚等多种手段，以市区联动、社会协同的方式全方位支持科普产业发展，培育具有科普功能的新业态，逐步建立公益性科普事业与经营性科普产业并举的体制机制。孵化一批立志于科普的创业企业，培育科普产业服务中介机构，加快推进科普宣传内容创新、手段创新和形式创新，丰富科普内容、扩大优质服务供给，满足人民群众日益增长的科技文化需求。

（三）聚焦能力建设，促进持续发展

健全科普教育基地的管理体制和运行机制，促进其与教育、文化、旅游等的结合，大幅度提高科普教育基地的整体服务能力。以公众科普需求为导向，培育一批优质的科普影视、音像、图书、动漫和网络视频等原创科普内容作品。建立健全科普与科研、学术交流、终身教育相结合的机制，引导承担国家和上海科技项目的科研团队，促进科技成果科普化，让科技成果惠及广大公众。加强专业化科普人才队伍建设，开展面向科普教育基地管理者、科普讲解员团队、社区创新屋工作人员、科普志愿者的培训，培养、团结、凝聚一支具有现代科学理念和传播技能的科普工作队伍。

（四）加强开放协同，拓展工作格局

以科普社会化凝心聚力，促进资源整合，形成社会合力，努力开创科普工作的新格局和新境界。完善部门协作机制，进一步发挥市科普工作联席会议和市公民科学素质工作领导小组的协同作用，鼓励和引导各成员单位深入挖掘部门科普资源，积极探索科普发展新路径。加强部市合作，积极服务国家战略，承接国家级科普活动和项目。完善市区联动机制，加强对区域科普工作的统筹协调，鼓励引导各区从区域资源统筹、共享的角度，以区区联动、区校联动、区园联动的形式，在更广阔的视野范围内探索新型科普合作机制和发展模式。畅通社会力

量参与科普的渠道,鼓励和支持社会组织、企业和个人参与科普工作,汇聚全社会科普工作合力,健全大联合、大协作的科普工作格局。加强国内国际合作,既要"请进来",也要"走出去",形成"内外联通、合作共赢"的科普开放发展格局。以实施长三角一体化战略为契机,强化国内科普交流,探索联合开展跨区域、跨省市的科普展览展示活动。

参考文献

[1] 张仁开."十三五"时期上海培育和发展科普产业的思路研究[J].上海经济,2017(1): 32-40.

[2] 曹宏明,李健民.全球科技创新中心战略与上海科普事业发展新思考[M].上海交通大学出版社,2018:60-78.

[3] 任福君.中国科普基础设施发展报告(2009)[M].北京:社会科学文献出版社,2010:430.

[4] 胡升华."大科普"产业时代来临[J].中国高校科技与产业化,2003(11):69-70.

[5] 李黎,孙文彬,汤书昆.科学共同体在科普产业发展过程中的角色与作用[J].科普研究,2013,8(4):17-26.

以新发展理念开创科普工作新境界①

发展理念是发展行动的先导,是发展思路、发展方向、发展着力点的集中体现。《中共中央关于制定国民经济和社会发展第十四个五年规划和二〇三五年远景目标的建议》提出,要"坚定不移贯彻创新、协调、绿色、开放、共享的新发展理念""把新发展理念贯穿发展全过程和各领域,构建新发展格局,切实转变发展方式,推动质量变革、效率变革、动力变革,实现更高质量、更有效率、更加公平、更可持续、更为安全的发展"。新发展理念科学地回答了新形势下需要什么样的发展、走什么样发展道路的重大问题,是改革开放40多年来我国发展经验的集中体现,反映了党对我国发展规律的新认识。我们要深入学习领会党的十九届五中全会精神,坚定以新发展理念引领科普事业发展,奋力谱写科普发展新篇章,开创科普事业新境界。

一、新发展理念是科普事业高质量发展的"金钥匙"

一个善于创新的国家才有活力,一个崇尚科学的民族才有希望。科学普及是实施创新驱动发展战略、建设创新型国家和世界科技强国的基础工程。习近平总书记在2016年5月30日召开的全国科技创新大会上指出,"科技创新、科学普及是实现创新发展的两翼,要把科学普及放在与科技创新同等重要的位置"。发展理念是否对头,从根本上决定着发展成效乃至成败。创新、协调、绿色、开放、共享的发展理念是管全局、管根本、管长远的导向,是我国"十四五"乃至更长时期发展的指挥棒、红绿灯。面对新形势和新要求,必须坚持用新发展理

---

① 本文由张仁开主笔撰写。

念来引领和推动科普事业发展,不断破解发展中的难题和迎接新的挑战,开创科普事业新局面。

(一) 创新是科普工作的第一动力

坚持创新发展,就是要把创新摆在国家发展全局的核心位置,让创新贯穿国家一切工作,让创新在全社会蔚然成风。创新特别是科技创新是科普工作和科普事业持续发展的动力之源。当前,世界范围内科技进步的速度前所未有,知识总量呈几何级数快速增长,新技术加速突破,新媒体技术和手段广泛应用,既为科学普及提供了更多的内容、载体和渠道,也正深刻地改变着人们的信息获取方式,即时、互动、体验、休闲等已成为当代人们参与科普教育的显著特点。科普工作只有把"创新"置于核心地位,不断推动内容创新、理念创新、机制创新和载体方式创新,才能真正满足人民群众对科普文化日益增长的个性化、多样性需求。

(二) 协调是科普工作的内在要求

协调是做好一切工作的基本要求。坚持协调发展,就是要树立大局意识、协同意识、补短意识和底线思维,解决发展不平衡问题,不断增强发展的整体性,实现辩证发展、系统发展和协同发展。科普是一项系统工程,是全社会共同的事业,涉及全社会各个方面和层面。在科普主体层面,既需要政府管理部门的引导和推动,也需要高校、科研院所、企业等各类机构的积极参与。在科普内容层面,既需要普及科技知识和科学方法,也需要弘扬科学思想和科学精神。在工作推进层面,既需要开发科普内容产品,也需要培育和集聚科普人才,更需要拓展和丰富科普活动及科普宣传。因此,推动科普事业持续发展,必须坚持"协调"这个基本要求,正确处理好各个方面的关系,整合各类主体、各种要素,形成科普事业发展的合力。

(三) 绿色是科普工作的重点内容

习近平总书记深刻地指出,保护生态环境就是保护生产力,改善生态环境就是发展生产力。"人民对美好生活的向往",是中国共产党念兹在兹的执政目标和努力方向,而生态美好是人民群众心目中"美好生活"的重要内容。伴随着我国经济社会的快速发展和人们生活水平的快速提升,雾霾频发、城市拥堵、河流污染、湖泊萎缩、生态脆弱等生态危机也日趋频发,成为制约发展质量提升、实现可持续发展的重要瓶颈。党的十八大以来,党中央将生态文明建设融入经济建设、政治建设、文化建设、社会建设各方面和全过程,努力建设美丽中国,实现中华民族永续发展。科普工作要按照全民科学素质行动计划纲要的要求,围绕节约能源资源、保护生态环境、保障安全健康等主题,把绿色、低碳、生态、环境保护等方面的知识作为重点内容,面向社会公众,重点普及尊重自然、绿色低碳、科学生活、安全健康、应急避险等方面的知识和观念,助力绿色发展和美丽中国建设。

(四) 开放是科普工作的重要支撑

开放带来进步,封闭导致落后。改革开放是国家经济社会发展的必由之路。在全球化的今天,经济社会发展需要开放,科普事业发展也需要开放。开放是科普工作的重要支撑,在一个开放的世界,科技传播和科学普及也必然要求开放,加强国际合作与交流。深化对外开放和国际合作,契合全球趋势,符合国家战略,是我国"十四五"时期科技科普发展的重要任务,也是上海建设具有全球影响力科创中心的内在要求。对科普工作而言,通过引进来、走出去,有利于充分利用国内外优质科普资源提升自身服务能力,增强科普事业的国际影响力和知名度。

(五) 共享是科普工作的目标追求

实现共享发展、共同富裕是社会主义的伟大目标和价值取向。坚持共享发展,就是要着力增进社会公平正义,增强人们福祉和获得感,促进人人参与、人人努力、人人共享。共享普惠也是现代科普事业的终极价值追求。在科普工作中贯彻落实共享发展的理念,就是要以建立普惠共享的现代科普体系为切入点,追求科普对象全覆盖及科普服务均等化,将科普工作贯穿于职前、职中、职后各个人群及生活工作的全过程,针对各类人群全方位开展科技知识、科学方法、科学思想和科学精神的普及,实现"人人从事科技传播、人人享受科普服务"。

二、对照发展新理念,上海科普工作面临的新问题与新挑战

对照五大发展理念的新思维、新指引、新要求,面对发展的新形势,当前上海科普发展还存在一些不适应、不协调的短板和问题,突出表现在以下几个方面。

(一) 科普能力建设仍需加强

科普内容开发缺乏系统考虑和顶层设计,重知识轻思想方法的现象比较突出;原创作品和精品仍然比较缺乏,具有优势和特色的传媒资源和电视(台)科普(技)节目还不够丰富,专业科普工作队伍特别是专职科普创作人员严重不足。科技传播体系亟须健全,科普与科技创新、文艺、旅游、体育、卫生等行业的跨界融合与相互渗透还不够,科普链存在薄弱环节。

(二) 科普社会化程度有待深化

科普事业总体上处于以政府推动为主的阶段,引导社会力量参与科普、投资科普的机制和政策亟须完善。部门之间的科普工作界面不清晰,各自为政、重复建设的问题仍然比较突出;科普资源分散于各部门、各系统、各行业,整合利用难度较大、共享水平较低。社会公众参与科普的主动性和内动力尚未真正激发,人们参加科普活动,更多是"被动接受",真正从自身发展需要和兴趣出发、主动接受科普教育的公众还不多。

(三) 机制制度建设亟待健全

支持科普发展的政策还比较少,与国外甚至国内兄弟省市相比,上海在科技成果科普化、鼓励企业参与科普事业、科普产业发展、科普捐赠等方面还缺乏明确的政策规定。多元化投入机制亟须完善,社会民间、国外资本投资科普事业的机制尚未建立。科普信用机制建设亟须加强,目前还缺乏与科普项目管理配套的信用体系和征信平台。

三、贯彻落实新发展理念,开创上海科普工作新局面

创新、协调、绿色、开放、共享的新发展理念是上海未来科普事业发展的根本指针。在建设具有全球影响力科技创新中心的伟大征途中,在上海率先全面建成小康社会的重要关口,需要我们深入领会和贯彻五大发展理念,努力以发展理念转变引领科普工作方式的转变,以科普工作方式转变推动科普服务质量和效益提升,加快推进科普工作的社会化、市场化、国际化、品牌化,进一步构建与具有全球影响力科技创新中心相匹配的科普工作新格局。

(一)坚持创新发展,培育"美誉度"科普品牌

抓创新就是抓发展,谋创新就是谋未来。创新是中华民族最深沉的禀赋,也是科普事业繁荣发展的源泉所在。推动科普工作创新,要持续推进科普宣传内容创新、手段创新和形式创新,着力提升科普服务的质量和水平,增强科普的吸引力。

创新科普内容,培育原创性科普产品。兼顾科技发展的前沿领域和社会公众的实际需求,注重自然科学和人文社会科学的融合,科普与艺术、旅游、体育、卫生等的有机结合,更多地开发适合传播、易于传播的科学内容和知识。要及时跟踪最新的科技发展,加大宣传和普及力度,让先进的技术和成果早日迈入寻常百姓家。要对接社会公众日常生活和生产的需求,普及推广实用性的科学常识和技能知识,致力于提升社会公众的科学生活能力和科学劳动能力。

创新科普活动,培育品牌化科普活动。各类科普活动特别是重大的群众性科普活动,能够集中宣传党和政府的科技创新方针政策,集中展示科技创新发展的最新成就和风采,集中体现科普工作的现状和实效,集中反映公众对科技创新的实际需求,同时,也是集中体现科普社会责任的良好平台。要注重科普活动的针对性、时效性和广泛性,着力促进科普活动的品牌化设计、项目化运作、社会化推动,提升科普活动的效果,扩大科普活动的影响力和示范效应,培育打造若干个高水平、有特色、创品牌的科普活动项目。

创新科普载体和方式,打造渗透性科普传播网络。好的科学内容知识必须通过合适的途径和方式传播,才能真正产生积极的效应。当前,要倍加重视参与性、嵌入式的传播载体和宣传方式,让更多的社会公众真正地参与科学,在参与中玩科学、学科学、用科学。采用更多的综合性、融合化、嵌入式的方式和载体,引导公园、商店、书店、医院、影剧院、图书馆等公共场所逐步增加科普宣传设施,推动科普融入人们的休闲、购物、医疗之中。

(二)注重协调发展,健全"社会化"工作机制

科普是一项社会系统工程,协同联动是现代科普发展的重要趋势。推动科普协调发展,核心是围绕创新链完善科普工作体系,促进科普工作体系与创新链的深度对接,关键是形成政府引导、部门协作、社会参与、市场运作的"大科普"工作机制,让科普成为各行、各业、各部门的自觉行为;促进各类社会主体和机构积极参与科普事业,公益性科普事业与经营性科普产业互动发展,形成多元化投

入、多渠道兴办科普的局面。

推进科普与创新有机融合。围绕创新链部署传播链，在创新链前端，着力推动科技与文化融合，营造有利于激发创意的良好氛围；在创新链中端，对接国家和上海创新战略部署，及时宣传推广创新战略、创新成果和创新机构，弘扬创新正能量；在创新链后端，立足服务创业，提高社会公众的创业意识和素质，培育发展科普文化产业，鼓励和支持科普创业。

注重政府与社会密切互动。改变过多依赖行政化手段推动科普发展的模式，充分发挥各类社会组织的作用，调动企业、社会共同参与科学普及的积极性和主动性，逐步培育、丰富科普的社会细胞和市场元素，在科普基础建设、科普传媒网络构建、科普文化产业培育等方面建立健全政府引导、社会参与、共同受益的社会化科普运作体系和工作模式。

坚持上下联动、左右协同。充分发挥科普联席会议的协调作用，激发各单位在科普工作中的主动性和积极性，形成良好的部门协作机制。着力完善部市合作、市区联动机制，积极承接国家相关部门的重点科普任务，持续举办好全国科技活动周、科普日等重大科普活动；加强对各区、街镇和村居科普工作的指导，优化社区创新屋、区域科普工作年度考核机制，完善上下贯通的科普工作联动格局。

（三）聚焦绿色发展，扩大"惠民型"科普宣传

绿色发展是人民群众的美好期盼和真切需求，科普工作要以群众需求为导向，既要把绿色发展作为科普工作的重要内容，着力服务生态文明和美丽中国建设；也要在具体的工作推进中，自始至终贯彻"绿色"理念，在科普活动举办、项目开展中突出简约，力求"亲民惠民"，力戒形式主义，注重实绩实效。

科普宣传凸显"低碳环保"。围绕美丽中国和生态文明建设的国家战略，聚焦低碳、绿色、生态、自然保护等主题，持续开展各类科普活动（如上海自然保护周），着力普及环境保护对于更加注重民生、转变经济发展方式和优化经济结构的重要作用，着力普及推进污染减排和探索环保新道路的新技术、新举措、新成效，不断改进科普内容及形式手段，丰富科普题材、风格和载体，贴近群众、贴近生活、贴近实际，不断提升生态文明的科普宣传、教育活动的实效，增强全民生态环境和绿色发展的意识和素质。

科普活动力求"亲民惠民"。在策划、举办科普活动中，要以贴近民生为价值目标，坚持从广大社会公众的日常生产和生活实际出发，以"绿色简约"为基本要

求,杜绝豪华铺张行为,节俭节约,突出群众参与和互动。努力以较少的投入,为社会公众带来更多的实惠,以简约的方式,提升科普活动的社会效益和民生效应。

(四) 突出开放发展,拓展"全方位"合作渠道

开放是上海最大的优势。推进上海科普事业发展,要胸怀全局,立足国内,放眼全球。一方面,以国际视野谋划科普发展,深化国际科普合作交流,提升利用和配置全球科普资源的能力;另一方面,以长三角为重点,强化国内科普合作交流,在服务长三角、服务全国发展中实现自身发展。

深化区域合作。围绕长三角世界级创新型区域建设、环杭州湾大湾区建设等,继续与江苏省、浙江省及相关城市地区等联合策划举办"长三角科技论坛"、院士专家江苏行、浙江行等科普活动;引导和鼓励上海的科普教育基地、科普场馆等科普机构与长三角区域内的基地、机构建立联盟平台,共同拓展资源,提升科普效果。

服务全国发展。以长江经济带建设为重点,强化国内科普交流和对口支援。加强与北京市、江苏省、浙江省等地的科技管理部门、科协组织和科普机构的合作交流,学习他们的先进做法和成功经验,探索联合开展跨区域、跨省市的科普展览展示等活动。把科普作为上海对口支援的重要内容,支持和鼓励上海科技馆、上海自然博物馆等将优质科普资源提供给西部欠发达地区使用,增强科普效益。

扩大对外开放。将科普工作纳入对外交流范畴,不断加强与国际科普团体的联系,积极引进国际优质科普资源,努力增进科普工作合作交流的广度和深度。重点加强与"一带一路"沿线国家和地区的科普合作,共同开展各种主题的国际科普交流活动,探索构建国际科技节联盟。主动实施科普"走出去"的战略,鼓励相关机构、人员赴国外讲学、办展、开展科普活动等,提升科普工作的国际影响力。

(五) 追求共享发展,优化"普惠性"科普服务

贯彻落实共享发展理念,促进科普服务的普惠与公平,核心要义是坚持以人为本,注重职前、职中和职后人群的全覆盖,要着眼于全方位推进、全覆盖服务、全渠道传播,构建普惠性的科普服务体系。

科普对象"全覆盖"。面向公众需求,注重公平普惠与重点人群统筹兼顾,实

现对职前、职中和职后人群的全覆盖。对领导干部和公务员,要以提升科学决策和科学治理能力为目标,将科学素质教育纳入全市领导干部和公务员培训教学计划,全面提升领导干部和公务员的科学管理、科学决策能力及素质。对青少年学生,要以科学界和教育界的大联合为基础,促进学校科学教育与社会实践相结合,创新科学教育方法,鼓励学生通过参与、体验、实践和动手制作等方式提高科学素质。对社区居民,要充分整合社区创新屋、科普基地、社区科普大学等各类资源,重点推进基层科普服务网络建设,实施社区科普益民计划,提升社区科普能力,倡导社区居民科学的生活观念。对城镇职工,要面向实践和应用,推动创新实践,探索科技人员服务企业技术创新的有效形式,提高城镇劳动者的就业能力和职业技能,注重提升外来农民工的科学文化素质,增强其适应城市生活的能力。对农民,要深入基层,了解农民的需求,大力开展农民科技培训和专题科普宣传活动,加快培养有文化、懂技术、会经营的新型农民。

科普手段"信息化"。结合"智慧城市"建设,以科普信息化为核心,强化"互联网+"思维的应用,着力培育和打造"互联网+科普"品牌。推动传统媒体与新媒体深度融合,借力"互联网+"打造多层次的科普信息化平台,引导各类科普组织和机构创设科普微博、微信和 App 等新兴传播载体,定期向公众推送科普内容,实现科普宣传线上线下配合、虚拟与现实结合,拓展科技传播域和科普覆盖面。引导各类科普组织和机构加强科普传播协作,围绕公众关注的科学热点、社会热点焦点问题,建立快速反应工作机制,回应公众关切,及时解疑释惑。

参考文献

［1］新华社北京 11 月 3 日电. 中共中央关于制定国民经济和社会发展第十四个五年规划和二○三五年远景目标的建议［EB/OL］.［2020－11－30］http://www. gov. CN/zhengce/2020-11/03content-5556991. htm.

［2］张仁开. 新时代科普发展的新战略——以上海为例［J］. 安徽科技,2018(9):5－8.

［3］曹宏明,李健民. 全球科技创新中心战略与上海科普事业发展新思考［M］. 上海交通大学出版社,2018:60－78.

［4］任福君. 中国科普基础设施发展报告（2009）［M］. 北京:社会科学文献出版社,2010:430.

"十四五"时期上海科普高质量发展的若干思考①

科技创新和科学普及是实现创新发展的两翼。面对百年未有之大变局和百年不遇之大疫情,上海正积极践行人民城市的重要理念,加快建设国内大循环中心节点和国内国际双循环战略链接,着力提升全球资源配置、科技创新策源、高端产业引领、开放枢纽门户"四大功能",努力成为科学规律的第一发现者、技术发明的第一创造者、创新产业的第一开拓者、创新理念的第一实践者,这对培育创新文化、提升市民的科学素质、加强科学普及提出了更大的需求和更高的要求。

一、高质量发展是"十四五"时期上海科普发展的主题

我国进入了高质量发展的新时代。"十四五"时期是我国全面建成小康社会、实现第一个百年奋斗目标之后,乘势而上开启全面建设社会主义现代化国家新征程、向第二个百年奋斗目标进军的第一个五年。《中共中央关于制定国民经济和社会发展第十四个五年规划和二〇三五年远景目标的建议》提出,推动"十四五"时期经济社会发展要以高质量发展为主题,以改革创新为根本动力,以满足人民日益增长的美好生活需要为根本目的。

高质量发展是新时代科普工作的根本理念。高质量发展是新时代适应我国社会主要矛盾新变化、贯彻新发展理念的根本要求,是推动实现充分发展、平衡发展、满足人民群众美好生活需要的集中体现。高质量发展的本质是以质量和效益为中心的发展,是从"有没有""有多少"转向"好不好""优不优"的发展。推

---

① 本文由张仁开主笔撰写。曾刊登于《世界科学》杂志 2020 年 12 月"上海科技规划进展专刊"。

动包括科普事业在内的各项经济社会事业实现高质量发展,是适应我国发展新变化的必然要求,也是当前和今后一个时期谋划科普工作的根本指针。

发展理念是发展行动的先导。推动科普事业高质量发展要立足新发展阶段,贯彻新发展理念,加快构建高素质市民群体加速形成、高品质科普服务充分供给、高层次科普专业人才高度集聚的新发展格局。

一是高素质市民群体加速形成。公民科学素质持续提升,科普服务人民城市建设的作用进一步凸显,科学精神与创新文化成为城市品格的重要内容,全社会形成人人知创新、想创新、能创新的浓郁氛围。

二是高品质科普服务充分供给。优质科普服务和内容供给进一步充实,科普活动品牌效应进一步扩大。面向社会公众需求,创制一批原创优秀的科普作品,打造一批优秀的科普网络、期刊、报纸和电视(台)栏目,策划举办一批有特色、有影响的科普品牌活动。

三是高层次科普专业人才高度集聚。企业、科技工作者等社会各方面参与科普工作的积极性明显增强,专职科普工作者的专业能力和素质大幅提升,科普志愿者队伍更加壮大。

二、“十四五”时期上海科普高质量发展具有良好基础

近年来,上海科普工作取得了较好的成绩,在公民科学素质提升、优质科普服务供给、精品科普内容创制、科普基础设施建设等方面都走在了全国前列,科普工作为建设具有全球影响力的科创中心做出了积极的贡献,为全国科普事业发展创造了上海经验,也为新时代进一步推动高质量发展奠定了良好的基础。

(一)体系化科普设施逐步完善,高质量发展的实力更高

近年来,上海在继续深化和提升科普基地功能的同时,着力推进科普设施向学校、楼宇和社区拓展,形成了以市级科普基地为主体,以社区创新屋、社区书院、社区科普大学等为补充的科普设施体系。目前全市共有示范性科普场馆55家、基础性科普基地257家、青少年科学创新实践工作站32家、社区创新屋83家。部分重点科普场馆形成了广泛的影响力,上海科技馆入围全球最受欢迎的20家博物馆,位列第6。

（二）品牌化科普精品不断丰富，高质量发展的潜力更大

"十三五"期间，上海以品牌化为导向，探索切合自身实际的特色活动和项目，上海科技节、全国科普日、少年爱迪生、百万青少年争创明日科技之星、科学之夜、科普进商场、科普集市、上海国际科技艺术展演、上海国际自然保护周等一批科普品牌的"美誉度"和吸引力不断增强。上海科技节已成为继上海国际电影节、上海旅游节、上海国际艺术节之后的又一重大品牌活动。《少年爱迪生》连续两年荣获亚洲电视大奖最佳儿童节目提名奖，并获上海市科技新闻奖一等奖和上海市科技进步奖二等奖。优秀科普图书和作品不断涌现，在 2018 年度国家科技进步奖中，共有 3 个科普项目获奖（二等奖），其中《图说灾难逃生自救丛书》和"中国珍稀物种"系列科普片 2 个项目出自上海。

（三）多样化科普需求持续凸显，高质量发展的动力更强

中国特色社会主义进入新时代，我国社会主要矛盾已经转化为人民日益增长的美好生活需要和不平衡不充分的发展之间的矛盾。改革开放 40 多年来，我国社会生产力水平显著提高。迈向新时代，人民的需要不再仅仅局限于物质方面，而是除了物质外，对文化生活有了更高的要求。人民不仅在经济需求上由原来的基本生活满足型转向综合发展型和富裕提升型，而且在政治生活上要求民主法治，在文化生活上要求精神文明，在社会生活上要求公平正义，在生态文明上追求美丽中国。人民论坛问卷调查中心的调查显示，交通、医疗、食品安全、人居环境、教育成为新时代公众最为关注的领域和议题。更好地满足人民群众的美好生活需要，是新时代科普工作的出发点。做好新时代上海科普工作必须坚持人民至上的理念，坚持以人民为中心，着力提升人民群众的科学素质和能力，助力高品质生活创造，让人民群众更加科学、更为文明地生产和生活。

（四）生态化科普环境日趋优化，高质量发展的活力更足

联席会议机制不断完善，定期召开科普工作会议或工作例会。2019 年市政府梳理议事协调机构，上海市科普工作联席会议予以保留并重新明确了联席会议的组织架构和工作职能。科普传播网络进一步拓展，深入推进科普信息化，做大互联网科普，培育了汽笛声、科萌萌、趣知医、创新 WOW 等专业化互联网科普平台。科普政策环境持续优化，全国率先在上海科学技术奖中设立上海科学

普及奖,修订《上海科普基地管理办法》和《基地认定办事指南》,明确管理职责、细化认定条件和运行要求。

三、"十四五"时期上海科普高质量发展的问题与不足

(一)专业化程度需要进一步提升

科普立法和政策制定相对滞后,科普标准体系建设明显不足。科普工作者面临人数偏少、专业素质需要进一步提升等问题。专职、专业化科普工作队伍明显不足,高层次科普策划、产品研发和市场开拓人才相对缺乏,导致科普产品和服务的质量水平难以提高。现有科普机构的市场化盈利能力不强,专门从事市场化科普业务的企事业单位比较少。

(二)社会化格局需要进一步拓展

以政府为主体推动科普发展的状态仍未根本改变,全社会对科普工作的重视程度有待进一步提高,社会力量特别是企业从事科普的意愿和行动还比较缺乏。部门之间的科普工作界面不清晰,相互协作和联动的融合度还不高,科普资源分散于各部门、各系统、各行业,整合难度较大、共享共用不够。社会公众参与科普的主动性和内动力尚未真正激发,人们参加科普活动,更多是"被动接受",真正从自身发展需要和兴趣出发、主动接受科普教育的公众还不多。

(三)精准化服务需要进一步加强

常规化、一般性的科普服务多,个性化、定制化的科普服务少,难以满足人民群众的美好生活需要。不同领域、不同人群的科普方式和内容缺乏针对性,人工智能、集成电路等新兴产业领域的科普亟待加强。科普活动侧重于职前和职后人群,在职人群的科普参与度不够。科普内容开发缺乏系统性,单纯科技知识的普及比较多,科学方法、科学思想和科学精神的普及比较少。

四、"十四五"时期上海科普高质量发展的思路与建议

"十四五"时期推动上海科普事业高质量发展,要面向上海建设全球卓越城

市的战略需求和新时代人民群众的美好生活需要,以提高科学素质、培育创新文化为核心,以提升科普质量效益为导向,持续完善科普工作体系,加速提升科普工作的影响力和惠民度。

(一)加快培育高素质市民群体

坚持普及科技知识、倡导科学方法、弘扬科学精神、传播科学思想的有机统一,大力实施青少年、城镇劳动者、领导干部和公务员、社区居民等重点人群的科学素质提升行动,带动全面科学素质整体水平的提升,促进人的全面发展,着力培育高素质的市民群体。一要以培育实践动手能力为重点,提升青少年的科学素质,以青少年科学实践工作站、创新实验室等为重点,完善青少年科技创新平台;以实践动手为特色,广泛开展各类青少年科技创新实践活动,深入推进各年龄段青少年的科技教育,提升青少年学生的科学思维、创新意识和实践动手能力,助力青少年成长成才。二要以增强创新创业能力为重点,提升城镇劳动者的科学素质,面向企业职工、白领、科技工作者、进城务工人员等城镇劳动者,组织开展各类创新创造主题活动,激发广大劳动者的创新创造活力,提高劳动者在就业、择业、创业等方面的综合素质,形成人人崇尚创新、人人渴望创新、人人皆可创新的社会氛围。三要以培育新型职业农民为导向,提升农民群体的科学素质,健全农村科技教育、传播与普及服务组织网络,完善大都市郊区信息服务体系,大力推进农业信息化,提高农民获取科技知识和依靠科技发展生产、改善生活质量的能力,着力培养有文化、懂技术、会经营的高素质新型职业农民。四要以增强创新治理能力为重点,提升领导干部和公务员的科学素质,把科学素质教育作为领导干部和公务员教育培训的长期任务,完善领导干部和公务员的科学素质教育机制,推动创新教育和科普课程进机关、进党校、进干部培训课堂,开展针对领导干部和公务员的各类科普活动,增强领导干部和公务员的科学管理、创新治理和创新服务能力。五要以增强科学文明生活意识为重点,提升社区居民的科学素质,完善社区科普服务体系,提升社区科普公共服务能力,面向老年人、全职家庭妇女等社区居民持续开展安全、健康等知识的宣传和教育活动,引导形成文明生活、健康生活的社会风尚,促进民生改善与社会和谐。

(二)助力孕育高能级创新创业

围绕创新链部署传播链,推动科技创新与科学普及的有机融合,着力激发创意、宣传创新、服务创业,助力打造万众创新、大众创业升级版。一要着力激发创意。面向不同人群,开发各具特色的益智类科普游戏、科普动漫、科普玩具等有利于激发创意、捕捉灵感的科普内容产品,推动科学普及、娱乐游戏与研发创新的融合。策划举办创意设计大赛、科普主题头脑风暴、文化沙龙等科普活动,邀请创客、艺术设计等领域的人士参加,营造良好的创意氛围。二要大力宣传创新。依托各类科技传播媒体和科普载体,及时发现和挖掘创新典型,扩大宣传,引导形成良好的创新导向。以科技成果科普化为重点,引导承担国家和本市重大科技项目的科研团队和科技工作者,及时把最新的科学发现和技术创新成果向公众传播,让科技成果惠及广大公众。及时宣传国家、上海的科技创新战略、政策和举措,以优秀科学家和创新型企业为主要对象,加大对创新人才、创新机构的宣传,引导科技工作者及各类创新主体形成创新战略认同,引导全社会更多地关注创新、学习创新、参与创新。三要加强对创业的服务。加强创新创业方法、创业技能的培训。以创业为主题,推动科普进众创空间和孵化器,开展创业知识竞赛、创业案例征集等各类科普活动,在全社会营造良好的创业文化氛围。培育发展科普产业,依托科技园区、众创空间建设科普产品创新基地,扶持社会化、市场化的科普组织发展。

(三) 引领创造高品质生活

在创造高品质生活方面建议从以下几个方面着手。第一,举办丰富多彩的科普活动。注重科普活动的品牌化设计、项目化运作、社会化推动,提升科普活动效果,扩大科普活动的影响力和示范效应,培育打造科普品牌活动。围绕群众关注的热点科普领域,深入开展上海科技节、全国科普日、国际自然保护周等群众性科普活动,突出主题,创新形式,提高活动的知晓度和参与率。综合运用项目资助、赛事评选等多种手段和方式,鼓励各部门、各行业、各街镇以及企业等社会或民间科普力量,结合自身特色举办行业性、专题性、区域性及经常性的科普活动。第二,创制喜闻乐见的科普精品。大力支持科幻作品、科普剧、科普影视、科普展教具、科普活动课程等原创科普内容创制,为社会提供更多的科普文化产品,丰富科技传播的内容资源。引导文学、艺术、教育、传媒等社会各方面的力量积极投身科普创作出版,创作出一批贴近百姓生活的科普图书、文艺和影像制品。加大对优秀科普内容作品的宣传、推介和普及,通过开展优秀科普作品的展演、展映、展播和展示工作,使公众在欣赏文化艺术中获得科学知识、受到科学熏陶。第三,打造引人入胜的科普场所。以强化现代教育功能为目标,拓展科普教育基地功能,培育打造若干家具有文化地标性的科普场馆,成为市民休闲、旅游的好去处。加强社区科普活动室、社区创新屋等科普场所建设,打造"家门口"的科普服务体系。采用嵌入式科普、移动式科普等多种方式,引导公园、商场、医院、图书馆等公共场所逐步增加科普宣传设施,提升公共场所的科普功能,将科普融入人们的休闲、购物、医疗中。

(四) 着力加强高精度服务

加强高精度服务也是"十四五"时期上海科普高质量发展的一个重要方面。一要集聚专业化人才队伍。依托大学、科研机构、科普场馆、科技社团等实体,培育和集聚科普专门人才。引导中小学生、大学生、研究生等积极参与科技传播与科学普及培训活动,拓展和充实科普后备人才队伍。鼓励科技工作者、教育工作者、医疗工作者、楼宇白领、社区居民等积极参加科普志愿者队伍。加强科学教育培训,全面提升专、兼职科普工作者的科学素质和业务水平,建立与全市科普事业发展相适应的人才队伍体系。二要拓展精准化传播渠道。依托现代信息技术,洞察和感知公众科普需求,细分科普对象,创新科普的精准化服务模式,定向、精准地将科普信息资源送达目标人群,满足公众多样性、个性化的需求。推动传统媒体与新媒体的深度融合,运用多元化手段实现多渠道全媒体传播。扩大新媒体科技传播,广泛吸引社会力量,促进科普信息化资源开发,实现科普信息的高效利用和开放获取。三要扩大开放型发展格局。创新国内外科普合作交流机制,拓展科普事业发展空间。抓住长三角一体化上升为国家战略的重大机遇,加强与江浙皖等地的合作交流,探索联合开展跨区域、跨省市的科普展览展示活动。积极开展各类国际科普交流活动和国际科普论坛,营造良好的国际合作交流氛围。四要提升现代化治理能力。进一步强化科普工作联席会议的统筹协调功能,健全各部门协同网络,完善党建、工会、教育等部门的协调工作机制。建立与经济社会发展相适应的财政科普经费保障机制,提高投入水平和效益。引导鼓励社会资金投入科普事业,实现公益性投入和市场化运作的有机结合。探索开展优秀科普作品、科普机构、科普工作者的评选与奖励。深入开展公众科学素质调查,健全科普项目绩效评估机制,对各类科普项目、科普活动以及财政科普经费使用的效果进行科学、客观的评估。

参考文献

[1] 张仁开. 新时代科普发展的新战略——以上海为例[J]. 安徽科技,2018(9):5-8.

［2］张仁开."十三五"时期上海培育和发展科普产业的思路研究［J］.上海经济,2017(1)：32－40.

［3］曹宏明,李健民.全球科技创新中心战略与上海科普事业发展新思考［M］.上海交通大学出版社,2018.

［4］高宏斌,郭凤林.面向 2035 年的公民科学素质建设需求［J］.科普研究,2020,15(3)：5－10,27,108.

专 / 题 / 篇

提升科技创新主体和创新成果科普效果的对策研究①

  科学普及是实施创新驱动发展战略、建设世界科技强国的社会基础性工程。当前,我国科普工作的战略地位得到了空前的提高。习近平总书记在 2016 年5 月 30 日召开的全国"科技三会"上指出,"科技创新、科学普及是实现创新发展的两翼,要把科学普及放在与科技创新同等重要的位置"。面对新形势和新要求,必须围绕创新链布局科普工作链,调动社会各方尤其是高校、科研院所和企业等各类创新主体从事科普工作的积极性和主动性。但是,长期以来我国高校、科研院所和企业在开展科普工作的自觉性、积极性、有效性等方面显然还存在许多不足之处。如何进一步调动和激发各类创新主体从事科普工作的主动性、促进科技成果科普化、提升科普工作效果,在全社会营造浓郁的创新创业文化氛围,是我国建设创新型国家和世界科技强国需要思考的重要现实问题。为此,受中国科协委托,中国科协九大上海地区部分代表组织了课题组,以上海一些有代表性的科技创新主体为例,综合运用问卷调查、案例研究、文献分析、实地访谈、座谈研讨等多种方法,从科技成果科普化、举办科普活动、建设科普场所设施、开发科普内容产品等层面,梳理总结了上海地区高校、企业、科研院所等科技创新主体开展科普工作以及推动科技成果科普化的成效及基本经验,分析存在的主要问题及困难,研究提出了进一步鼓励引导各类科技创新主体参与科普工作、提

① 本报告由张仁开、江世亮、彭丽瑾等主笔完成。报告为 2016—2017 年度中国科协九大代表调研课题《科技创新主体和创新成果科普效果调研》的最终成果,课题组组长为李健民(中国科协九大代表、上海市科学学研究原所长、上海市科学学研究会名誉理事长)。课题组成员包括江世亮(中国科协九大代表、文汇报社高级编辑)、张仁开(上海市科学学研究所副研究员)、彭丽瑾(中国科协九大代表、上海海洋水族馆教育拓展总监)、靳勇(中国科协九大代表、上海理工大学科技园总经理)、徐鉴(中国科协九大代表、同济大学教授)、葛朝晖(上海市科学技术协会学术部副部长)。

高科普绩效的思路及措施建议。

一、科技创新主体和创新成果科普效果的理论分析

（一）科技创新主体应当是科普工作主体

一般而言，科技创新主体包括高校、科研院所和企业等。从现代科学的发展历程看，各类创新主体应当是科技传播的主体。国内外理论研究和实践经验也证明，科学普及是一个系统，在该系统中，科技传播主体处于重要甚至是核心的地位。国际学术界比较常见的科普（科技传播）模式，如"5W"模式和"四要素"模式等均认为科普主体是影响科普效果的关键因素，科普主体的能力和水平在很大程度上决定了科普宣传的效果和影响力。而在各类科普主体中，承担科技研发功能的高校、科研院所和企业等创新主体无疑是重要的参与者。

事实上，在国外高校、科研院所和企业等创新主体和科学共同体都是从事科技传播的主要力量。例如，美国的高校、科研机构都设有专门机构从事科普工作。发达国家的大公司每年要向公司所在的社区提供活动赞助，以改善企业形象，这些活动绝大部分为科普文化活动。例如，雪佛兰汽车公司每年要出资1 900万美元做这样的事；惠普公司每年向教育活动捐赠5 500万美元；著名的英特尔公司在总部设立了关于信息技术发展历史的展馆；美泰（Mattel）公司也制作了专题片介绍芭比娃娃、美国女孩等新产品，以提高品牌的知名度；美国圣迭戈市生物技术企业家拉里·博克创办了美国科学与工程节。

在我国，高校和科研院所一般从事科学研究和人才培养工作，企业特别是科技创新型企业主要从事技术开发和市场应用工作。正如高校、科研院所和企业在科技创新中的作用和地位不完全相同，它们在科学普及中的功能和作用也不尽相同。

（二）高校和科研院所科普的主要方式

作为一支重要的科普力量，高校和科研院所具有从事科普的人力、物力和育人环境等优势，拥有丰富的科普资源，不仅能准确地把握相关学科领域的发展动态，拥有丰富的科教经验，而且在公众心目中具有权威性，更容易取得良好的科普效果。在我国，2002年颁布的《中华人民共和国科学普及法》（下简称《科普法》）明确规定："科学研究和技术开发机构、高等院校、自然科学和社会科学类

社会团体,应当组织和支持科学技术工作者和教师开展科普活动""科学技术工作者和教师应当发挥自身优势和专长,积极参与和支持科普活动";2006 年颁布的《全民科学素质行动计划纲要》对高等院校科普提出了明确的要求;科学技术部等 7 部委出台的《关于科研机构和大学向社会开放开展科普活动的若干意见》就大学向社会开放开展科普活动问题做出具体规定;2010 年颁布的《国家中长期教育改革和发展规划纲要(2010—2020 年)》要求高校开展科学普及工作,以提高公众的科学素质。从总体上看,高校和科研院所的科普功能及途径主要包括如下几个方面。

1. 开展学科特色的科普活动

与科技馆、博物馆等大型科普场所不同,高校和科研院所大多是结合自身的科研优势,依托实验室等工作场所开展具有显著学科特色的科普活动。同时,高校和科研院所拥有大量学识渊博的知名专家和学者,而且是"两院"院士高分布地带,可以利用"名人效应"面向广大公众以科普报告、讲座等形式,大力宣讲科学知识,吸引一大批向往科技的受众,使他们受到关于科学精神、思想与方法的熏陶。如中国科学院的"公众科学日"已经成为科研机构开展科普活动的一项品牌活动,并逐渐形成了一套运行有效的组织体系,从制度上保证了科普工作的可持续发展。

2. 开放科研场所或兴建科普设施

许多高校和科研院所拥有自己的科普馆、实验室、科普教室、图书馆、标本中心等教育资源。学校在充分利用教育资源搞好教学和科研工作的同时,将这些特有资源向社会开放,接待广大公众参观,讲解实验设备和成果等科学知识,培养公众对科学的兴趣。如华中农业大学免费向公众开放学校标本馆、校史馆、花卉基地和蜜蜂馆,特别是在寒暑假期间重点接待中小学生参观,为他们讲解农业科学知识。在上海,东华大学、上海中医药大学、上海交通大学都建设了专门的科普场馆。

3. 开发科普内容作品

组织科研人员特别是离退休老科学家撰写、出版科普图书是大学和科研院所进行科普的又一有效渠道。科技工作者运用渊博的科学知识以深入浅出的表现形式,向社会推出通俗易懂、思想艺术性较强的科普书籍与期刊,让公众熟悉更多深奥的科技知识。尤其是大学和科研机构大多数都拥有出版社、杂志社、公开发行的学报等,这为科普作品的创作提供了便利的发表途径。特别是在新媒体、互联网时代,一些高校和科研院所借助大众传媒平台,与电视台、电台合办科普栏目成为其开展科学传播的重要方式。例如,北京大学第一医院与北京电视台合办了《养生堂》《健康北京》等节目,动员本校院士专家在与主持人谈话过程中介绍医学知识,为公众答疑解惑。

4. 深入社区和中小学校开展科普活动

高校和科研院所等创新主体经常利用自身的优势学科或技术领域的科普资源深入校园、社区为中小学生、社区居民等提供服务。例如,北京大学第一医院深入居民社区,通过制作健康教育展板、手册、免费宣传资料,开办健康教育课堂,开展义诊、病区健康课堂等方式普及健康卫生知识,惠及广大公众。上海依托大学丰富的人力资源优势,在社区建设科学商店门店,也是创新主体深入社区提供科普服务的重要模式。

此外,高校和科研院所由于地位中立、专家权威资源丰富,在应急科普和科技公共危机事件中往往也能发挥独特作用。例如,华中科技大学针对转基因大米问题展开了系统科普工作,编写相关转基因技术的科普读物,邀请中科院张启发院士作"转基因科技知识"报告,举办"转基因让我们的生活更健康"特色科普活动,还通过转基因科普宣传展板、公益广告和科普漫画等形式向师生和市民宣传普及转基因知识。

(三) 企业科普的主要方式

企业是从事生产、流通、服务等经济活动,以生产或服务满足社会需要,实行自主经营、独立核算、依法设立的一种营利性的经济组织。虽然企业的本质是以盈利为目的,但国外一些大型跨国公司都纷纷把开展科普事业作为提升公司知名度和履行企业社会责任的重要方面予以推进。在我国,《科普法》也明确规定:"科普是全社会的共同任务,社会各界都应当组织参加各类科普活动。"而且,随着企业界关于社会责任的整体意识不断提高,承担社会责任已成为越来越多企业的共识。一个企业存在于社会,在获取社会资源、赚取企业利润的同时,还应注重其自身对社会的回报与贡献,这就是企业所应承担的社会责任,简称为"企业责任"。

企业科普主要是指企业以满足国家、社会、个人的科普需求为前提,以社会公众为对象,利用自身的人力、物力、财力或其他无形资本等资源,结合企业自身的生产经营状况和营销需求,投身参与社会公益性科普活动;或向社会大众、某一特殊群体自发开展科普公益活动;或向目标消费群体提供与商品、服务有关的科普活动。

企业参与科普的方式主要有以下几种：①企业资助建立科技馆、博物馆等科普场馆。如上海水族馆就是外资企业投资建设的，目前该馆已成为上海城市旅游的重要景点之一。②充分发挥职工技协、企业科协、企业研发中心等组织机构的作用，面向职工开展讲理想、比贡献、小技术发明竞赛等各类群众性技术创新和发明等活动以及科普教育、技能培训、讲授或进修等交流活动。③企业内部或者不同企业之间的技术研讨会或论坛。④企业冠名资助某项社会大型科普活动。⑤开展与产品相关的科普报告、讲座、刊物、录像或其他营销活动，参与科技周、科技节、科普日等政府主导组织的各类科普宣传活动。⑥其他各类借助广播、报纸、电视、网络、板报、画廊、宣传栏等媒体的企业科普宣传活动。

（四）科技创新成果科普化的内涵及特点

1. 科技成果科普化的基本内涵

科技成果科普化是将科研活动中所产生的科技成果，尤其是自主创新的科技成果，用通俗易懂的语言，并以科学的表达方式进行科普产业化工程设计，转化为多种形式的科普产品，以不同的方法向公众展示、宣传，向社会传播、推广，从而使社会公众了解科技成果或技术方案的原理、方法、产品、系统等内容，增长见闻，并从中受益的科普产业化方式或称资源再造方式。这种科普转化虽然不一定直接产生经济效益，但具有潜在的巨大社会效益，科技成果科普化促进科技工作者与公众的沟通与了解，同时，它也是"公众理解科学"和"公众参与科学"的重要途径。

科技成果科普化和产业化是同等重要的。推进科技成果科普化也是促进科技向生产力转化的重要途径。科技成果转化是指将具有应用价值的科技创新成果向实用性开发转化和社会化普及的过程和实践。"实用性开发"就是通常所说的"产业化"，也就是将科技成果应用于社会化生产经营活动中，形成人们所需要的物质产品，从而促进一个国家和地区的"硬实力"提升。"社会化普及"就是通常所说的"科普化"，也就是将科技成果通过创作、宣讲等形式，将其转化为精神文化产品向社会公众传播，让社会公众了解相关的知识、受到某些精神和理念的熏陶，从而推动一个国家和地区的"软实力"增强。因而，科技成果科普化和产业化都是把科技成果转化为社会现实生产力的具体体现，对人类社会而言都具有同等重要的作用（见图1）。

2. 科技成果科普化的基本特点

（1）科技成果科普化是一项系统工程，不仅要关注科技成果本身的知识，而

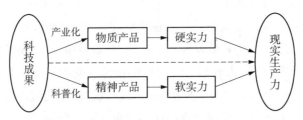

图 1　科技成果转化的两个方面内涵

且要关注科技成果背后的科学故事和精神思想。科技成果的科普化,要突出科普的人文性、思想性,不仅要传播科学的知识,而且要侧重传播科学的精神、思想和方法。科学精神和人文精神相结合,是科普化的重要内容。譬如,在科普化过程中,既要介绍科技新发现、新发明,也要从科技成果的研发过程中,介绍科研人员的探索精神、思维方法,挖掘科技成果背后的故事,发掘其中的人文内涵。科研项目完成后的科普报告,不能仅报告项目和成果的知识性,更要体现科研过程中的思维成果,包括思路的创新、方法的突破等具有人文价值的内容。

(2) 创新主体和科研人员是促进科技成果科普化的原动力。各类创新主体和科技人员是科技成果的所有者和直接参与者,他们的意愿和动力在很大程度上决定了科技成果科普化的成败。因此,在政策层面,要把科技成果科普化作为创新主体和科技人员的重要工作内容,在经费保障、考核评价方面给予科普工作与科研工作同等的地位。例如,可以通过政策激励和调整科研计划项目,在项目预算中安排一定的经费用于科技成果科普化,或将科技成果科普化作为科研项目结题的必要条件之一。

(3) 科普工作者特别是科普创作人员是科技成果科普化的主体力量。科普是一项专业工作,科学家和科研工作者往往不具备从事科普创作的素质和能力,因此,要促进专业科普创作人员(如科技记者)与科研工作者相结合,吸引和鼓励其他艺术创作门类的人才关注科普题材的创作,组合、壮大和更新科普创作力量,使科普作品的表现形式出新与多样;选派有能力、有创意、有事业心的媒体记者和编创人员,长期深入和跟踪国家或地方的重大科研、建设项目,及时传播科技项目的进展动态,同时积累科研过程的第一手素材,为日后创作出鲜活的、全景式的反映中国科技发展历程和杰出人物精神风貌的重量级科普作品打下坚实的基础;鼓励大学和科研机构内部探索设立专职的科普创作员,采用多种鼓励方式,激励科技人员主动投入科技传播的队伍中来。

二、上海科技创新主体及创新成果科普效果的现状分析

（一）上海科技创新主体开展科普工作的基本情况

为有效地了解上海创新主体开展科普工作的实际情况，项目组通过发放问卷的调研形式向上海市具有代表性的部分高校、科研院所和企业等创新主体单位（如上海力学学会旗下的 184 家单位以及上海理工科技园园内 250 家单位共计 434 家单位）进行了详细调研。调研内容涉及创新主体单位开展科普工作的主要形式、科普工作的对象、科普工作的依托人群、科普工作的任务来源、科普工作的频率和效果、科普工作面临的困难和问题等。

问卷调查表共计发放了 434 份，要求每家单位填写一份。项目组回收到来自 395 家创新主体单位的 395 份有效问卷，有效问卷回收率达 91％。395 家单位中有 90 家是高校类型、16 家是科研院所类型、275 家是企业类型单位及 14 家其他类型单位。因此，项目组认为这些问卷所反映的情况基本上能反映上海市科技创新主体开展科普工作的基本情况。以下就相关调研内容做基本情况的描述和分析。

1. 科普工作形式和对象

调查结果显示（见表 1），上海科技创新主体的科普形式有 31％为讲座/宣讲，24％为研讨会/沙龙，线上活动形式（网站、微博、微信等）为 20％，其他传统形式如展板和广告牌、出版报纸、期刊、书籍等纸质媒体分别占约 13％和 12％。由此了解到创新主体的科普形式以传统形式为主，与新颖的互联网＋形式同时并举。

有关创新主体的科普对象以面向社会全体民众的占绝大多数（70％），面向儿童和青少年者占 22％，而面向老年人及教育程度较低者则占比较少。因此，创新主体的科普对象是以社会全体民众为主要对象，以儿童和青少年为辅。

表 1　上海科技创新主体开展科普工作的主要形式及对象

	形式种类	问卷中所选项票数	占总选项数比例/％
科普形式	讲座/宣讲	276	31
	研讨会/沙龙	214	24

（续表）

	形式种类	问卷中所选项票数	占总选项数比例/%
科普形式	线上活动（网站、微博、微信等）	177	20
	展板和广告牌	115	13
	出版报纸、期刊、书籍等纸质媒体	105	12
科普对象	社会全体民众	278	70
	儿童及青少年	101	25
	60 岁及以上的老年人	16	4
	教育程度较低（小学及以下）的成年人	5	1

2. 科普工作队伍建设

调查表明，上海创新主体开展科普工作基本上以单位职工为主，但也有约20%的创新主体单位拥有固定的志愿者队伍，或需要招募临时性志愿者。科普工作依托人群主要以单位职工为主的单位，占比一半以上。其他的依托人群分别是学生和志愿者，各占总比例的22%。在科普工作中从未招募过志愿者的创新主体占43%，而有固定志愿者队伍的创新主体占了21%，同时偶尔需要招募临时性志愿者的创新主体也占22%，两者分别达到约20%。

3. 科普工作任务及经费来源

调查表明，有近半数的选票选择创新主体的科普工作是由组织自主开展的，由其他机构委托或由政府委托组织开展的各占近20%。采自395家创新主体单位中，在过去的一年内，共有254家单位没有投入任何经费用于开展科普工作，在395家单位占比为64%；有101家单位投入了9万元以下的经费用于科普工作，其中有84家单位的经费由单位自筹；经费投入10万元以上的单位不超过10%。

从问卷调查表中可以看出：创新主体单位中有较少数是自主开展科普工作的。大多数单位在过去的一年内不投入任何科普经费，而有约26%（101/395）单位在过去的一年内投入了9万元以内的科普经费，这些经费绝大多数是由单位自筹投入的。从表2中可看出，由政府投入资金开展科普工作的寥寥无几。

表 2　创新主体科普工作的经费来源情况

总共 395 份（过去 一年内）	单位 /个	占比 /%	完全由单 位自筹 /个	完全由政 府委托 /个	既有自筹 又有政府 /个	既有自筹又有 政府,自筹 占 50% 以下 /个	既有自筹又有 政府,自筹占 50% 及以上 /个
0 万元	254	64	/	/	/	/	/
0～9 万元	101	26	84	1	16	2	14
10 万～99 万元	34	9	25	0	9	0	9
100 万元及 以上	6	1	5	0	1	0	1

4. 科普工作频率和效果

有关创新主体单位近 5 年中每年科普工作的频率,项目组从 395 份有效问卷中梳理出了关于此问题的选题(有 3 份问卷此题空缺)。

调查表明,超过 50% 以上的创新主体每年自主策划举办 5 次以下的科普活动;举办 5～10 次的单位占 34%;每年举办 10～20 次科普活动的单位占 7%;20次以上的仅占 6%。大多数单位(60%)认为其所开展的科普工作完全或基本达到了预期效果。因此,只要创新主体单位开展科普工作,大多能达到预期的效果,但大多创新主体每年开展的科普工作次数有限。

(二) 上海提升科技创新成果科普效果的主要做法

有关创新成果的科普效益调研分析是本课题组承担的中科协课题"科技创新主体和创新成果科普效益调研"的重要组成部分。为此,课题组在立项之初在选择创新成果案例时基于这样的考虑:这里所谓的创新成果应该是近年来在国内实施的、具有原创性、国际级的科技成果,而且是在科普传播方面做出公认的突出成绩者,当然也具有上海本地特色的。以此为筛选标准,最终选定了上海光源、国家蛋白质科学中心、北斗产业技术创新西虹桥基地和中国极地研究中心这4 个案例。这些案例的基本点:都是口碑不错的处于科技前沿的创新主体,而且都很重视科普。从总体上看,他们在开展科普工作及科技创新成果科普化方面都具有以下特点:

1. 配合重大节点,适时进行科普

中科院应用技术物理所(下文简称"应物所")在 2009 年竣工之前就创制了

《上海光源科普宣传》影片,并在 2011 年、2013 年两次对其进行修改补充,2013 年还新拍摄了《上海光源工程建设之路》宣传片。通过以上科普资源的建设和整合,更好地向社会各界普及同步辐射知识,走近上海光源,并在特定的领域向全社会特别是向大、中学生开放,培养青少年对科学知识的兴趣、创新精神和社会责任感。

2. 举办论坛、讲习班等主题活动

与上海市科委等部门联手,应物所举办了多期不同主题的科普活动,增进了社会各界对科学院研究所以及大科学工程的深入了解。近 10 年来,在上海市科委东方科技论坛的大力支持下,应物所举办了多期不同主题的东方科技论坛,以增进各学科领域的科研人员对光源的了解。应物所还在上海光源举办了"同步辐射应用专题讲习班",邀请了知名专家讲授同步辐射在生命科学、材料科学、医学成像、纳米技术等前沿科学领域的应用概况,并且同步辐射用户与大家分享了研究成果。

3. 借助媒体资源,扩大传播效应

充分利用社会和媒体平台,进一步放大有限的科普力量,以取得更深远的影响力。在这一点上,上海光源做了不少的有益尝试。2013 年 4 月,上海光源国家重大科学工程荣获上海科技进步奖特等奖,上海应物所积极策划了媒体发布会;7 月,配合中国科学院组织的"记者暑期行"活动,精心准备了线站成果介绍和专家解读大科学工程等科普活动。2016 年 5 月 14 日,在"全国科技活动周暨北京科技周"主场活动上,中科院推出"科学重器——大科学装置助力科技创新"专题展,上海光源的互动模型再次亮相。刘延东副总理莅临上海光源展区,并与上海光源实验现场进行远程连线。刘延东通过远程视频系统连线了正在上海光源生物大分子实验线站进行实验工作的上海应物所专家,了解了上海光源在寨卡、埃博拉和禽流感等高致病性病毒研究方面发挥的突出作用。这些现场信息通过媒体报道在社会上引起了广泛的影响。同为国家大科学设施,蛋白质科学中心也非常注重与媒体的沟通。蛋白质科学中心在筹建期间,有很多进程节点都受到媒体关注,包括引进雷鸣担任中心主任。蛋白质科学中心正式运营后,该中心充分发挥媒体作用,利用多媒体手段,对国家蛋白质科学中心进行了大量的科普报道,既有集中式宣传,也有连续式宣传。2014 年 5 月 23 日,蛋白质科学中心在海科路园区举行了"媒体开放日"活动。来自中央和上海市的近 20 家媒体记者走进蛋白质科学中心实地调研采访。蛋白质科学中心主任雷鸣、副主任张荣光、海科路园区技术部负责人黄超兰接受了记者采访,并与媒体记者进行了详细的会谈和交流。通过此次媒体开放日活动,蛋白质科学中心展示了国家级重大科技基础设施的风采。公众对蛋白质科学中心的各类先进的大型仪器设备也有了进一步的了解,提高了蛋白质科学中心的社会公众知名度。各媒体刊采用大量的文字、图片、影像做了报道,在社会上形成了相当广泛的影响。在这次活动之后的两年多时间里,蛋白质科学中心与中央和上海媒体之间建立了良好的合作关系,形成媒体报道常态化。尤其在习近平总书记对上海提出"建设具有全球影响力的科创中心"的要求之后,蛋白质科学中心与上海光源等大科学装置一起,受到更加高度的关注。

4. 发挥海归科学家作用,提升科普权威性

蛋白质科学中心的骨干科学家以海归为主,对科普比较理解也乐于参与,同时对时尚的解读方式也比较认同。因此,在蛋白质科学中心开展的科普活动中,经常会展现这些元素,更容易赢得大众的认可,拉近前沿科学与普通人的距离。比如,2015年度国家蛋白质科学中心成功地承办了3场"上海科普大讲坛"系列讲座,经过精心组织和筹备,主讲人的精彩讲解,得到了社会大众的广泛好评,3场科普讲座共吸引学生和市民等500多人前来聆听。雷鸣研究员获评"2015年度上海科普大讲坛科普宣讲大使",欧阳波、黄超兰两位研究员获评"2015年度上海科普大讲坛优秀主讲人"。该中心还参与了"明日科技之星——科普拓展培育基地"项目。该项目是由上海科普教育发展基金会和上海市女科学家联谊会于2008年共同发起的,主要资助全市范围内的中学与中科院相关院所及上海各高校"结对",为中学生创造与国家优秀科研院所"零距离"接触的机会。自2013年起,该项活动联合分子生物学、细胞生物学2个国家重点实验室,正式纳入生化与细胞所年度科技周"实验室开放日活动",与南洋模范中学的师生也形成了科普讲座和实验室参观等固定的交流模式,并纳入联谊会常规活动,此活动正逐步向科普品牌化迈进。

5. 精心制作科普内容,增强吸引力

蛋白质科学中心还与电视台、科普中国制作了一些科普视频,用纪录片、动画等形式,非常生动形象地解释了深奥的蛋白质科学。2014年11月,上海科技电影制片厂在蛋白质科学中心采访拍摄科普纪录片《国家蛋白质科学中心·上海》《科技2014——看清蛋白质》,在上海电视台纪实频道播出后获得了广泛的好评。这些作品,尤其是科普短视频,在各类讲座里起了很好的宣讲作用。例如,在给华师大二附中学生的科普报告开讲前,主讲科学家会让学生们先观看《国家蛋白质科学中心·上海》科普纪录片,使他们对蛋白质的科学内涵及前沿

进展有了初步的认知,在感叹蛋白质科学神奇与奥秘的同时,也佩服于大科学装置的高超运力与大通量的实验能力。以这种形式,讲座可以继续到更深层次、更多话题。在上海电视台等媒体的协助下,上海交通大学的量子通信技术创新团队,专门制作了量子通信(彩虹号)的文艺朗诵诗歌,并在2017年上海科技节期间演出,取得了良好的科普效果。

6. 创新科普形式和手段,扩大普及面

伴随着时代发展,科普手段也与时俱进。据介绍,从2000年以后,极地科普馆就将考察队每次回来时做的12分钟短片,在场馆最前面的屏幕上播放。2015年,极地研究中心承接上海市科委课题,研发了南极电子模型仪。如今,极地科普面临的新挑战是,随着到极地旅游的不断升温,能亲身到南北极旅游的人们越来越多,在南北极的神秘感正在消解的背景下如何做好极地科研?据统计,现在每年约有3万人从全球各地到南极旅游,中国游客的数量已经从2008年的不足100人增长到2014年的3000人。国内有旅游机构宣称,2016年底至2017年初,将包下邮轮从智利登船前往南极,两个航次可满载1000名游客,其中交给某旅行社组团达800人。既然有机会亲临现场,或者从新华社开设的网络直播中了解极地信息,公众对极地科普的需求也不仅满足于看文字、标本乃至视频。面对挑战,中国极地研究中心的破解之道是,未来的极地科普要更多地提供"百度"搜索不到的、人们更有倾听欲望的内容。"百度"搜索不到的内容是指那些最新的科研成果,随着我国在极地科考站点逐渐增多,我国科学家在极地冰川学、海洋学、地质学、生物生态学、大气科学、日地物理学等领域取得了世界公认的科研成果,提升了我国极地科研的水平,为人类认知极地做出了贡献。

(三)上海提升创新主体和创新成果科普效果的基本经验

1. 依托创新主体特色资源建设科普场馆

从科普教育基地数量看,目前全市共有科普教育基地307家;从依托单位的构成看,基本形成了以事业单位和国有企业为主体、民营企业和其他单位为补充的构成特点,其中依托事业单位(主要是高校、科研院所等)占48%,依托国有企业62家,占23%,依托民营企业47家,占17%。特别是一些民营企业建设的科普场馆受到了社会公众的广泛欢迎,如作为一个寓教于乐的情景体验天地,星期八小镇专门为3~13岁孩子创建了角色扮演主题乐园,设置了45个主题场馆。每个主题场馆的设计皆具有较强的真实感,可为孩子提供八大领域、50类行业的70多种社会角色扮演内容,让孩子在逼真的环境氛围中,通过亲自动手参与、快乐的角色体验,激发自己的潜能与兴趣,全面提升动手能力,协调、统筹能力,团队合作、与他人相处的能力以及战胜挫折的能力。

表3 上海50家示范性科普场馆构成

依托单位性质	数量/个	所占比例/%
高校、科研院所等	26	52
国有企业	13	26
民营企业	5	10
其他单位	6	12

注:本表所示50家示范性科普场所,是以依托单位性质为依据划分的。

2. 发挥创新主体人才优势开展科普宣传

高校发挥在校大学生的优势,深入社区建设大学生科学商店社区门店,将科普知识送进社区、送到居民。

(1)进社区。大学在进社区开展科普服务方面,上海高校的大学生科学商店是比较典型的模式之一。"科学商店"又称大学生科普志愿者服务社,是一种依托大学、植根于社区的科学研究和普及的公益性组织。科学商店为居民提供免费的或者超低价的咨询服务,解答居民提出的科学问题,致力于为社区居民提供优质的科普服务。2006年起上海在国内率先引进欧盟的科学商店理念,依托高校先后建立了10家科学商店。

(2)进学校。一些高校和科研机构还可以利用自身优势学科的科普资源深入校园为中小学生提供服务。例如,中科院上海昆虫博物馆利用馆内外昆虫科普资源,每年深入学校开展"走进昆虫——蝴蝶"校园科普巡展活动。

(3)发挥院士专家等高端人才的优势开展科普工作。在一些专业科普机构的协助下,高校和科研院所的院士专家等高层次人才积极开展科普工作,形成了广泛的社会效益。例如,上海院士风采馆倾力打造的"走近院士"品牌科普活动,先后邀请了上海交通大学、复旦大学、中科院上海分院等知名科研院所的院士专家深入社区和学校等开展科普工作,如邀请了闻玉梅院士与来自全国各地知名高等院校、科研院所近50位青年领军人才面对面畅谈科学研究的魅力与挑战,进一步弘扬科学思想和创新精神;邀请张永莲院士为大同中学师生作主题为"我的成长过程和体会"的专题辅导报告,全校1200余名师生聆听,掀起青少年学科学的热情;邀请汤钊猷院士为五角场街道300余位社区居民作"正确面对肿瘤——改造与消灭并举"专题讲座,让居民不出家门就能了解权威、准确的科学知识;在《科学画报》开设"院士讲坛"栏目,刊登汤钊猷、邹世昌等院士"走近院士"讲座相关内容的文章,为广大读者带去最生动、精彩的院士报告,进一步延伸"走近院士"活动的影响力。

3. 加强创新主体原创成果的普及和推广

以上海光源为例,从建成到现在,上海光源不断地积累和完善科普素材,从一开始对光源的通俗介绍,逐渐发展为不断更新提升的多媒体展示,并以此为基础,提炼总结可重复使用的科普素材,组织一线科研人员更高效地投身科普,由此进一步提升科普工作的品质;还组建了一支将近30人的科普专家队伍,以提升上海光源科普宣传效果。迄今,上海光源累计接待公众参观逾4万人。作为生命科学领域第一个综合性的国家级重大科技基础设施,继上海光源后第二个落户张江高科技园区的国家重大科技基础设施——国家蛋白质科学中心,从一开始就有很强烈的视科普为天然责任的意识,注重向社会大众普及学科前沿知识,传播科学精神,通过组织科普讲座、制作多媒体视频、接待各界人士参观等多种途径开展科普工作,并善于借助媒体平台扩大社会影响。中国极地研究中心的科考船"雪龙"号成为知名的科普载体,还研发了南极电子模型仪,这套设备将极地模型与声光电技术相结合,实现了解说和影音播放相结合。

三、上海科技创新主体及创新成果科普效果的问题分析

总体上看,当前我国高校、科学院所和企业等创新主体在对待科学普及与科技创新关系方面存在明显的"四不"现象:思想认识不充分、战略设计不均衡、资源投入不均等、政策措施不到位。创新主体对科普工作重要性的认识不够,在资源投入、条件保障方面明显"重研发、轻普及",科技创新成果的科普化渠道不够丰富等。突破和解决创新主体在科学普及中存在的"四不"现象及问题,是贯彻落实习近平总书记关于科普战略地位讲话精神的根本要求,也是提升科普能力和科普效果的内在要求。具体而言,上海高校、企业、科研院所在开展科普工作、推动科技成果科普化中存在的问题和困难主要体现在以下几个方面。

(一)部分创新主体开展科普工作的能力不足

(1)科普活动缺乏品牌和特色。大学和科研机构当前的主要科普活动缺乏特色和品牌。调研结果显示,除少数优秀的大学和科研机构外,大多数以配合全

国科普活动主题而开展的科普活动为主,如全国科普日、科普周等活动,还有一些展教活动、讲座和公众开放活动。可以说,许多大学和科研机构没有充分利用自身的丰富资源,开展体现自身优势和特色的科普活动,没有创新符合自身特色的科普活动模式。

(2)自身优势科普资源的有效利用不足。大学和科研机构往往拥有丰富的科技资源,这些资源都具有可以开发科普展教产品的天然优势。但现实情况却是大学和科研院所的科普内容往往太过"高大上",与社会和生活脱节,不能满足公众和社会的实际需求。同时,科普资源展示形式单一,主要以传统媒体为主,大多为展板和宣传栏,参与性、体验性和互动性较弱。

(3)科普专业人才缺乏。大学和科研机构虽然拥有大量的具有专业素养的科技工作者,但是他们缺乏一定的科学传播能力。大学和科研机构在科普工作中真正缺乏的是具备讲解、创作、策划、营销、宣传、计算机网络等多方面能力的复合型人才。我国大学和科研机构的人才评价标准是论文和科研项目。在这种评价体系中,科普工作不能被折算成科研工作,从而不能成为科研人员和教师职称评定、工作绩效评价的重要依据。这种评价机制显然是影响广大科技工作者加入科普工作最重要的原因之一。

(二)科技创新成果科普化的渠道不畅通

(1)科研项目管理中缺乏促进成果科普化的针对性措施。我国现有的科研项目管理部门开展的科普调查、评估与理论研究不足,科研项目的组织管理制度对科普缺乏明确的职责界定,科技管理部门缺乏相应的管理措施,制度建设不完善,经费保障不力。例如,目前国家级科研项目中缺乏对科普工作的任务、职责要求,项目立项时一般都没有用于科普的预算。

(2)科技人员缺乏成果科普化的动力。科技成果科普化的责任主体是项目承担单位,那么作为项目承担者的科技人员,理应成为科普的主体力量。但目前的情况是,科技人员对自己所承担的科研项目缺乏科普化的动力。因为科普化的要求没有列入科研计划,所以对科研人员而言这是分外事;科普经费没有在科研计划中得到确认和保障;科研成果的科普要求没有纳入项目鉴定验收的规定,科技人员的科普贡献与科研业绩评价无关;没有在相关的实施条例中明确规定科研人员在完成科研项目的同时必须有向公众进行科普传播的责任和义务。

(3)缺乏具有科技传播能力的"科学文化人"。目前一流的科学家能热心从事科普工作的为数不多,其中能够很好胜任的人数更有限。要实现科技成果科普化,真正让大众及时了解和分享科技进步带来的福祉,就必须改变目前存在的科普形式比较传统,内容相对枯燥,公众缺乏参与和互动;科普团体人员年龄和知识普遍老化;媒体科普记者知识结构偏差,受众面小;重大科技成果科普难度大;现有科普评价标准有缺陷等问题。

(4) 科普化的模式和方式比较传统,缺乏吸引力。长期以来我国缺乏专门的管理机构推动科研项目的科普化,导致目前开展相关工作的模式较为单一,一些有热情的科研人员很难找到合适的渠道。一般科研项目通过验收后,可能在项目组织部门的网站上发布一则短讯,简要地介绍一下项目内容,就算是对公众有了一个"交待",这样的报道往往用词过于专业、信息量又很少,对于公众理解科学进而提升科学素养没有太大的益处。有些机构也会组织做出重大成果的项目负责人或团队,以讲座、展览、科普专题活动等形式进行科普宣传,取得了一定的效果。但这种传统的运作模式一方面具有很大的局限性,另一方面也难以胜任当今越来越纷繁复杂、需求日趋多元化的科研项目科普化重任。

(三) 政府政策扶持及资源投入力度不够

由于思想认识和战略设计的不对等,科学普及与科技创新在获取资源和政策扶持等方面也存在严重的不均等现象。在资源投入上,各部门、各地区在创新与普及的条件保障方面明显存在"重研发创新、轻科学普及"的现象。

与科技创新相比,政府对科学普及的支持政策也不到位。在人才政策方面,目前科普工作者的职称评聘政策还处于空白状态,还缺乏专门针对科普工作者的职称评定办法;在现有的职称评定中,科普工作量或科普作品往往被忽略不计。在税收政策方面,与高新技术企业、企业研发加计扣除等税收减免政策相比,科普免税的范围和强度都要小得多。在奖励激励方面,国家和地方的科学技术奖中,科普所占比重也相当低。

(四) 全社会对科普工作重要性的认识不够

科技创新和科学普及都需要政府管理部门的战略推动。对国家创新驱动发展战略而言,科技创新与科学普及就是鸟之双翼、车之双轮,必须同等发力、协同发展,才能推动创新驱动发展战略的深入实施。但现实情况却是,在国家、地区和行业发展的战略中,往往把科技创新置于核心地位,而科普只是从属地位。

(1) 全社会对科普工作的重要性认识还不够。无论是政府管理部门还是科技界、教育界、传媒界,都往往把科普当作可有可无的工作。在科技界,科学家本应是科普的重要力量,但许多科技工作者都认为科学家应该安安心心搞科研,做科普则是不务正业。有些科学家嘴上说科普很重要,但其内心深处仍然轻视甚至鄙视做科普工作,认为科普是"小儿科",只有水平不高的"科研做不下去了才去做科普"。一些大学教师和科研人员认为从事科普工作会影响他们的科学创新,科普工作并不是他们的责任。这种认识的偏差和不重视的态度,造成了一些大学和科研机构对科普工作的积极性、主动性不高,以应付的态度完成上级下达的科普任务。

(2)部分单位和人员对科普工作的认识还停留在传统阶段,难以适应现代科普发展的需求。不少人虽然认识到科普工作的重要性,但对科普工作规律的理解依然停留在传统科普的认知水平上,不仅对科普阶段性发展的环境和特点缺乏认知,甚至对公众理解科学的内涵和目标也缺乏理解,这就给科普工作的超前规划和加速发展带来了困难。

四、提升科技创新主体和创新成果科普效果的思路建议

进一步提升科技创新主体的科普工作效果、促进科技成果的科普化,要针对当前的主要问题和关键的瓶颈制约,在战略认识、激励机制、社会氛围、科普渠道和保障条件等多个方面采取有针对性的对策措施。

(一)战略:真正把科普放在与科技创新同等重要的位置

提升科技创新主体的科普工作效果、促进科技成果的科普化,在战略顶层设计上,要真正把科学普及放在与科技创新同等重要的位置,促进科学普及与科技创新的战略耦合、协同发展。

围绕创新链部署传播链,构建科技传播体系,着力激发创意,宣传创新,服务创新。在创新链前端,着力推动科技与文化融合、营造有利于激发创意的良好氛围;在中端,对接国家重大创新战略部署,及时宣传推广创新战略、创新成果和创新机构;在后端,立足服务于大众创业,提高社会公众的创业意识和素质。

完善有利于科学普及与科技创新协同发展的法律规范和政策体系。真正将科学普及与科技创新的同等重要性落实到位,必须要有强有力的政策法规保障。建议以落实习近平总书记"530"讲话为契机,对国家《科普法》进行修订,在其中明确增加推动科学普及与科技创新的有机结合,促进科技创新成果科普化等相

关条款,将创新主体和科技人员开展科普工作的具体要求写入其中,使科学普及与科技创新同等重要的落实具备最坚强的法律保障,也为其他配套政策的制定或修订提供坚实的法律依据。在此基础上,国家科技部、中国科协等相关部门可研究制定《关于促进科学普及与科技创新协同发展的若干意见》,从国家层面提出促进两者有机结合的可行性举措和相关政策措施,进一步完善各类创新主体以及科技工作者从事科普工作的政策措施和管理规定。

(二) 激励：加快完善科技人员参与科普工作的激励机制

（1）在科研计划中设置科学传播任务,要求科技人员从事科普工作。对科技计划项目科普化要有明确的规定,对与公众生活密切相关的科技计划项目,应制订向科普资源转化的强制规定,并以适当方式面向公众开放或宣传。在国家主要的科技计划项目申报指南中,应明确提出项目科普化的要求,在立项环节就将项目科普化作为论证评审的重要指标之一。

（2）建立健全科普工作和科普人才奖励制度。要建立有效的激励机制以充分调动科研机构中科研人员和大众传媒中科技传播工作者从事科普工作的积极性。建议政府在科学技术奖中加大对科普项目和人才的奖励,对科普做得好的科技人员给予表彰。也可探索依托重大科普活动如科技周、科普日等设立专门的科技传播奖,表彰在科技界、传播界、教育界、企业以及与科技传播相关的社会各界中,传播与普及科学技术知识、方法、思想、精神,对提高公众科学素质做出突出贡献的机构和人员,包括精神和物质奖励。

（3）改革优化科研绩效评价机制,将科普工作纳入科研人员绩效考核范围。当前,科学家做科普仍被视为不务正业,对科研人员的评价只看学术成果,而科普并不在评价体系之中。要以优化科技评价制度、实施绩效工资为契机,将科普绩效纳入对科技人员的业绩考核和职称评定之中,解决好科研人员参与科普的动力和利益问题,营造有利于科普的长效机制和良好环境。例如,把科研人员结合本职工作所撰写和发表的科普文章列入工作量,与论文同时作为晋升专业技术职务、评定专业技术职称的重要参考内容。

(三) 平台：拓展创新主体参与科普、推动科技成果科普化的渠道载体

打通从科学家、科学共同体到科学诠释者、科普志愿者的通道,引导和鼓励科技工作者承担科技创新和科技传播的双重社会责任。

（1）搭建系列科普活动平台。要着力完善专题性、综合性的科普活动体系,

动员和吸引各类创新主体和科技人员根据自身优势和特长,积极参与各类科普活动,通过科普活动将自身优势创新资源和科技知识向社会公众传播、普及。特别是诸如全国科技活动周、科普日等大型活动平台,要向各类创新主体特别是大型科技企业集团甚至跨国公司研发机构开放;在科技周、科普日期间,部分专题性活动可采取企业冠名、与企业联合举办等多种形式,吸引企业参与。在各类科普活动期间,要动员高校、科研院所的各类科技人员积极承担科普志愿者工作,向公众普及科技知识。

(2)鼓励创新主体面向社会开放科研基础设施,拓展科普场所。鼓励和引导高校、科研院所和企业探索设立公众开放日制度,定期向社会公众开放科研场所、实验基地等科研基础设施或开展科普活动,让社会公众近距离接触、体验和感受创新主体的各类创新资源,接受科技熏陶。

(3)拓展科技传播载体。要针对创新主体科普方式比较传统的短板,当前重点要树立互联网+科普的思维,积极拓宽传播渠道,跳出讲座、展览、参观、广播或电视宣传、报纸报道等传统形式的桎梏,充分利用互联网、博客、微博、微信、手机报等众多的新媒体形式,特别是要重视利用视频形式表现科技成果,利用网络、IPTV(网络电视)、户外科普电子屏、手机视频等方式向公众传播科普知识。

(4)建立科技成果科普化项目库和信息平台网络,加快科普公共产品开发,增加科普公共产品供给,丰富科普内容资源。要逐步提高国家和地方财政资助的前瞻性、民生类科技成果的科普化率,丰富科普资源,科技、教育、宣传以及文化等相关部门可联合遴选出一批最新科技成果,以群众喜闻乐见的形式进行科普化加工,通过拍摄专题科普片等形式,加大国家和地方重大科技攻关项目的宣传和传播力度。

(5)充分发挥科技社团在组织和动员科技创新主体开展科普工作中的枢纽和平台作用。科技社团是科普工作的主要社会力量,普及科学技术是新时期科技社团的重要任务之一。要鼓励和引导各学会、协会、研究会等科技社团利用社团本身的人员素质较高、设施优越等有利条件,组织开展群众性、社会性、经常性的科普活动,采取公众易于接受的方式、方法来开展形式多样的、生动活泼的科普活动,支持有关社会组织和企业事业单位开展科普活动,协助政府做好科普工作规划,为政府科普工作决策提供建议。

(四)保障:完善科技成果科普化的经费和人才保障

(1)强化创新主体科普工作及科技成果科普化的经费保障。改革政府科技计划项目经费支出的相关规定,在政府立项的科技项目中安排专门经费用于科技成果的普及和推广,也可在项目中期检查或验收后对于科普效果突出的项目予以"科普化"经费追加或奖励。对政府立项的非涉密的基础研究、前沿技术等项目,项目承担者要专列一定比例的经费用于科技成果的普及和推广应用,鼓励和引导科技成果所有单位和科技人员通过参加或举办展览会、技术合同洽谈会、交易会或搭建网络平台等多种形式使科研(研)成果走进大众的生活。

(2) 加强科技人员科普能力培训。如何把复杂严谨的科学问题从不同的视野、角度用平时易于理解的语言解释清楚,除了要有一般的交流素质,还要具有一定的交流技巧。科普机构应该为科研人员从事科普提供便利。通过适当的方式,让科研人员充分了解科普的特点,并鼓励他们勇敢地迈出参与科普事业的第一步,边做边体会,不断提升。通过培训提高现有从业人员的科普专业素养,尤其在文理交融的创作表达能力上得到有效的提升;同时吸引和鼓励其他艺术创作门类的人才关注科普题材的创作,组合、壮大和更新科普创作力量,使科普作品的表现形式出新与多样化。

(五)氛围:形成科学普及是创新主体服务人类社会的理念认同

通过加大宣传力度,向社会公众广泛宣传科普工作的重要性,在全社会树立"科研人员从事科普,是奉献,也是双赢"和"一个好的科学家首先是一个好的科普家"的理念和观念,着力营造良好的社会舆论环境,引导各类创新主体、广大科技研发人员自觉肩负起推动和提高全民科学素质的社会责任,发挥科普工作主力军的作用,积极参与公民科学素质建设工作,主动参加科技下乡、科教进社区等科普活动,把先进的实用技术推广、技术培训和科普示范等多种形式的科技服务活动有机结合起来,把科研院所和大学开展的原始创新,企业开展的技术创新和广大工人、农民开展的群众性技术创新活动有机结合起来,努力把我国建设成为人人关注创新、人人参与创新、人人支持创新的创新型国家和世界科技强国。

参考文献

[1] 康娜.企业科普主体作用研究[D].北京:北京工业大学,2012.

[2] 杨晶,王楠.我国大学和科研机构开展科普活动现状研究[J].科普研究,2015,59(5):93-101.

[3] 刘佳.科研院所向社会开放的现状研究——以中国科学院为例[D].北京:中国科学院

研究生院,2010.

［4］陈立俊,史悦.科学商店:大学生志愿者服务社区科普新途径[J].当代青年研究,2010
(1):6-10.

［5］袁汝兵,王彦峰,郭昱.我国科研与科普结合的政策现状研究[J].科技管理研究,2013,
33(5):21-24.

［6］大卫·艾克.创建强势品牌[M].北京:中国劳动社会保障出版社,2004.

［7］上海市科学技术委员会.上海中长期科普发展战略研究[R].上海:上海市科学技术委
员会,2006.

［8］上海市人民政府.上海市科普事业"十三五"发展规划[R].上海:上海市人民政
府,2016.

［9］国家科技部、中宣部,等.关于加强国家科普能力建设的若干意见[S].国科发政字
〔2007〕32号.

［10］李健民,等.上海科普场馆与"二期课改"互动方案的研究报告[R].上海市科技发展研
究基金软科学研究项目,2006.

［11］陈晓洪.科技博物馆组织文化探讨[J].广东科技,2013,22(6):3-4.

［12］张勇.科技博物馆科学传播模式研究[D].合肥:中国科学技术大学,2011.

［13］课题组.上海科普场馆运行机制研究[R].上海科技发展基金软科学研究项目,2008.

［14］王志俊,李健民.以能力为导向的城市科普事业与公民科学素质调查研究[M].上海科
学技术出版社,2014.

［15］李群,许佳军.中国公民科学素质报告(2014公民科学素质蓝皮书)[M].社会科学文献
出版社,2014.

上海科普产业发展以及基地建设相关政策研究①

科普发展必须事业、产业并重。科普产业是科普社会化、市场化的必然趋势，是科学普及的重要方面。作为一个新业态多发、规模快速增长、业务交叉融合、边界日趋扩大的新兴产业，经营性科普产业是对公益性科普事业的有益补充。培育发展科普产业是上海构建现代化产业体系的重要举措。科普产业对城市科技与经济的发展具有重要的推动作用，不但有利于优化城市产业结构、提升创新能力和核心竞争力，更有利于提升城市科普能力，提高市民科学素质，为上海科创中心建设营造良好的创新创业氛围。

一、科普产业和科普产业基地的理论研究

(一) 科普产业的内涵、特征及类型

1. 科普产业的概念内涵

21世纪以来，不同领域的学者对科普产业给出了不同的定义和理解。例如，劳汉生(2004)从文化产业的视角，将科普文化产业定义为满足人们的科普文化需要、科普文化消费需求而产生的一种产业。中国科普研究所在2010年完成的《科普产业发展"十二五"规划研究报告》提出：科普产业是生产和销售科普产品相关的产业，以科普内容和科普服务为核心产品，由科普产品的创造、生产、传播和消费4个环节组成，以市场化的手段，满足社会公众日益增长的科普需求，

① 本报告作者：张仁开(上海市科学学研究所副研究员、上海市科学学研究会副秘书长)，巫英(上海科技管理干部学院副研究员)，曲洁(上海市科学学研究所副研究员)。报告为上海市软科学研究计划项目(编号：18692114300，负责人：张仁开)的最终成果。

并促进公民科学素质不断提升的产业。任福君(2011,2013)等认为,科普产业是以满足科普市场需求为前提,以市场机制为基础,向国家、社会和公众提供科普产品和科普服务的活动,以及与这些活动有关联的活动的集合;并进而认为,科普产业是科普的经济化形态,是科普经济的存在形式,是科普生产分工细化、科普生产方式增加、科普流通销售载体变迁、科普消费需求日益增加的产物,是具有研究开发、生产经营、分配流通和消费性的产业(见表1)。

表1 国内关于"科普产业"的概念界定

序号	提出者	主要内涵	文献出处
1	劳汉生 (2004)	科普文化产业定义为满足人们的科普文化需要、科普文化消费需求而产生的一种产业	我国科普文化产业发展战略(思路和模式)框架研究[J].科技导报,2004(4):55-59.
2	中国科普研究所 (2010)	科普产业是生产和销售科普产品相关的产业,以科普内容和科普服务为核心产品,由科普产品的创造、生产、传播和消费4个环节组成,以市场化的手段,满足社会公众日益增长的科普需求,并促进公民科学素质不断提升的产业	《科普产业发展"十二五"规划研究报告》
3	任福君,张义忠,刘萱 (2011)	科普产业是以满足科普市场需求为前提,以市场机制为基础,向国家、社会和公众提供科普产品和科普服务的活动,以及与这些活动有关联的活动的集合	科普产业发展若干问题的研究[J].科普研究,2011,6(3):5-13.
4	任福君,任伟宏,张义忠 (2013)	科普产业是科普的经济化形态,是科普经济的存在形式,是科普生产分工细化、科普生产方式增加、科普流通销售载体变迁、科普消费需求日益增加的产物,是具有研究开发、生产经营、分配流通和消费性的产业	科普产业的界定及统计分类[J].科技导报,2013,31(3):67-70.

上述这些定义都认识到科普产业的经济性和市场性,以及科普产业与文化产业等相关产业的关联性,而且也提出了科普产业的构成,对进一步界定科普产业的具体内涵具有很好的参考价值。但是,科普产业是社会经济发展到一定水平和科学技术事业发展到一定阶段后才产生并成长起来的产业形态,对科普产业的理解和界定应该立足于科学传播和产业发展的特定规律。按照产业经济学的一般原理,产业的主体是企业,产品和商品是产业的重要标志。

因此,在借鉴已有相关定义的基础上,应用产业经济学的基本理论,本文认为,科普产业是科普社会化、市场化的必然趋势,是为满足社会公众的科普文化需要、科普文化消费需求而产生的一种具有公益属性的产业门类,是通过市场经济手段提供科普产品和服务的企业的集合。

培育和发展科普产业对城市科技与经济的发展具有重要的推动作用,不但有利于优化区域(城市)产业结构、提升区域创新能力和核心竞争力,更有利于提升城市科普能力,提高市民的科学素质,营造良好的创新创业氛围和社会文化环境。

2. 科普产业的基本特征

科普产业是科普社会化运作、市场化经营而形成的一种新型产业业态,属于科普事业在市场经济条件下发育出来的衍生物。作为正在生成、发展中的新生产业,科普产业具有如下特点:

(1)阶段性。社会经济发展到一定阶段,人们的科学素质到达一定水平之后,才会形成对科普产品和科普服务的大规模消费需求,才有可能形成科普产业。科普产业的发展一般可经历培育期、成熟期和壮大期等阶段,按照科普的社会化、市场化、产业化等阶段逐步演进。

(2)融合性。一方面,科普产业体现为制造与服务的融合,既有制造业成分也有服务业成分;另一方面,科普产业具有科学传播的内容和使命,是文化产业与高新技术联姻的产物。文化产业离不开高新技术,高新技术也需要具有文化内容的产业。随着数字化信息技术的快速发展,人们对文化产品和内容高科技化的需求越来越高。要运用高科技手段,生产和改造传统的科普文化产品,开发新兴科普文化产业载体和通道,不断提高科普产品的知识含量和技术含量。

(3)渗透性。科普产业是无边界产业,也就是说,科普产业可以涉及任何具有普及科学知识、倡导科学方法、传播科学思想、弘扬科学精神等功能的产业门类,科普产业存在于教育、出版、互联网与信息、视频、展览、旅游等各个行业中。从这个意义上说,科普产业属于“水”性产业,可以像水一样渗透到社会的方方面面、各个领域;科普内容不具有排他性,即同样一个行业或载体,除了具有科普功能外,还可具有娱乐、锻炼、社交、休闲等其他功能。

(4)知识性。从现有产业的分类体系看,科普产业属于知识密集型产业、文化创意产业和高新技术产业。其一,科普产业与知识密集型服务业具有同源性,科普产业天然具有知识密集型服务业的特点。其二,科普产业与文化创意产业具有交叉性,文化创意产业综合了文化、创意、科技、资本、制造等要素。其三,科普产业与高新技术产业具有互补性,科普产业有一部分产品制造,如电子化的展教具设备属于高新技术范畴,但科普产业同时还具有服务业的形态与功能,科普产业的发展对高新技术产业的创新起了补充作用。

3. 科普产业的主要类型

综合已有的研究成果,我们认为,科普产业的细分领域包括教育、培训、出版、影视、旅游、游戏、会展等。综合而言,科普产业按服务对象和内容可分为以下主要类型:

(1)科普内容产业,包括科普出版业、科普影视业、科普动漫游戏业等主要与科普内容开发相关的产业。

(2)科普制造产业,包括主要与科普传播载体、介质相关且包含较多制造成分的产业,如科普展教具业等。

(3)科普服务产业,包括科普培训、科普会展、科普旅游等主要涉及科普服务的产业。

科普产业提供的产品和服务包括两大类:一类是服务型文化产品,如科技场馆、具有科技内容的文化演出、科普课程、科技旅游等;另一类是实物型文化产品,如讲解科学原理的益智玩具、科普图书和影像制品等。

(二)科普产业基地的内涵界定

1. 科普产业基地的基本内涵

科普产业基地是指在一定的地域范围内,针对科普产业及其细分领域,通过政府组织引导,各方优势资源汇聚,营造良好的创新创业环境,形成具有区域特色和产业特色、对当地经济和社会发展具有重要支撑和带动作用的科普产业集聚区。

具体而言,科普产业基地作为培育和发展科普产业的关键空间依托,能够整合办公空间、专业服务、优质资源、媒体宣传以及丰富的政府扶持、公共科普资源等多方力量,进一步形成、完善科普产业孵化和创新体系。

2. 科普产业基地的主要类型

科普产业基地按功能特征划分,主要包括以下类型:

(1)科普产业孵化基地。根据《上海市科普事业"十三五"发展规划》中"鼓励各类社会机构、企业参与上海科普资源公共服务平台建设,增加专业化科普服务供给,集聚形成科普产业集群"的要求,在科普产业的空间布局上,上海尝试了区域联动、集群带动的模式,创建了科普产业孵化基地。科普产业孵化基地以服务孵化、培育创新为主要功能,针对科普创新团队、创业企业和中小企业等,推动政策、资金、技术、人才等产业发展要素的集聚,旨在推动科普创新企业发展,加速在孵项目成长。

(2)科普产业创新园区(基地)。科普产业创新园区旨在依托科普内容产业、科普制造产业、科普服务产业等某一项或几项科普产业,打造一批具有知名度的科普项目,发展一批具有影响力的科普服务龙头企业,以促进形成科普产业集群,做大做强区域科普产业。与科普孵化基地相比,科普产业园区(基地)更靠后端,主要集聚比较成熟的科普企业或项目。

二、上海科普产业发展及基地建设的可行性分析

(一)上海培育发展科普产业的基础和优势

1. 有主体:集聚了一批社会化、市场化科普机构

市场主体是产业发展的核心载体,只有具备一定数量的市场主体(企业),才能形成一个特定的产业。就科普产业而言,目前,真正意义上的科普企业还非常少,但一些科普机构通过市场化手段提供科普服务和科普产品(见表2),可以认为是科普企业的雏形,它们的存在和发展壮大也就为进一步培育和发展科普产业奠定了主体基础。

根据课题组掌握的情况来看,目前上海比较成熟的科普产业主体包括华东科普影视资源开发联盟、上海科教电影制片厂、上海科技管理有限公司等。其中,华东科普影视资源开发联盟是在2012年1月11日由上海科技馆、山东科技馆、浙江科技馆、江西科技馆和江苏科技馆几家单位共同组成,该联盟是我国第一家由科普单位组建的科普影视开发机构,联盟致力于自主研发与开放合作相结合,运用特效影视技术开发具有中国文化元素和自主知识产权的特种科普影视作品。上海科技管理有限公司成立于2001年,公司注册资本3000万元,目前共有员工47名。其初期主要为上海科技馆提供各项服务,近几年,公司力求加大市场化力度并拓展业务。目前,该公司除为上海科技馆提供相关服务外,还包括展品研发和管理咨询等业务,这两类业务也是其未来开展市场化开拓的主要业务方向。

目前,大多数市场主体的业务基本都不是专门针对科普市场的,而是在其业务中包含与科普有关的产品或服务。例如,在旅游业中,有些旅行社推出了以科技场馆参观为主的科普游;在影视业中,有部分拍摄机构和播放机构会分别拍摄

和播放科普纪录片。

　　科普市场主体的发展情况与其所属行业有着比较密切的联系,表2所示为上海部分社会化、市场化的科普机构,这些机构的主营业务。例如,目前我国旅游业比较兴盛,相关的市场主体也就比较活跃,因而,也给科普旅游产业的发展提供了良好的基础和环境。近年来逐渐兴起来的研修游学等旅游业态就是一种极具知识性和体验性的科普旅游形式。再如,随着亲子教育市场的发展,一些以提升青少年学生实践动手能力的科技教育细分行业也得到蓬勃发展,涌现了一批以 STEAM 教育、编程教育、机器人教育为特色的新创企业和市场化机构。

表2　上海部分社会化市场化的科普机构

序号	机构名称	机构性质	主营业务
1	上海龙展装饰工程有限公司(复旦上科)	私企	大型展馆展示工程策划、设计与制作;科普教育基地的运营管理服务
2	上海幻维数码创意科技有限公司	国有独资企业	数码技术开发、视频设计、制作等
3	上海戏剧学院创意学院	事业单位(高校)	教育
4	上海海洋水族馆	企业(科普场馆)	活体水生物展示
5	巴斯夫股份公司	外资企业	各类化学品研发、制造
6	绿色账户	社会团体	垃圾分类等循环再生新理念推广
7	科学明航会	社会团体	科普写作、科普宣教活动
8	王世杰科普工作室	民间组织	科普创作、演出,讲盲人电影
9	星期八小镇	私企	3~13岁儿童科普游乐
10	上海科技馆科学影视中心	事业单位(科普场馆)	影片的内容策划、剧本创作、制片管理、发行推广
11	上海科教电影制片厂(隶属上影集团)	国企	拍摄新闻纪录片、科学普及片、技术推广片、科学幻想片、科学杂志片和教学片、旅游片等各种类型的科教影视片
12	上海电视台纪实频道(真实传媒有限公司)	国企	纪录片及栏目
13	科普产品国家地方联合工程研究中心	企业	科普产品创意设计、技术研发、课题研究、专利申请、标准制定、产品销售

序号	机构名称	机构性质	主营业务
14	安徽芜湖科普产业园	企业	科普资源的研发、生产、展示、交易、集散和服务的平台
15	上海科普教育展示技术中心	事业单位	开发、研制互动式科普教育展品，策划和实施各类科普场馆的布展和规划方案，组织互动式科普展品研制与巡展，举办国际国内科普教育活动及科技会展
16	上海科学普及出版社有限责任公司	企业	科普图书出版和发行

2. 有产品：培育了有特色、有影响的科普产品和服务

对任何产业而言，企业的产品和服务是为了满足市场需求的。如果没有一定规模的产品和服务，那么产业的发展也就成了无源之水、无本之木。同理，科普产品是用来满足社会公众对科学文化需求的实物性或服务性载体。内容丰富、形式新颖的科普产品不但能更好地满足消费市场的需求，而且能促进科普产业的发展和繁荣，因此，科普产品及服务创新至关重要。

"十三五"以来，随着上海科普社会化、市场化、品牌化程度的逐步提升，在涌现一批典型科普产业机构的同时，一些机构也逐步培育形成了各具特色和品牌影响力的科普服务和科普产品（见表3）。例如，"巴斯夫小小化学家"儿童互动实验室，免费对全球6～12岁儿童开放，孩子们在这里可以自己动手做一些化学小实验，并在一个充满乐趣又安全的环境中探索神奇的化学世界，学习科学知识，体会巴斯夫可持续发展的理念。

星期八小镇在还原真实的模拟社区里让孩子扮演大人们的角色，让他们独自去体验、娱乐、创造、学习。模拟社区里的设施是按照孩子的身高和感官改造的，游戏涵盖八大社会领域的70多种角色，让孩子在游戏中体验未来、体验真实、体验快乐，尽情尝试做大人的滋味。

上海电视台近年先后开设了《数字地球》《科技密码》《科技世博年》《少年爱迪生》等科普栏目，并引进了《探索》《狂野动物》《寰宇地理》等海外知名科普栏目。较为突出的是自制栏目《大师》，播出了《邓稼先》《竺可桢》《詹天佑》《林巧稚》《华罗庚》《陈省身》《叶企孙》《王淑贞》《童第周》《谢希德》《李济》等精心制作的科学家节目。近年来还陆续制作和播出了多部大型科普类纪录片，包括"中国

珍稀物种系列"已先后推出《中国大鲵》《扬子鳄》《震旦鸦雀》《岩羊》《文昌鱼》等专题。特别是大型青少年科学梦想秀节目《少年爱迪生》成功播出了五季,节目最高收视率达5.4%,有效锁定4~14岁和35~65岁两大收视人群,节目"含金量"位居同类节目之首,连续两年荣获亚洲电视大奖最佳儿童节目提名奖,并获上海市科技新闻奖一等奖和上海市科技进步奖二等奖。

上海科技馆先后推出了多部自创的4D电影,这些不同创作风格的影片在不同程度上受到了观众的喜爱,能满足不同年龄层的观众喜好,具有较好的市场需求和科普效益。例如,《重返二叠纪》《剑齿王朝》和《鱼龙勇士》的上座率分别达到74.4%、79.2%和80.8%。

表3　上海部分科普机构提供的科普产品和服务情况

机构名称	科 普 产 品
上海龙展装饰工程有限公司	展教具、展览衍生产品等
上海幻维数码创意科技有限公司	展教具、展览衍生产品,图书、影视,布展、策展
上海戏剧学院创意学院	展教具、展览衍生产品,图书、影视,布展、策展
上海海洋水族馆	展教具、展览衍生产品,图书、影视,布展、策展,科普培训,科普活动,科普旅游
巴斯夫股份公司	"小小化学家"活动
绿色账户	倡导垃圾分类的"更绿色的中国"循环再生新理念推广行动
科学明航会	科普著作、科普宣教活动("生命教育"主题课程、"科学明航,绿色生活"大型科普展览、科普文章)
王世杰科普工作室	科普剧目创作、演出,盲人电影讲解
星期八小镇	3~13岁儿童科普培训项目
上海科技馆科学影视中心	4D电影、"中国珍稀物种"系列科普纪录片
上海科教电影制片厂(隶属上影集团)	科学普及片、技术推广片、科学幻想片、科学杂志片
上海电视台纪实频道(真实传媒有限公司)	纪录片及栏目

3. 有资源:汇集了丰富而优质的科普资源要素

产业的发展壮大需要各类资源的滋养,科普产业的发展也离不开人才、基础设施、资金投入等科普资源要素的有力支撑。上海作为我国重要的科技创新型城市,科技、科普资源丰富,科普服务能力在全国领先,为进一步培育和发展科普产业奠定了坚实基础。

1) 科普人才资源

人才是第一资源,不论是科普事业还是科普产业的发展都离不开科普人才的支撑,科普人才队伍的建设是科普产业发展的关键。总体上看,目前,上海科普人力资源相对比较丰富,但产业化人才却比较缺乏。据《2016 年度上海市科普统计报告》显示,2016 年上海市共有科普人员 5.45 万人,其中科普专职人员 0.84 万人,科普兼职人员 4.61 万,注册志愿者 9.84 万人,科普讲解员 8 977 人(其中,专职讲解员 1984 人、兼职讲解员 6 993 人)。

2) 科普基础设施

至 2017 年,全市共建有 2 家综合性科普场馆、54 家专题性科普场馆、273 家基础性科普基地,83 家社区创新屋,25 家青少年科学创新实践工作站及 100 个实践点,社区科普 e 站和社区科普大学教学点各 1 000 余家,形成了覆盖社区、广布全市的科普设施体系。全市平均每 44 万人拥有一个专题性科普场馆,已达到国际先进水平。部分重点科普场馆形成了广泛的影响力,上海科技馆入围全球最受欢迎的 20 家博物馆,位列第 6。2016 年,社区创新屋作为国家优秀科普展项参加"国家'十二五'科技创新成就展",中央领导给予了高度评价并受到了参展群众的热烈欢迎。

3) 科普资金投入

资金要素对科普产业的发展举足轻重。从全市情况看,2016 年,上海共筹集科普经费 15.82 亿元,比 2015 年增加 17.1%。其中,科普专项经费 4.65 亿元,比 2015 年增加 11.8%。科普经费使用额共计 15.61 亿元,比 2015 年增加 18.2%。2016 年科普活动支出 9.88 亿元,比 2015 年增加 1.24 亿元。

从对部分科普机构的调研情况看,大型企业以及星期八小镇这样已经形成规模的专职科普企业在科普资金方面没有太大的困难,但是民间科普组织则普遍由于资金问题而难以维持生存,更难以扩大规模。高校社团(科学明航会等)的经费来源主要由政府或科技社团(如市、区科协组织)拨款,大多以项目的形式运作;还有部分来自学生所承担的科学商店项目以及科普创作产品的稿费。企业的科普资金来源为企业自有,部分企业有项目支持。事业单位主要的资金来源为财政资金,主要包括上级部门的事业拨款、项目经费以及社会基金的资助等。总体而言,由于缺乏多元化的科普经费投入机制,当前科普产业发展还存在经费投入不足、筹资渠道不畅等关键瓶颈。

4）公共服务平台

科普产业的发展需要一些行业性或区域性的服务平台提供支撑。近年来，上海通过政府引导、市区联动、社会参与、市场主体运作等多种方式，培育形成了包括科普产业基地、科普产业博览会、互联网＋科普产业平台等多样化的科普产业公共服务平台。

由上海市科学技术协会、上海市文化广播影视管理局、上海市科学技术委员会等单位共同主办的上海国际科普产品博览会创办于2014年，目前已连续举办了5届。2017年第四届科博会围绕"科普——让生活更美好"的主题，聚焦双创、凸显科普、展示创新、构建平台、打造品牌。为期4天的科博会，汇聚了13个国家与地区的350余家科技类企业、科技园区、科研机构和高等院校参与，展品数量达3 500余件，总参观人数达138 636人（其中专业观众5 303人），促成意向交易额1.32亿元，现场零售交易额1 580万元。

同时，市科委与相关区域和孵化机构通过市区联动、项目资助、市场运作等方式培育了3家科普产业基地和汽笛声、科萌萌、趣知医、创新WOW等一批专业化的互联网＋科普产业平台。2017年5月，在虹口区建立了全国首家科普产业孵化基地——方糖小镇科普产业基地；2018年5月，又与"36氪"合作共建了第二家科普产业孵化基地。上海采用"基地＋基金"的模式，致力于培育孵化科普创业企业，打造科普产业集群，丰富了优质科普服务的供给。

4. 有市场：拥有广阔而巨大的科普市场需求

市场供需规模是反映市场发育程度的一个重要指标。一般而言，如果供需平衡且供需双方都非常活跃，说明该市场非常健康和成熟；若存在需求大于供给的情况，则说明该市场非常有发展潜力；反之，若持续出现供大于求的局面，则说明该产业或者已经步入夕阳，或者过于超前，还未到成熟的开发时机。目前，科普产业各细分领域的供需情况并不完全一致，但总体而言，市场需求双方都非常旺盛。

从全国层面看，在科普展览方面，2016年，全国共举办科普（技）讲座85.69万次，吸引听众1.46亿人次；举办科普（技）竞赛6.45万次，参加人次1.13亿；举办科普国际交流活动2481次，参加人次61.68万；举办科技类创新创业赛事6 618次，比2015年增加95.63%，参加人次242.92万，比2015年增加32.74%。科普展览及参展人次的数量在近几年都呈递增趋势，说明我国科普展览市场正在逐渐兴盛。

在科技场馆建设及展教具需求方面,2016 年全国共有科普场馆 1 393 个,比 2015 年增加 135 个,增长 10.73%。其中科技馆 473 个、科学技术类博物馆 920 个,分别比 2015 年增加 29 个和 106 个。全国平均每 99.26 万人拥有一个科普场馆。科技馆参观人次 5 646.41 万,比 2015 年增长 20.26%。科学技术类博物馆参观人次 1.10 亿,比 2015 年增长 4.80%。

在科普出版业方面,2016 年全国科普图书出版总册数 1.35 亿,依然保持增长势头。专职科普创作人员 1.41 万人,比 2015 年增加 0.08 万人,占科普专职人员的 6.33%,专职科普创作人员已成为科普工作的重要力量。

从上海的情况看,科普出版、科技展览、科技旅游等行业也都呈现较大需求及快速发展的态势。2012—2013 年,上海新闻出版业实现增加值 1 475 亿元、旅游产业 1 400.8 亿元、影视业 533 亿元、动漫游戏产业 257 亿元,若按 2% 统计为相应的科普或科技类,则科普出版业、科普影视业、科普动漫游戏产业、科普旅游业的产值分别为 30 亿元、10 亿元、6 亿元和 30 亿元。

5. 有政策:政府规划及政策服务逐步完善

依据产业经济学的基本理论,科普产业的发展,市场主体是核心,市场需求和各类科普产品是关键,政府规划及相关的扶持政策则是产业发展的重要支撑。21 世纪以来,国家层面和部分省市(如安徽省)为鼓励科普产业的发展,相继制定并实施了一些扶持性政策措施。

2003 年,国家广播电影电视总局发布了《关于在广播电视工作中加强无神论宣传和科普宣传的意见》(下简称《意见》),《意见》第二条提道:"各级电台、电视台要有计划地办好各类科教频道、栏目和节目""各级电台、电视台已经开设的科教栏目,要着力搞好科普宣传;尚未开设科教栏目的,要积极创造条件早日开设";《意见》第八条提道:"对于人们已经认清其原理的奇特现象,可以通过广播电视节目揭示其科学原理;广播电视科普节目要杜绝出现伪科学的内容,要确保导向正确。"

同年,由中央宣传部、中央文明办、科技部、文化部、广电总局、新闻出版总署和中国科协宣发的《关于进一步加强科普宣传工作的通知》中提道:"要充分发挥大众传媒和文化艺术的重要作用,营造科普宣传的浓厚氛围。通讯社、报刊、广播、电视、互联网等各级各类大众传媒,要充分发挥各自优势,切实担负起科普宣传的责任。通讯社要加大对国内外科技信息的报道力度,满足各类媒体的需要;各类报刊要加大科技科普宣传力度,开辟科学专栏、知识专版,着力解答群众生产生活遇到的科技难题,传播最新科技动态和科技知识;要重点办好一批代表性强、影响力大,融思想性、知识性、艺术性、欣赏性于一体的科普类报刊,让它们在科普宣传工作中发挥排头兵作用;要充分运用小说、传记、诗歌、戏剧、小品、散文、绘画、摄影、卡通等多种文艺形式,使人们在欣赏作品中获得科学知识、受到科学熏陶。"

2009 年 4 月 1 日,国家财政部发布《关于 2009—2011 年鼓励科普事业发展的进口税收政策通知》(下简称《通知》)。《通知》中提到,自 2009 年 1 月 1 日至 2011 年 12 月 31 日,对公众开放的科技馆、自然博物馆、天文馆(站、台)和气象台(站)、地震台(站)、高校和科研机构对外开放的科普基地,从境外购买自用科普影视作品播映权而进口的拷贝、工作带,免征进口关税,不征进口环节增值税;对上述科普单位以其他形式进口的自用影视作品,免征关税和进口环节增值税。

另外,还有一些与科普产业发展间接相关的法律法规或政策。例如,2004年以来我国出台了一系列促进我国影视动画产业发展的意见和措施:国务院出台了《中共中央国务院关于进一步加强和改进未成年人思想道德建设的若干意见》的指导性文件,文中提到,要积极扶持国产动画片的拍摄、创造、制作和播出,逐步形成适应未成年人特点的动画系列;紧接着国家广电总局研究制定的《关于发展我国影视动画产业的若干意见》要求,增设少儿动画频道,扩大少儿节目中动画的播出时间和播出数量,同时的要求每个播出动画片的频道中,国产动画片与引进动画片每季度播出比例不低于 6∶4。

2005 年,国家又出台了多条与动漫产业密切相关的措施。同年 6 月在杭州举行的全国影视动画工作会议上,国家广电总局出台了《关于促进我国动画创作发展的具体措施》,规定各级电视台在 17:00—19:00 黄金时段内必须播放国产动画片。此后,国家广电总局又申明从 2008 年 5 月 1 日起,把播出动画片的时间延长到 17:00—21:00,国产动画片与引进动画片的播出比例不低于7∶3。

2006 年,国务院办公厅又转发了财政部、教育部、科技部、信息产业部、商务部、文化部、税务总局、工商总局、广电总局、新闻出版总署等十部委《关于推动我国动漫产业发展的若干意见》(下文简称《意见》)。《意见》系统、全面地提出了我国动漫产业的发展政策,共 28 条。首次从国家层面明确提出发展动漫产业,将动漫中小企业纳入"科技型中小企业技术创新基金"资助范围,享受有关所得税、增值税的优惠政策。《意见》明确表示,将加大国家财政投入力度,设立扶持动漫产业发展专项资金,支持优秀动漫原创产品的创作生产、民族民间动漫素材库建设以及建立动漫公共技术服务体系等动漫产业链发展的关键环节。力争在 5～10 年内使我国动漫产业创作开发和生产能力跻身世界动漫大国和强国行列。在国家的宏观政策推动下,各地方政府也根据各自地区的实际情况出台了发展动漫产业的相关政策。这些政策的相继出台,极大地促进和规范了动漫市场,从而为动漫市场的发展提供了保障。

2013 年,国家颁布实施了《中华人民共和国旅游法》,对旅游行业进行了规范。旅游行业的规范对科普旅游也有积极的推动作用。

2016 年,《国家"十三五"科普与创新文化建设专项规划》(国科办函政〔2016〕694 号)明确提出,要加强科普产品市场培育,推动科普展览、科技教育、科普展教品、科普影视、科普图书、科普玩具、科普旅游、科普网络与信息等科普产业的多元化发展。

2017 年,中共中央宣传部、国家科技部、中国科协等部门联合发布《关于丰富和完善科普宣传载体进一步加强科普宣传工作的通知》(中宣发〔2017〕4 号),提出要"大力推动科普影视、科普动漫、科普游戏、科普讲解、科普表演,注入现代气息和时尚元素,推出更多接地气、有人气的科普栏目节目和科普作品"。同年11 月,上海发布《关于加快本市文化创意产业创新发展的若干意见》,提出要建设全球影视创制中心和全球动漫游戏原创中心,为科普影视、科普动漫、科普游戏等科普产业的发展创造了较大空间。

《上海市科普事业"十三五"发展规划》则明确提出"培育具有科普功能的新业态。促进各类企业、机构之间的合作,推动科普与艺术、旅游、体育以及各类生活生产活动的跨界融合,在展教具、图书出版、影视、玩具、游戏、旅游、网站等领域,催生具有科普功能的新业态。鼓励各类社会机构、企业参与上海科普资源公共服务平台建设,增加专业化科普服务供给,集聚形成科普产业集群"。

总体而言,在国家层面,我国专门针对的法律法规和政策还比较少,所涉及的面也比较窄,主要涉及影视动漫方面,具体内容也只涉及税收和宣传。在地方层面,从课题组掌握的情况看,目前,除安徽省外,其他省市和地区都尚未制定相关的科普产业政策,对科普产业的扶植总体而言,还比较薄弱。表 4 梳理了我国现行的企业或产业免税政策。

表4 我国现行的企业或产业免税政策梳理

政策	免税对象	免税力度	备注
高新技术企业认定	免税对象为企业（认定为高新技术企业的）	企业所得税可由正常税率的25%降为15%来征收,实施期为三年。浦东2008年1月1日以后注册企业可以享受所得税两免三减半（前两年免征后三年减半征收）	符合条件的科普类企业可按有关规定自由申报
技术合同认定	免税对象为合同项目（认定为技术研发、转让、服务、咨询的项目）	认定为四技合同的项目所得收入免征营业税和所得税	企业或机构所从事的科普项目,符合条件的可自由申报进行认定
研发加计扣除	免税对象为企业,所有企业均可申报	企业为开发新技术、新产品、新工艺发生的研究开发费用,未形成无形资产计入当期损益的,在按照规定据实扣除的基础上,按照研究开发费用的50%加计扣除;形成无形资产的,按照无形资产成本的150%摊销	一些从事科普展品教具（如科普娱乐机器人研发）的企业,可纳入加计扣除范围
科技类民办非企业机构进口科研用品税收优惠政策	对象为科技民非企业或单位	符合条件的民办非企业单位进口与本单位所承担的科研任务直接相关的科研用品,在规定范围内免征进口关税和进口环节增值税、消费税	部分从事科普业务的民非组织如进口科研用品,应有免税需求
营业税改增值税试点	纳入试点的企业	目前在现代服务业部分行业（如交通运输业、建筑业、邮电通信业、现代服务业、文化体育业、销售不动产和转让无形资产）试点	部分文化教育行业的企业,如从事科普业务,应在试点范围内
技术先进型服务企业认定	免税对象主要是研发服务外包企业（认定为技术先进型服务企业的）	按15%的税率征收企业所得税;企业发生的职工教育经费支出,不超过工资薪金总额8%的部分,准予在计算应纳税所得额时扣除;超过部分,准予在以后纳税年度结转扣除	科普企业认定为技术先进型服务企业有难度

通过上述对科普产业主体、市场需求、科普产品和服务以及科普产业发展要素的分析可以发现,总体上看上海科普产业目前尚处于培育和萌芽阶段,科普社会化和市场化还刚起步,科普产业化则还需要一个长期的过程。目前,上海虽然已具备了培育和发展科普产业的良好基础和优势,集聚了一批社会化、市场化的科普机构,但也存在不少瓶颈和问题,科普产业发展所需的各类支撑性环境要素

还明显不足,产业政策、服务平台、资金投入、人才队伍、产品丰富度等方面都亟待加强,培育和发展科普产业依然任重道远。

(二) 上海建设科普产业基地的必要性和可行性

1. 上海建设科普产业基地的必要性

科普产业基地作为科普产业集群的重要载体和组成部分,在现代化经济体系建设中已引起越来越多人的关注。科普产业基地所具有的性质和特征决定了科普产业集群的最终方向。推进科普产业基地建设,不仅是当前发展科普产业的需要,而且是加快新时代科普事业发展的必然选择。

1) 有利于培育良好的产业发展环境

科普产业创新环境的构成是多层次的,既有硬件层面的,也有软件层面的。在硬件层面上,科普产业基地能够更好地为科普产业发展提供现代化的基础设施、便利的交通通信、配套的生产服务设施等。在软件方面,搭建基地良好的信息、服务平台,打破基地创新主体间的联系阻隔,加强彼此间的交流合作,促使基地企业的创新活动产生协同,提高基地的创新活力和创新效率。充分宣扬鼓励创新、互信合作、宽容失败的环境氛围,通过文化手段引导基地企业共同价值观的确立和传播,形成基地企业家追求创新、勇于创业的价值取向和行为理念,推动集群的持续成长,同时也促使企业自下而上地创建科普产业基地的创新环境。

2) 有利于加速科普企业成长

科普产业基地有利于中小企业的孵化和培育。基地可以通过构建孵化器、加速器等各种孵化平台,为广大科普创业企业、中小企业提供适宜其生存和发展的土壤,促进科技成果转化,培育创新型企业和企业家。

科普产业基地是推动自主创新的重要载体,具有强大的资源整合能力,能够吸纳一切有利于创新的要素向基地集聚,从而培育创新氛围,营造创新环境。在科普产业基地,科普企业集聚、人口集中、人才荟萃,企业之间可以密切合作,人们之间可以亲切交往,各种新思想、新理念、新技术等可得以充分碰撞、融合、传播、分享,即通过发挥知识的溢出效应,增强企业或个人的学习能力、研究能力和创新能力。

3) 有利于促进科普产业集聚发展

科普产业基地的主要构成包括复合型科普人才培养基地、科普产品生产经营企业、提供高新技术支持的研发机构、国际策划和市场推广以及信息咨询等中介组织等,这些相互关联、相互接驳的企业在城市一定的地域范畴内集聚整合,构成立体的多重叠加多维交织的科普产业产销学研体系和网络,通过高效畅通的区域增长传递机制,产生强大的吸引、辐射和扩散效应,在不断提升公民科学素养的同时,实现经济效益。

2. 上海建设科普产业基地的可行性

1) 拥有全国一流的众创空间,创业孵化服务体系较为完善

上海是全国科技企业孵化器建设最早、发展最快的地区之一。2015 年,上海市发布《关于本市发展众创空间推进大众创新创业的指导意见》,市科委取消了孵化器登记、备案、审批事项,上海的众创空间发展活跃。至 2018 年 6 月,本市众创空间已达 500 余家,90% 由社会资本建设,众创空间面积达 320 万平方米,在孵科技企业 16 000 多家,覆盖 38 万余名创业者,帮助 1 400 多家企业获得投融资 140.8 亿元。引导众创空间提质增能。市科委重点开展众创空间"品牌化、专业化、国际化"培育,通过引导一批有基础有条件的众创空间,开展"三化"培育,以运营模式、服务能力、服务业绩和孵化成效引领示范上海众创空间发展。构建梯度化众创空间培育体系。2018 年,进一步完善"三化"培育体系,取消年度考核,调整为"三化"培育引导,扩大"三化"政策受众面,逐步构建起有梯度、有层次的众创空间培育体系。在 2017 年 32 家"三化"培育众创空间基础上,2018 年增加 8 家,构成全市 40 家规模并建立优胜劣汰的培育机制,另有 101 家入选"三化"培育引导众创空间。

通过多年的培育和打造,上海创业孵化服务能力明显提升,众创空间服务质量显著提高,双创服务功能进一步完善。持续完善创业苗圃—孵化器—加速器创业载体链,众创空间发展特色明显。一是大企业集团纷纷开放资源。宝武集团、中国电信、隧道股份等国企建立企业内部和吸引外部创新资源的众创空间;谷歌与仪电合作在徐汇区设立了"谷歌与仪电合作开放社区";阿里巴巴集团的"阿里云创客+基地项目"分别落户松江、浦东。二是专业化平台吸引创新资源集聚。陆续推动华平信息、上海工业自动化仪表研究院、中科院上海微系统所等成立众创空间。其中上海工业自动化仪表研究院有限公司(简称"自仪院")建设的智能制造科技创业中心,已有 100 余家上下游企业加入,打造形成了集研发、检测、服务、孵化、投融资为一体的综合性"双创"平台。三是国际化众创空间实现创新创业双向流动。X-node 核心业务是为外国在沪创业者服务,并成功引入澳大利亚创客登陆计划;太库致力于成为全球创业生态系统领先品牌,已在硅谷、首尔、特拉维夫、柏林等地设立孵化器,构建孵化网络;国际联合办公开创者Wework 将上海作为进入亚洲的首站,确定亚太区总社设在上海。苏河汇众创

空间、莘泽孵化器成为国内率先在新三板挂牌的两家众创空间；浦东张江、临港，杨浦五角场、长阳谷，闵行紫竹、上海交通大学等区域众创空间集聚发展。

经过多年的发展，上海众创空间在创业承载能力、支撑服务能力、活动组织能力、资源整合能力和辐射带动能力上都有了显著的提升，并形成了一系列有代表性的运作模式，为科普企业的科普创业奠定了坚实的基础。

2) 拥有众多科技产业基地，产业承载空间比较富足

自 1984 年建设漕河泾经济技术开发区、1992 年建设张江高科技基地以来，经过 30 年的发展，上海科技创新基地快速发展，形成了数量众多、各具特色、功能多元的发展格局。总体看来，上海科技创新基地可分为三类：第一类是高科技基地和科普产业基地，如张江高科技基地、紫竹高新技术产业开发区、漕河泾经济技术开发区等；第二类为依托大学设立的大学高科技基地，如上海交通大学国家大学科技园、同济大学国家大学科技园、复旦大学国家大学科技园等；第三类为科技服务和创意基地，如杨浦科技创业中心、虹口明珠园创意产业园等。自 2011 年国务院批复张江高新区建设国家自主创新示范区以来，经过三轮扩区，目前张江高新区已形成"1 区 22 园"的格局，面积达 531 平方公里，基本成为囊括全市 17 个区县的各类科技创新集聚区域。目前，张江国家自主创新示范区是上海科技创新的主要载体。这些科技基地的发展经验主要有以下几点：

(1) 创新要素集聚。科技创新基地集聚了全市主要的科技创新要素，是全市科技创新的主要引擎。在创新人才方面，目前张江高新区全部就业人员中，大专以上的比例超过 50%，并集聚了全市 80% 以上的高端人才。截至 2013 年底，张江高科技基地拥有国家级专家 255 人，有 96 人入选中央"千人计划"，其中创业类占全市 67%、占全国 7%。另外，全市科技创新基地的外向型人才比例也在不断提高。张江高科技基地拥有外向型人才（留学归国人员和外籍人员）达 7 583 人，占从业人员总量的 3.4%，已成为海外高层次人才回国或来华创新创业的首选之地。在创新机构方面，张江高新区集聚了全市 80% 的国家级和本市重要研发机构，不少基地自主创新与开放式创新并举，在创新主体方面已经形成国家队、跨国阵营、本土阵营齐头并进的发展格局。

(2) 创新成果集聚。科技创新基地是全市技术创新和科技成果转化的主要区域，新技术、新产业、新业态、新模式等创新成果持续涌现。如在企业孵化方面，在张江高科技基地孵化毕业的携程网络、分众传媒、盛大网络、复旦张江生物等企业均已成长为国内著名企业，以展讯通信、微创医疗、中微半导体、中信国健等为代表的留学生企业茁壮成长。为推动创新成果产业化，漕河泾开发区构建

了以"苗圃＋孵化器＋加速器"为链条的创新创业全程孵化服务体系。截至 2014 年底,漕河泾开发区孵化器累计孵化企业 1 665 家,其中毕业优秀企业 296 家,孵化企业毕业率为 88.9％。

（3）创新产业集聚。科技创新基地是全市主要的高新技术产业和创新产业承载区域。目前,张江高新区的集成电路、生物医药研发、通信设备、软件信息、新能源汽车、汽车电子、高端装备制造、航天航空等产业领域占据国内领先地位。张江高科技基地的"E产业"和"医产业"集群已成为上海创新发展的重要增长极和国内最具影响力的产业基地。其中,"E产业"集群集中了全国 40％的企业,涵盖了设计、流片、封装、测试、设备、材料等多个环节;"医产业"覆盖了药物发现、评价、动物实验、临床试验等新药创制环节,抗艾滋病原料药占据了全球 40％的市场份额,心脏搭桥和冠状动脉药物支架产品约占全国市场的 50％。2014 年,张江高科技基地"E产业"和"医产业"增长率均达到 15％以上。此外,物联网、云计算、移动互联网等"四新"产业也得到快速发展。2014 年,张江高新区营业总收入 3.37 万亿元,工业总产值 1.33 万亿元,净利润 1 842.09 亿元,同比分别增长 23.9％、6.3％和 14.5％。

（4）创新服务集聚。科技创新基地逐步构建了较为完善的科技金融、政策服务、配套服务等服务体系,形成有力推动创新创业发展的好环境。在科技金融方面,张江高新区以科技型小微企业的融资需求为着眼点,不断丰富基地科技金融资源,汇聚政府基金、银行、风险投资、股权等各具特色的科技金融产品,逐步形成多层次科技金融体系。如张江高科技基地拥有"张江小贷""未来星""启明星""科技支行""科灵通""投贷宝"各类私募股权基金等金融服务,并搭建了股权托管交易中心的资本运作平台。在政策服务方面,张江高新区各分基地基本都成立了"行政服务中心",统一对外提供行政审批服务,并邀请相关行政审批部门入驻,实行"一口受理、一门办结",行政效能不断提升。同时,不少开发区不断创新政策服务模式,如漕河泾开发区建立了科技企业创新政策联络员网络,形成"政策信息推送＋政策信息宣讲＋政策信息上门"三级服务。在配套服务方面,各科技创新基地在物业管理、商业设施、交通设施等方面不断提高服务水准,优化创新创业环境,满足创新创业企业的需求。

3）拥有一批文化创意产业园区,产业基地运营经验丰富

上海作为国内较早建设创意科普产业基地的城市,至 2016 年底,上海文化创意科普产业基地已达 300 多家,其中 106 家获得"上海市文化创意科普产业基地"称号。上海的文化创意产业园从 2000 年"都市型工业"规划启动开始萌芽,

前期是小微型文化创意企业以及艺术家自发聚集而形成的小范围文化创意产业集群,聚集在旧仓库、老厂房等价格低廉、空间灵活的内城工业遗产区域,包括田子坊、八号桥、M50、卓维 700 等。2005—2009 年,在政策的扶持下文化创意科普产业基地呈现高速增长。2005 年,由上海市经委牵头,为 18 家文化创意科普产业基地挂牌。2010 年至今,上海创意产业园逐渐进入发展期。2010 年,联合国教科文组织批准上海加入联合国教科文组织"创意城市网络",并颁发"设计之都"称号。从发展主体来看,上海创意科普产业基地可以分为自下而上和自上而下两种模式。第一种模式,自下而上发展的基地成立较早,主要由工业遗产转变而来,初期是无意识的品牌建设,以 M50、田子坊为代表。第二种模式,自上而下发展的基地由政府主导建设,大多以高新技术为基地建设目标,将基地重点建设放在科技创新、自主创新上,此类基地的典型代表就是张江文化创意基地。

三、上海科普产业发展及基地建设的现状分析

(一) 上海科普产业发展的基本情况

近年来,上海聚焦科普产业,培育科普发展新模式,通过政策扶持、资金支持、资源集聚等多种手段,市区联动、社会协同全方位支持科普产业发展,培育具有科普功能的新业态。特别是随着社会公众科学意识的提高、科普需求的拓展,科普产业环境的优化,以及财政资金和金融资本在科普领域的不断投入,上海科普产业呈现良好的发展态势。

1. 科普企业快速成长

近年来,随着公众科学意识的提高、科普需求的增加,科普产业环境的优化,以及财政资金和金融资本在科普领域的不断投入,上海科普产业发展呈现加速态势,涌现了一批成功的科普创业企业和项目,产生了较多有影响力的科普品牌,也探索了多种运营和管理模式。

1) 科普企业加速集聚

当前,上海科普企业在增长数量、发展水平等方面,都处于快速成长阶段。2018 年,上海授予"妙小程""甲骨文科技旅游""星趣教育""汽笛声科普""科萌萌""创新 WOW""趣知医"等 14 家科普创业企业"上海市科普产业孵化基地重点培育企业"称号。上海典型的科普企业主要如下:

科萌萌(新媒体类): 由科萌文化传播有限公司运营的科普品牌,旨在向儿

童及青少年亲子家庭提供专业、丰富的科普知识,兴趣人群的社交服务和定制化的科普活动。产品包括科普公益活动、自营活动、定制活动、网上商城、内容营销、视频 IP 等。科萌萌自成立以来组织各类儿童及青少年的亲子活动超过 400场,线下体验用户超过 3 万人次,合作伙伴超过 50 家。

汽笛声(新媒体类): 一个发布科普信息及提供服务的平台,汇聚了多家专业的科普自媒体入驻。"汽笛"取"启迪"之音,希望通过产品给用户带来心灵及智力的启迪,引起大家的关注,唤醒公众对知识公益传播的意识,共同努力传播知识,启迪人生。汽笛声致力于科普内容建设和展示形式创新,借助网络传播渠道,向社会提供科学、权威、准确的科普内容和相关信息,包含医疗、亲子等科普内容。

星趣教育(教育类): 一个青少年天文科普平台,拥有自主研发的 7×24 共享望远镜。星趣教育致力于用最有趣的科普引领孩子们去探索星空的奥秘,通过动脑又动手的课程模式,为孩子们提供丰富有趣的天文知识科普活动,为他们构建起系统的天文科普知识体系。同时,通过不同系列的内容,结合各种趣味风格的室内/户外活动,在孩子们学习科普知识的同时,也进一步深化和家长之间的亲子互动,在知识学习和家庭关系两方面都能同时得到进一步的提升和跨越,为家长和孩子打开一个更加宽广的认知维度。

科学盒子(教育类): 科学盒子团队从中国科学院科普团队发展而来,专注于青少年科技教育,把科技教育和素质教育作为专攻方向,为中小学生的科技教育提供系统支持和解决方案。团队拥有科技英才、通识课程、化石小猎人、博物馆奇妙夜等系列产品,打造了一个拥有几十家主题科学探索活动的综合活动课程平台。

敬学文化(教育类): 以通过 K12 科学创新教育课程为主营业务的一家企业,围绕学校和学生开展全方位的科学创新教育。公司具有体系化的科学创新教育内容,涵盖航天航空、生命科学、新能源和新材料、人工智能和机器人、当代物理五大方向。公司旗下子公司、研发中心及科学创新教育基地已经覆盖全国多个省市,正在参与各地教委的科学课程教改和编写工作。公司在创办初期获得东方证券创新投资的投资。

商业技术评论(咨询类): 一家帮助企业和社会更好地利用新技术的咨询媒体。平台通过提供高质量、专业的 2B 商业技术内容,为科普和科技行业提供有价值的信息,并以此为基础聚集产业人群;通过社区运营,鼓励用户交流、分享、形成良好的用户氛围;立足科普和科技产业,为科普企业提供增值服务,包括广告、招聘、会展、咨询等服务。公众号：@商业技术评论。

创新 WOW(咨询类)：创新 WOW 是一个"互联网＋"的科普商品中介服务平台。通过平台＋自营的模式,构建科普产品和服务体系,以 B2B、B2C 的业务模式,致力于都市科普教育、产品的互联网服务。该平台已完成天使轮融资。

趣知医(医疗、新媒体类)：一个精准化的健康科普平台。该平台通过整合各类权威医疗资源,提供医疗、健康领域权威科普知识;并以趣味、轻松的形式,开发用户喜闻乐见的、多元化的科普内容,向广大市民提供包括疾病机制、预防、治疗、护理、恢复在内的各类知识,从而提升市民的健康素养和认知水平。

格斗机器人(教育类)：一个线上 STEAM 教育及 STEAM 行业资源整合平台,致力于将机器人格斗相关的文化融入儿童素质教育,打造以机器人技术为导向的创客教育体系。

精练 GymSquare(新媒体类)：一个从健身、营养和康复三大角度介入运动健康培训和科普的新媒体平台。该平台通过符合年轻群体的文字和音视频方式进行传播,并整合相关的优质内容进行传播。

2) 商业模式创新涌现

"科普进商场"也是推进模式创新、满足消费者多样化科普需求的创新探索。上海市科委与百联集团签订了《上海市科委与百联集团开展科技创新和科学普及工作合作的框架协议》,做出了让科普走进商场的创新尝试。此项目支持多个微型科普展览和活动,让走进商场购物的消费者有机会第一时间感受科普的热度。为了适应科普进商场的服务,自然博物馆还为百联集团员工的"百联·自然趣玩屋手作"3 个主题活动(甲虫工坊、植物印记工坊和岩画工坊)提供培训。学员获得合格证书后,将继续消化、吸收、整合学到的培训内容,并开展活动预演。

2. 产业基地建设持续推进

科普孵化基地的建设旨在积极推动科普产业与教育产业、文化创意产业等相关产业融合发展,进一步延伸科普产业链,推动政策、资金、技术、人才等产业发展要素向科普产业孵化基地集聚,加速在孵项目成长,做大做强上海科普产业。

1) 科普产业基地加速发展

科普产业化是时代的趋势,科普产业基地是科普产业化之路的重要历史见证,将吸引更多的社会力量参与科普工作,共同挖掘科普产业更大的市场,联合推进上海地区科普产业与资源的协同发展,共筑科普未来更大的前景,进而在全国发挥辐射效应。当前,上海已建有虹口区方糖小镇、徐汇 36 氪空间、宝山智慧湾三大科普产业基地,招引和孵化了一批科普企业,正在向科普产业集群推进。

2) 科普产业联盟率先成立

2018 年,上海市科普产业联盟宣布成立。科普产业联盟致力于促进联盟成员与市场、资本、行业、项目、产品等各方面的深入交流和联动,推进资源互通、项目合作、抱团发展、协同创新,以加速培育科普产业优秀企业,进一步吸引更多的社会力量参与科学普及工作,实现上海地区科普产业服务的联动推进和科普资源的协同发展体系,进而在全国发挥辐射效应。

3. 公益性科普机构的市场化程度逐步提升

在科普产业的战略定位上,上海坚持事业为体、产业为用,实现融合发展。科普是一项社会公益事业,公益性是科普的根本属性。所以上海市在培育和发展科普产业时,坚持从科普公益性的基本属性出发,摆正事业和产业的关系,促进公益性和经营性有机融合;把繁荣科普事业、提高公众科学素质作为培育和发展科普产业的出发点和落脚点,实现科普事业和科普产业的融合发展。

当前,上海公益性科普机构的市场化程度逐步提升。例如,上海动物园在打造科普产业方面经验丰富。近年来,上海动物园积极开展"一馆一品"具有特色的、丰富多彩的科普活动——企鹅漫步、狗年生肖主题、动物园夜宿等科普活动;利用电子信息化手段,打造"互联网+"的智慧动物园;运用 VR/AR(虚拟现实/增强现实)等技术提升游客互动体验,建设在线科普直播平台等,累积创造了丰富的可复制可借鉴经验模式,实现门票等收入大幅增长。

(二)上海科普产业基地建设概况

培育科普产业是上海构建现代化产业体系的重要举措。科普产业对城市科技与经济的发展具有重要的推动作用,不但有利于优化城市产业结构、提升创新能力和核心竞争力,更有利于提升城市科普能力,提高市民科学素质,为上海科创中心建设营造良好的创新创业氛围。

根据《上海市科普事业"十三五"发展规划》中"鼓励各类社会机构、企业参与上海科普资源公共服务平台建设,增加专业化科普服务供给,集聚形成科普产业集群"的精神,在科普产业的空间布局上,上海尝试区域联动、集群带动的模式,建设科普产业孵化基地。科普产业基地自建成以来,招引和孵化了一批科普企业,正在向科普产业集群推进。

1. 虹口方糖小镇：以互联网＋为特色的孵化基地

虹口区方糖小镇于 2017 年 5 月挂牌"上海市科普产业孵化基地"，是上海市科委和虹口区政府共同打造的全国首个科普产业孵化基地，落地在方糖小镇虹口社区。基地采用"基地＋孵化＋基金"模式，通过社会化、市场化方式运营，培育孵化一批致力于科普内容创制、科普产品开发、提供科普服务的科普产业龙头企业，打造一批科普产业服务中介机构，促进科普产业集群形成，向社会提供专业的、高质量的科普产品和服务，丰富了上海优质科普服务的供给。

虹口区的科普产业孵化基地启动后，由市、区两级产业资金引导，吸引社会资本参与孵化，同时在科普内容提供、科普企业集聚等方面给予大力支持；虹口区则将在招商政策、产业政策方面给予扶持；方糖小镇提供专业的创业社区运营服务。真正形成市、区联动，合力打造科普产业，营造产业氛围。

2. 徐汇 36 氪空间：以科技教育为特色的孵化基地

2018 年 5 月，由上海市科学技术委员会、徐汇区人民政府联合 36 氪空间共同建设的"上海市科普产业孵化基地"揭牌成立。基地以科技教育为特色，旨在积极推动科普产业与教育产业、文化创意产业等相关产业融合发展，延伸科普产业链，推动政策、资金、技术、人才等产业发展要素向科普产业孵化基地集聚。经公开征集，首批共有"妙小程""科学盒子""星趣科普""码趣学院""精练"等 10 个科普创业企业入驻孵化器。至 2018 年底，5 个科普创业企业获得社会资本投融资，其中种子轮投资 1 个、天使轮投资 3 个、A 轮投资 1 个。

上海市科学技术委员会、徐汇区人民政府、36 氪空间三方分工明确、优势互补。徐汇区人民政府在招商政策、产业政策方面给予扶持，36 氪空间提供全国领先的专业孵化和产业创新服务，合力打造科普产业，营造产业氛围。

徐汇 36 氪空间向创业者提供服务、孵化、成果培育和项目产业化的综合性平台，培育一批具有知名度的科普项目，促进形成科普产业集群，打造有影响力的科普服务龙头企业，推进上海市科普产业发展，为上海建设具有全球影响力的科创中心提供创新动力支撑。

3. 宝山智慧湾：综合性体验性科普公园

2018 年 12 月，上海首个科普公园在宝山区智慧湾科创园开园。上海科普公园以智慧湾科创园为载体，集科普展会、科普产业孵化、科普讲座、科普旅游、科学健身和科普娱乐休闲于一体，是开展科普剧表演、科普电影推广和科普市集活动的重要科普场所。作为上海首个科普公园，宝山智慧湾目前已建成 3D(三维)打印、VR/AR、智能微制造中心，精心设计并推出了 4 组科普参观路线，分别是科普场馆体验路线、企业创新实验路线、科技与艺术融合路线和科学健身互动路线。

智慧湾园区已初具科普产业园规模,其运营的众创空间实施产业孵化,吸引大批优秀的科技型青年创业团队入驻,这些企业为科技研发和科普教育提供了源动力。同时,园区也将吸引以人工智能和智能硬件的企业入驻,共同打造人工智能科普馆,共同推动人工智能科普产业发展。

目前,智慧湾园区已形成以产业孵化为依托的科普产业园雏形,依托园区主导产业,发展其特色科普产业,依托现有的3D打印、VR/AR、智能制造、人工智能等科普设施,结合园区的产业活动和科普活动,创建以"四个中心"为主题、线上线下服务的一站式科普特色示范展示区。

3D创客空间集聚了一批3D打印知名企业,涉及产业链自上而下的各个领域,初步形成了以3D打印增材制造应用及相关技术和服务为主导的创新产业集聚效应。位于智慧湾的中国3D打印文化博物馆是中国以及全球范围内首家以3D打印为主题的博物馆。博物馆坚持国际化、前沿性、先进性的理念,目的是通过展览展示推动艺术创新和工业设计,被宝山区科学技术委员会、宝山区科学技术协会授牌"宝山区科普教育基地"。博物馆兼具文化历史教育、文化体验、文化衍生品消费等多重功能,第一年接待参观人数已经超过3万人,参观人数每月增长率为20%,不仅以常规的、静态的方式展示科普产品,还融入了互联网+科普的模式,包括多媒体互动、微信讲解,旨在以互动、体验的方式进行科普。博物馆还设立了原创系列3D科普微信内容,在已有的微信订阅号发布和共享3D打印科普知识。

上海VRAR创客中心联合上海市多媒体行业协会及其会员单位在智慧湾发起成立上海虚拟现实和增强现实产业联盟(VAIA)。联盟旨在打造上海VR、AR体验馆和推动VR、AR产业应用。体验馆兼具产业技术研发和教育、互动文化体验、VR产品销售等多重功能,内设VR消防演练、乔家大院智慧数字博物馆、VR仿真互动、VR游戏等项目,内容丰富,科技含量高,互动性强。同时还聚焦VR教育和人才培养,设立上海VRAR产业联盟英赛德学院,旨在为产业建立VR、AR人才培养基地和输送渠道。学院已制作了关于青少年等中小学VR、AR科普课程以及开发制作系列科普教育课程和课件,并将与各院校合作建立VR、AR科普教室。由上海市科委、上海市多媒体行业协会、上海VRAR创客中心联合发起并成立的上海虚拟现实和增强现实产业联盟(VAIA)于2017年1月正式成立。联盟得到了虚拟现实和增强现实产业链上各方代表的大力支持,未来将整合国内外 VR、AR 产业资源,更好地推动 VR、AR 产业链的发展。

"智能制造创意工场"由上海云制智能科技有限公司打造,现已获得美国麻省理工 Fablab 全球实验基地的认证。创意工场致力于以专业的设备和技术支持,打造国内先锋的智能制造领域创新创业平台。线下创意工场配有先进的智能装备,线上创意社区将聚集整合资源,通过线上线下的交互方式,提供创业导师、辅导员、联络员三位一体的导师专项服务,充分满足个体制造的需求,为创客、小型创新团体发挥创意,验证其设计概念。同时致力于用其研发设备进行科普产品开发和推广,联合园区企业研制开发科普展教具、开展科学实验活动、开发适合中小学生的益智玩具。

智慧湾积极响应"建设具有全球影响力的科技创新中心"号召建设科普产业园,符合上海城市转型模式,推动了宝山区科普产业发展,为实现"科技兴国,科技强国"贡献了力量。以下主要发展经验值得借鉴:一是创新科普公共服务模式,促进科普资源共享共用,面向公众打造科普与文化、艺术、体育、旅游等深度融合的科普体验场所;二是鼓励和支持科普公园探索公益性与市场化相结合的运作机制,引导科普产业发展,加强科普企业和科普创新项目孵化培育,在科普展教具、内容创作、影视、游戏等领域,扶持一批以科普服务为主营业务的社会化、市场化专业机构;三是推动政策、资金、技术、人才等产业发展要素集聚,做大做强上海科普产业。

(三) 上海科普产业发展及基地建设存在的问题及困难

产业发展具有阶段性。由于科普产业的独特性,其发展阶段既与一般产业的发展阶段密切相关,也与整个科普行业、科技传播事业的发展水平相关。从产业发展阶段和科技传播的阶段性特点出发,科普产业一般可经历培育期、成熟期和壮大期等不同阶段。总体上看,目前上海科普产业尚处于培育和萌芽阶段,科普社会化和市场化还刚起步,产业化则还需要一个长期的过程。目前,上海虽然已具备了培育和发展科普产业的良好基础和生态,但也存在不少瓶颈和问题,培育和发展科普产业任重道远。

1. 理念/认识层面的问题

发展科普产业尚未成为全社会特别是产业界的共识。科普是公益事业,但也得靠市场,合理的状态应当是政府主导和市场运作有机结合,才能保障科普事业持续健康发展。事业和产业并举,产业是事业的有力补充。但是,上海在发展科普产业及基地建设方面,尚未形成全社会的充分共识。科普产品的市场还比较狭小,投融资和估值体系还不成熟,"政府引导、社会参与、共同受益"的格局还未成型。基金会等社会力量作用发挥不足,市场化科普工作机制还有待完善,市场在优化配置科普资源中的决定性作用发挥不足。有较强盈利能力的科普企业还不多,科普产业化还有很长的路要走。

2. 政策层面的问题

科普产业发展政策环境亟须优化。为促进科普市场化,国家和部分地方政府先后出台了一些相关扶持性政策措施;在科普社会化、市场化环境营造方面,上海也做了不懈的探索。例如,为凝聚产业共识,"十二五"期间上海市科协、市科委联合举办了2届科普产业发展研讨会;上海市科协还从2014年开始,连续举办了3届国际科普产品博览会。但相对于科普市场的巨大需求而言,目前科普产业发展所需的各类支撑性环境要素还明显不足,产业政策、服务平台、资金投入、人才队伍、产品丰富度等方面都亟待加强。在产业政策方面,目前的支撑性政策往往与其他产业政策混搭,专门针对科普产业发展的政策措施几近空白;在产业人才方面,专业化、高层次科普策划、产品研发和市场开拓人才严重不足;在资金投入方面,企业对科普产品业务开发的投入严重不足,政府资金对社会、企业资金的带动效应亟须增强。例如,当前上海许多商场、博物馆有租借这类科普临展的需求,以吸引公众、集聚人气。但临展的租借费怎么定?个性化科普产品的定价依据是什么?这些问题尚存在政策空白。特别是列入公益类事业单位的博物馆、科技馆,这方面的问题更为突出。

3. 社会/市场层面的问题

(1)科普企业群体发展滞后。近年来,上海集聚了一批社会化、市场化的科普机构,如上海科教电影制片厂、上海科技管理有限公司等,一些科普产业细分领域,如科普旅游业、科普出版业也呈现良好的发展势头。但必须看到,这些科普机构的市场化盈利能力还不强,产业化程度还不高,大多数市场主体的业务基本都不是专门针对科普市场的,而是在其业务中包含与科普有关的产品或服务。科普市场和科普产业的发育程度还比较低,专门从事市场化科普业务的企事业单位还非常少。

(2)科普产品供给与大众科普需求之间存在较大的缺口。随着市民生活水平和知识水平的提高,他们对科普、教育、娱乐等文化需求与日俱增,但与之对应的科普产品和服务供给则明显不足,科普市场供需严重不平衡。一方面,科普产品和服务数量严重不足。由于缺乏良好的社会化、市场化机制,企业和社会开发科普产业、提供科普服务的积极性、主动性和创造性还不够,依托政府推动科普事业的局面尚未得到真正改变,而单靠政府一家之力,根本无法满足社会大众对科普的需求。另一方面,科普产品和服务的质量也难以提高,现有的科普产品和服务存在质量不高、吸引力不足,为社会公众喜闻乐见的精品产品和品牌项目严重不足,大众对科普的需求还需要激发。

四、上海科普产业发展及基地建设的政策梳理

(一) 科普产业发展相关政策及其梳理

1. 直接相关的产业政策

1) 科普旅游

由上海市财政局、上海市旅游局联合制定的《上海市旅游发展专项资金使用管理办法》于 2014 年颁布实施。专项资金的支持方向列入上海旅游发展规划的重点领域、重大任务和重要创新等方面,对上海建设世界著名旅游城市有成效或有突出贡献的基础性、公益性、功能性项目,主要涉及促进旅游产业发展项目、城市形象宣传项目、旅游公益设施建设项目和组织重大旅游活动项目。

支持范围:符合上海市旅游产业发展方向的重点产业项目、市委市政府批准的重点旅游项目以及获得国家旅游发展促进资金的项目;提升城市形象的国家 4A 级景区及旅游品牌建设的项目。

资助方式:专项资金无偿资助的额度不超过项目总投资或总费用的 30% 且金额不超过 500 万元;专项资金贷款贴息资助的额度根据项目贷款额度及人民银行公布的同期贷款利率确定,每个项目的贴息期限一般不超过 2 年。

科普旅游一般包括自营的科普教育基地以及提供以专题科普旅游服务和互动实践活动为主的企业,根据上海市的《上海市旅游发展专项资金使用管理办法》,像上海科技馆、上海海洋水族馆以及甲骨文张江科技旅游项目等只要符合政策的覆盖范围,均可以享受专项资金的扶持。

2) 科普出版

上海市新闻出版局、上海市版权局联合制定的《2018 年上海市新闻出版专项资金申报指南》,明确了科普出版支持政策。申报主体包括在本市注册登记,具有独立法人资格的出版、印刷、发行、版权服务企业以及支持新闻出版业发展的企业;本市其他新闻出版单位;本市有关文化机构、团体和组织。

支持范围如下：

（1）图书出版。代表上海及国家出版和文化水平的大中型出版工程，尤其是原创类出版工程；某一领域在全国处于一流水准、能代表上海和国家水平的学术出版中心或专业出版中心。

（2）报刊出版。重点支持能较大幅度提升刊物在国内外专业、学术地位或影响力的学术期刊项目，支持优秀少儿、文学、科普等品类期刊的质量提升、影响力提升项目。

（3）发行渠道。重点支持骨干发行企业、综合性文化体验消费中心等具有较强发展潜力的大中型、专精特实体书店；支持举办大型书业展会；支持发行单位在交通枢纽、超市、便利店等场所建立多元的书报刊发行渠道。

（4）印刷产业。支持印刷领域以信息技术为核心的创新，数字化改造，推动生产流程信息化和自动化。

（5）数字出版。支持优质内容数字化产品与应用的融合出版创新，支持优秀创作向海外推广，支持中国原创游戏精品，支持国家数字出版基地及相关园区的服务功能建设。

（6）版权产业与国际传播。重点支持国建版权贸易基地（上海）、版权服务工作站建设；重点支持参加国际书展活动，拓展出版物海外主流销售渠道，参评国际书业重要奖项，各类出版物出口及优秀作品对外推广和翻译出版。

资助方式：专项资金采取资助和补贴、贷款贴息、政府购买服务、奖励等方式安排使用。根据项目的功能定位、服务方式和资金投入总量来确定专项资金资助额度。贷款贴息的额度根据项目贷款额度及中国人民银行公布的同期贷款法定基准利率确定金额，每个项目贴息额度一般不超过单位实际已支付的银行贷款利息总额的50%，贴息期限原则上为1年，最多不超过3年。根据项目内容，部分公益性公共服务活动及项目，采取政府购买服务方式支持。

科普类的图书、报刊、数字化产品以及发行渠道、印刷产业、版权产业等只要符合支持范围的要求，均可以享受专项资金的支持，通过科普类读物、影视资料及数字化体验类的传播，以促进科普出版行业的发展。

3）科普教育

自2015年起上海实行《上海市科普教育基地管理办法》，该办法所指的科普基地是指由政府、企事业单位或其他社会组织兴办，面向社会公众开放，普及科学技术知识、倡导科学方法、弘扬科学精神、传播科学思想（简称"四科"）的场所，主要包括综合性科普场馆、专题性科普场馆和基础性科普教育基地三类。

支持范围包括：①面向公众从事《中华人民共和国科学技术普及法》所规定的科普活动，有稳定的科普活动投入；②有适合常年向公众开放的科普设施、器材和场所等；每年开放时间累计不少于 200 天，对青少年实行优惠或免费开放时间每年不少于 20 天（含法定节假日）；③有常设内部科普工作机构并配备必要的专职科普工作人员；④有明确的科普工作规划和年度科普工作计划。

申报"上海市基础性科普教育基地"，除符合第一款规定的基本条件外，还应同时符合以下条件：①室内展示面积不少于 300 平方米；②至少配备 1 名专职科普管理者和 2 名专职科普讲解员。

申报"上海市专题性科普场馆"，除符合第一款规定的基本条件外，还应同时符合以下条件：①室内展示面积不少于 2 000 平方米，配备专门的科普教室或报告厅；②每年向社会公众开放不少于 250 天，法定节假日至少开放一半天数；③至少配备 2 名专职科普管理者和 4 名专职科普讲解员。

申报"上海市综合性科普场馆"，除符合第一款规定的基本条件外，还应同时符合以下条件：①建有独立科普建筑，展厅（馆）面积达 30 000 平方米以上，设有 400 平方米以上的科普报告厅和 1 000 平方米以上的临时展览厅；②每年向社会公众开放不少于 300 天，法定节假日至少开放一半天数；③具有不少于 50 人的专业科普工作团队，并至少配备 20 名专职科普讲解员。

资助方式：市科委根据年检综合评价结果，择优对部分科普基地给予项目资助。择优对部分科普基地给予一定额度的科普活动后补贴。经认定的科普基地可以享受国家鼓励科普事业发展的相关税收政策。市科委对在科普设施条件、内部管理、人员配备、开放接待、活动举办等方面表现突出、科普工作综合效益良好、社会影响广泛的综合性科普场馆和专题性科普场馆，择优授予星级称号。

科普教育基地管理办法的出台规范了科普场馆、科普基地的基础资源配备，包括展示面积、开放时间、专业科普工作人员的配备、举办活动的次数等条件，保证了科普基地能够提供最基础的科普服务，并在此基础上进行基础性科普教育基地、专题性科普场馆、综合性科普场馆的评比，不断提升基础科普资源以及优化科普服务的质量。

4) 科普游戏

2017 年上海发布的《上海市动漫游戏产业发展扶持资金管理办法(2016 年版)》(下简称《办法》)。该《办法》所称动漫游戏企业是指在上海登记注册从事漫画、动画或网络游戏研发制作和运营服务的企业。其中,从事电视动画(含手机电视动画、网络电视动画)制作企业应持有《广播电视节目经营制作许可证》,网络游戏企业应持有《网络文化经营许可证》。该《办法》所称动漫游戏产品是指规定年度内首次出版、播出、播映或通过新媒体运营的漫画、动画、网络游戏产品。科普游戏产业对原创漫画、电视动画、网络游戏、新媒体动漫以及尚处于开发制作阶段的动画给予不同程度的资金扶持;对科普相关的大型展会、科普人员的培训、有利于我国动漫品牌建设及对外文化交流等项目或活动给予扶持。通过游戏等的传播方式使得科普知识与内容更为各个年龄段的大众所接受,从而更加深入人心,提升整体民众的科学素养。

2. 间接相关的产业政策

1) 文创产业政策

2018 年上海发布《上海市促进文化创意产业发展财政扶持资金项目申报指南》,文化创意产业指设计媒体业、艺术业、工业设计业、网络信息业、软件业、咨询服务业、广告及会展业、文化装备业等领域。

支持范围:包括以新技术应用为手段并将文化创新与相关行业融合的项目,服务于上海"四大品牌"建设并以要素市场为核心的平台建设类项目,文化创业产业成果展示推广与合作推广活动,文化创意类人才队伍建设,改善优化消费环境的文化创意,具有自主知识产权的文化装备产品以及相关展示交流活动等。产业类研究项目包括文化创意产业相关的产业研究、产业报告编制、发展规划制订等,重点方向如文化创意产业人才培养现状研究、文化创意产业传播力研究、文化创意产业发展报告等。

资助方式:文创资金采取贷款贴息、无偿资助、政府购买服务等方式安排使用。根据项目的功能定位、服务方式和资金投入总量来确定扶持资金资助额度。采取贷款贴息方式支持:根据项目贷款额度及中国人民银行公布的同期贷款法定基准利率确定。采取无偿资助方式支持:单个项目市级资金支持金额不超过300 万元,市区合计不超过 600 万元,支持比例不超过总投资的 50%;产业研究类项目为全额资助。对于国家级文化创意产业项目,对本市文化创意产业发展具有关键性、全局性影响的重大项目以及本市文化创意产业公共服务平台,经领导小组确定,可适当提高资助额度和比例。

科普产业的相关研究如《上海科技统计年鉴》中的科学普及部分、上海科普年鉴、上海科普事业发展报告等,都属于文化创意产业的项目,符合范围要求即可获得上海市文创产业政策的财政扶持,将科普产业作为文化创意产业的重要组成部分,推动科普产业的普及发展。

2)成果转化政策

2017 年上海市发布《上海市促进科技成果转化条例》,本条例所称科技成果,是指通过科学研究与技术开发所产生的具有实用价值的成果。职务科技成果,是指执行研究开发机构、高等院校和企业等单位的工作任务,或者主要是利用上述单位的物质技术条件所完成的科技成果。本条例所称科技成果转化,是指为提高生产力水平而对科技成果所进行的后续试验、开发、应用、推广直至形成新技术、新工艺、新材料、新产品,发展新产业等活动。

支持范围及资助方式:研发机构、高等院校转化科技成果所获得的收入全部留归本单位。①将职务科技成果转让、许可给他人实施的,可以从该项科技成果转让净收入或者许可净收入中提取不低于 70% 的比例(职务科技成果转让、许可净收入,是指转让、许可收入扣除相关税费、单位维护该科技成果的费用,以及交易过程中的评估、鉴定等直接费用后的余额);②利用职务科技成果作价投资的,可以从该项科技成果形成的股份或者出资比例中提取不低于 70% 的比例;③将职务科技成果自行实施或者与他人合作实施的,在实施转化成功投产后,可以从开始盈利的年度起连续 5 年,每年从实施该项科技成果产生的营业利润中提取不低于 5% 的比例。奖励期满后依据其他法律法规应当继续给予奖励或者报酬的,从其规定。

科技成果完成单位实施职务科技成果转化,以股权形式给予个人奖励和报酬,符合国家规定条件的,个人在获得股权时可以暂不纳税,递延至股权转让时缴纳个人所得税;个人因职务科技成果转化获得的现金奖励和报酬,由本市税务部门根据国家和本市激励科技成果转化的相关规定,依法征收个人所得税科技成果完成单位或者个人以科技成果作价投资获得的股权,可以按照国家有关规定,在投资入股当期暂不纳税,递延至股权转让时缴纳所得税。

科普产业中如在科普教育领域、科普游戏领域开发的科技成果,应用到科普基地场所或企业之中,符合该科技成果转化条例的项目,该单位可以获得成果转让的部分收入;作价投资、转化投产的部分收入,个人获得的股权奖励递延至所得税。成果转化政策鼓励科普产业开发出新成果并向市场转化,用新技术、新应用提升科普服务水平。

（二）科普产业基地相关政策

1. 科普产业孵化基地相关政策

目前,国家针对孵化器、大学科技园及众创空间的税收政策,符合条件的科普产业孵化基地也可以争取或享受。

2018 年财政部、税务总局、科技部、教育部共同发布《关于科技企业孵化器、大学科技园和众创空间税收政策的通知》(下简称《通知》)。《通知》所称"孵化服务"是指为在孵对象提供的经纪代理、经营租赁、研发和技术、信息技术、鉴证咨询服务。本《通知》所称"在孵对象"是指符合前款认定和管理办法规定的孵化企业、创业团队和个人。

支持范围及资助方式:自 2019 年 1 月 1 日至 2021 年 12 月 31 日,对国家级、省级科技企业孵化器、大学科技园和国家备案众创空间自用以及无偿或通过出租等方式为在孵对象提供房产、土地,免征房产税和城镇土地使用税;对其向在孵对象提供孵化服务取得的收入,免征增值税。2018 年 12 月 31 日以前认定的国家级科技企业孵化器、大学科技园,自 2019 年 1 月 1 日起享受本《通知》规定的税收优惠政策。2019 年 1 月 1 日以后认定的国家级、省级科技企业孵化器、大学科技园和国家备案众创空间,自认定之日次月起享受本《通知》规定的税收优惠政策。2019 年 1 月 1 日以后被取消资格的,自取消资格之日次月起停止享受本《通知》规定的税收优惠政策。

科普产业基地获得国家级、省级认证的科技企业孵化器、大学科技园以及国家备案的众创空间,为在孵对象提供房产或土地,将获得国家的免征房产税、土地使用税以及孵化收入的增值税,通过国家税收减免政策使得科普产业孵化基地能够提供更多的孵化服务,使更多的孵化企业收益,从而促进科普产业基地产出效益的提高。

2015 年 3 月,国务院办公厅发布《国务院办公厅关于发展众创空间推进大众创新创业的指导意见》后,各省市陆续出台了支持众创空间发展的实施意见和支持细则。2015 年 8 月,上海市出台了《关于本市发展众创空间推进大众创新创业的指导意见》,之后各区也陆续出台了区级层面的实施意见和支持管理办法。总体而言,各地区关于众创空间的支持力度和操作办法不尽相同,大概可归纳为 4 种主要模式,即认定＋考核制、项目指南申报制、备案制和积分制。具体模式如表5～表8所示。

表5　众创空间认定+考核制操作办法

区域名称	众创空间认定条件/考核标准	支持及奖励内容（额度）
杨浦区	(1) 实缴注册资本100万元以上 (2) 全职工作人员不少于4名 (3) 场地面积1000平方米以上且租赁合同2年以上 (4) 在孵企业15家以上 (5) 年度获得投资比例10%（或5家以上） (6) 年终考核及格	(1) 开办费支持（500元/平方米，最高500万元） (2) 租金减免费补贴，60元/平方米/月，补贴期限为2年，最高300万元 (3) 承办创新创业大赛活动费用补贴，最高50万元
虹口区	认定条件： (1) 面积不小于300平方米，租期不少于3年 (2) 公共使用面积不少于总面积的10% (3) 不低于300万的种子基金 (4) 入驻的科技型企业不少于50% 奖励： (1) 新认定的国家级、市级、区级科技企业孵化器，分别奖励最高100万元、60万元和30万元；对新认定的国家级、市级、区级科技苗圃，分别奖励50万元、30万元和15万元 (2) 举办各种活动，获优秀创业组织，补贴1万～3万元	补贴： (1) 经备案的科技企业孵化器年终考核为优秀、良好和及格的，分别给予30万元、20万元、10万元奖励 (2) 创业培训等服务费用补贴50%，最高20万元/年 (3) 开展创新创业大赛等活动费用补贴80%，单个活动最高30万元 (4) 创业孵化服务补贴，0.3万～5万元/家 (5) 改造外部、内部环境费用补贴30%，最高分别为300万元和120万元
闵行区	补贴：（经过认定备案的众创空间） (1) 改建费用补贴（350元/平方米，最高500万元） (2) 公共服务空间补贴房租（面积不超过20%，最多1000平方米，连续3年，最高100万元） (3) 开办费补贴：面积1000平方米以下的30万元；超过1000平方米的50万元 (4) 科创公益活动，活动费补贴50%，最高100万元 (5) 众创空间投资，补贴标准利率3年利息，最高100万元；投资损失的，经认定根据实际到位资本5%给予风险救助	奖励： (1) 考核通过，服务费补贴：预孵化项目5 000元/个、在孵企业1万元/个、加速企业1.5万元/个 (2) 获投资补贴：年度获投企业达到企业总数5%，奖励20万元；10%，奖励30万元；15%，奖励50万元；主板上市50万元/家；中小板及E板：30万元/家

(续表)

区域名称	众创空间认定条件/考核标准	支持及奖励内容(额度)
普陀区	补贴: (1) 对提供公共服务和活动大赛等产生的费用,补贴实际费用的最高50%,单个众创空间最高200万元 (2) 以政府购买服务、项目化形式支持"普陀区众创空间联盟"活动,事后获得全额补贴	奖励: (1) 众创空间获得市里资金支持的,区里1:1配套 (2) 国家级"众创空间",给予最高200万元的资金资助 (3) 上海市"众创空间",给予最高30万元的资金资助 (4) 对行业领军企业和龙头创投公司在本区建设属于区内重点支持领域的众创空间且经国家、市评定,追加100万元

表6 众创空间直接申请补贴操作办法

区域名称	对众创空间的要求	支持及奖励内容(额度)
徐汇区	(1) 租金原则上不高于同等地段市场平均价格的80% (2) 设立不低于500万元的创投基金(或与至少5个以上的天使投资人、创业投资机构建立战略合作协议) (3) 注册地、税管地和经营地均在徐汇区 (4) 面积不低于500平方米,房租合同不少于2年 (5) 按照要求提供统计数据,正常运营3个月以上	(1) 运营补贴最高40万元/年 (2) 双创奖励,最高60万元 (3) 对符合条件的众创空间,根据运营机构对区域经济的综合贡献度,给予一定的综合性扶持 (4) 给予电信企业商务宽带和专线宽带套餐价格30%~40%的优惠 (5) 承办徐汇区创新创业大赛等有影响力的创新创业活动,最高补贴50万元

表7 众创空间项目指南申报制操作办法

区域名称	指南名称/申报条件	支持及奖励内容(额度)
浦东新区	《2016年浦东新区"小微企业创业创新基地城市示范"专项资金项目申报指南》	(1) 建设、购置费用补贴,按投资额的10%,面积最多200平方米,最高300万元 (2) 租金补贴20%,累计最长12个月,最高100万元 (3) 众创空间发展连锁店(浦东5家以上,全市10家或全国30家以上),给予奖励最高100万元 (4) 孵化海外项目(海外资金占30%,实到资本50万元以上,团队中有海外人才),5万元/个,最高200万元

(续表)

区域名称	指南名称/申报条件	支持及奖励内容（额度）
长宁区	《长宁区2015年信息消费专项资金项目申报指南》 申报条件： (1) 聚焦"大智移云"领域的新技术应用、投融资对接、法律人才服务 (2) 自2014年以来，累计孵化企业获得风投且落地长宁不少于5家	(1) 前景好、创新性强、具备带动示范效应的众创空间，补贴总投资30%、最高150万元 (2) 公共性、基础性、服务效应好、有一定影响力的众创空间，服务补贴最高100万元

表8　众创空间备案制与积分制操作办法

区域名称	模式	相关要求/标准	支持及奖励内容（额度）
上海市	备案制	(1) 工作机制 (2) 管理机制 (3) 需由区县推荐意见 (4) 注册成立不少于6个月	2016年的做法： (1) 邀请专家对2016年运行情况进行综合评定 (2) 综合评价为优秀的，奖励15万元 (3) 综合评价为良好的，奖励10万元 (4) 综合评价为合格的，奖励5万元

上海市科委发布的《2019年度"科技创新行动计划"创新创业服务体系建设项目申报指南》，鼓励有基础、有条件的科技创业苗圃、科技企业孵化器、科技企业加速器、新型创新创业服务组织、星创天地等各类众创空间根据各自的发展方向、形态，以"专业化、品牌化、国际化"（以下简称"三化"）择一为发展目标，实现特色化发展，以运营模式、服务业绩和孵化成效，引领示范全市众创空间整体发展。

支持范围：在本市注册、为独立企业法人的各类众创空间运营机构（无须提前备案）；实际运营半年以上，场地面积不少于500平方米，组织机构健全，有可自主支配服务设施，具有较为完善的孵化服务体系，并朝"三化"众创空间方向发展。对于达到"三化"培育条件、符合"三化"培育目标要求的众创空间，给予众创空间"三化"培育建设期项目立项；对于达到"三化"培育引导标准的众创空间，给予众创空间"三化"培育引导项目立项。

资助方式：定额资助。拟支持众创空间"三化"培育建设期项目不超过10个项目，每项资助额度90万元；拟支持众创空间"三化"培育引导项目不超过100个项目，每项资助额度30万元。各区政府对本辖区内项目应给予相应1∶1

资金配套资助。

科普产业孵化基地作为众创空间一类,孵化的科普企业以及从事非营利性科普业务的企业在众创空间专业化、品牌化、国际化的目标引导下,更加系统、规范、全面地接受众创空间的各种导师资源、项目资源、机会对接、投融资金等,助力科普相关企业及科普产业的发展壮大。

2. 科普产业园区相关政策

目前,国家和上海支持科技园区发展的相关政策,符合条件的科普产业园区也可以享受。例如,上海出台了一系列支持大学科技园区发展的相关政策,这些政策对科普产业园区的发展具有促进作用。

市政府、市科委、市财政等对上海市大学科技园的发展提出了若干政策的扶持与资助,包括高等学校创新创业教育改革、建立科技专家库等高校和科研院所的人才方面,高新技术企业以及科技型中小企业科技创新资金项目方面,科技成果转移转化、实行科技创新券政策、政府审批服务事务改革以及中长期科技发展规划纲要配套政策等政府的创新方式及支撑政策方面都提出了相关的支持政策。支持政策包括对创新创业教育的重视以及专业高素质人才的聘用,在高校形成创新创业的氛围;高新技术企业及科技型中小企业获得房产税、增值税的减免,并对中小企业项目有资金支持,帮助企业渡过生命周期的初始阶段;强化高校、科研院所、大学科技园的科技成果转移转化功能,形成转移支撑链条,减少后续的风险;通过使用科技创新券的创新运作方式,审批服务事项的改革,以提升政府对科技企业的服务水平和服务效率。具体支持政策如表9所示。

表9 上海支持大学科技园发展的相关政策

时间	发布单位	政策名称	具 体 内 容
2018年11月	市政府	《关于加快本市高新技术企业发展的若干意见》(沪府发[2018]40号)	发挥科技园区、工业园区和经济开发区等企业培育载体的作用,提升孵化器(含众创空间)、大学科技园、文化创意园区等服务科技创业团队、初创期科技型企业的能力和水平。符合条件的孵化器(含众创空间)、大学科技园可享受免征房产税、增值税等优惠政策。此外,杨浦区出台区级税收激励政策,大学科技园区内企业产生的税收80%留在园区,其中总量的50%返还企业、30%返还园区,用于支持园区科技服务和运管发展

（续表）

时间	发布单位	政策名称	具 体 内 容
2018年11月	市科委	《上海市科技专家库管理办法（试行）》（沪科规〔2018〕9号）	产业管理类专家应当是科技型上市公司、国家高新技术企业、技术先进型服务企业、国家大学科技园、国家科技企业孵化器、全国性或全市性行业协会学会，天使投资或创业投资机构的高级管理人员。市科委在评审评估、结题验收、评价奖励等的初评、通信评审环节所需专家，应从专家库中选取使用
2018年11月	市科委市财政局	《上海市科技创新券管理办法（试行）》（沪科规〔2018〕8号）	申领创新券的团队，应当是已入驻本市科技企业孵化器、大学科技园或众创空间，尚未在本市注册成立企业的创新创业团队（核心成员不少于3人）
2018年11月	市科委	《上海市科学技术委员会"马上办、网上办、就近办、一次办"审批服务事项目录公告》	将"国家大学科技园认定（初审并推荐）"事项纳入"一次办"审批服务事项目录。办理机构为上海市科技创业中心
2018年11月	市政府	《上海市建设闵行国家科技成果转移转化示范区行动方案（2018—2020年）》（沪府办〔2018〕34号）	发挥大学科技园技术转移承载功能，在示范区内创新机制，促进技术转移、高校师生创业和战略性新兴产业培育
2018年1月	市科委	《关于发布上海市2018年度"科技创新行动计划"科技成果转移转化服务体系建设项目指南的通知》（沪科〔2018〕11号）	引导高校、科研院所，国家大学科技园，创新创业载体等强化技术转移功能，为实验室阶段的优秀成果提供技术概念验证、商业化开发等技术转移服务支撑，为后续风投等资本进入减少市场风险。示范期为3年，首年建设期采取前补助方式，资金支持不超过60万元/项
2017年5月	市政府	《上海市促进科技成果转移转化行动方案（2017—2020）》（沪府办发〔2017〕42号）	进一步发挥大学科技园在科技成果转移转化中的重要承载作用，着力打造成为产学研合作的示范基地、高校师生创业的实践基地、战略性新兴产业的培育基地
2016年1月	市政府	《上海市深化高等学校创新创业教育改革实施方案》（沪府办〔2016〕2号）	各高校要结合自身的办学目标与专业特色，搭建大学生创新创业教育实践平台，充分利用各种资源，建设大学科技园等实习实训平台。将支持创新创业教育作为一项重要指标，列入文明单位、重点用人单位、大学科技园等认定和复审的条件中

(续表)

时间	发布单位	政策名称	具 体 内 容
2015 年 7 月	张江开发区管委会	《张江国家自主创新示范区推进具有全球影响力科技创新中心建设的总体行动计划（2015—2020 年）》	大力支持张江杨浦园特色产业园区和大学科技园提升能级，深化科技园区与大学校区、公共社区联动发展的成功经验……辐射带动上海北部地区创新发展和产业升级
2014 年 1 月	市科委	《〈2014 年度上海市科技型中小企业技术创新资金项目〉》（科〔2014〕9 号）	创新资金支持初创期企业项目 10 万元/个，成长期企业项目 15 万元/个，重点项目 30 万元/个。支持重点包括大学科技园等为科技型中小企业服务的社会机构推荐的企业
2006 年 5 月	市政府	《上海中长期科学和技术发展规划纲要（2006—2020 年）》若干配套政策（沪府办发〔2006〕12 号）	对符合条件的科技企业孵化器、国家大学科技园，可按规定免征营业税、所得税、房产税和城镇土地使用税

五、上海培育发展科普产业的战略思路及建议

(一) 战略原则与理念

习近平总书记指出，"科技创新、科学普及是实现创新发展的两翼，要把科学普及放在与科技创新同等重要的位置"。培育和发展科普产业既要与上海科普发展的阶段相适应，也要符合上海城市产业发展的总体战略需求，要将科普产业发展嵌入上海先进制造业和现代服务业发展的总体布局之中，以上海加快建设具有全球影响力科技创新中心、加快构建现代化产业体系、加快推动高质量发展的高度，谋划和推进科普产业的发展。总体而言，上海培育和发展科普产业应始终坚持以下基本原则和理念。

1. 在战略定位上，坚持事业为体、产业为用，实现融合发展

科普是一项社会公益事业，公益性是科普的根本属性，因此，培育和发展科普产业，要从科普公益性的基本属性出发，处理好事业和产业的关系，促进公益性和经营性有机融合，社会化和产业化相互促进。要把繁荣科普事业、提高公众科学素质作为培育和发展科普产业的出发点和落脚点，实现科普事业和科普产业的融合发展。

2. 在资源配置上,坚持市场主导、政府引导,实现健康发展

市场在资源配置中起决定性作用,培育和发展科普产业,要充分发挥市场机制的力量,要以培育市场主体为核心,激发科普需求,繁荣科普市场;同时,要切实发挥好政府在产业制度建设、规划和政策制定及市场监管等方面的职责,强化政府对产业发展的导向作用,促进市场决定力、企业主体力和政府引导力的有机融合,形成市场、企业、政府共同推进科普发展的新格局。

3. 在发展部署上,坚持重点突破、分类推进,实现全面发展

产业发展是一项系统工程,培育和发展科普产业,要结合上海城市功能定位和科普发展阶段,充分把握科普产业不同细分领域的市场成熟度和社会化程度,分层次、有选择地推进。要选择社会化程度高、市场需求大的领域,集中优势资源重点扶持,加快培育一批市场主体,打造一批特色产品,以此带动科普产业乃至全市科普事业的全面发展。

4. 在空间布局上,坚持区域联动、集群带动,实现集约发展

空间联动、集群发展是现代产业发展的基本模式,培育和发展科普产业,要注重市区联动、区域互动,引导各区立足比较优势的产业基础和资源特色,合理布局产业与各项配套功能,推进资源整合、产业整合和空间整合,促进科普产业嵌入科技、创意(产业)园区和基地,发挥集聚效应,促进产业集群化、规模化发展,实现各区县之间、上海与长三角之间以及上海与国内其他地区之间的错位发展。

5. 在保障机制上,坚持深化改革、创新引领,实现高端发展

改革创新将是新时代我国社会发展的主题,培育和发展科普产业,也应将深化改革作为基本动力,充分释放改革红利,完善产业制度体系,保障产业持续发展。同时要强化科技支撑,拓展服务范围,鼓励发展新型业态,提升科普服务规范化、专业化水平,建立符合国情市情、可持续发展的科普产业和科普服务供给体制机制。

(二) 战略目标与愿景

根据上海城市产业发展定位,充分考虑科普的公益性特征、社会化需求、市场化空间,结合上海科普的资源优势和产业潜力,我们提出上海培育和发展科普产业的总体目标:紧紧围绕国家发展文化产业的战略要求和上海全力打响"四大品牌"、加快建设具有全球影响力科技创新中心的战略目标,加强高端要素集聚,构建产业特色和品牌,完善产业服务体系,充分发挥科普产业在转变经济发展方式、优化产业结构、提升城市软实力、增强国际竞争力等方面的重要作用,将

科普产业培育成为上海城市经济发展和产业转型升级的新亮点。具体而言,至2025年,上海科普产业发展应达到以下5个方面的目标。

1. 集聚一批市场化科普机构

完善政策,创新方式,以政府购买服务的方式扶持一批产品制作、创意策划、理论研究、中介服务以及科普教育基地、科普类基金会等科普机构的发展,到2025年,逐步培育、集聚1 000家社会化、市场化的科普机构。

2. 培育一批代表性科普企业

激发企业开展科普工作的活力,在科普图书出版、科普教育培训、科普展览展示等领域,选择一批具有较好基础和特色突出的企业,通过项目资助等方式加大扶持力度,培育一批在全国相关行业领域具有较大影响力的科普企业。到2025年,以科普产品生产为主要业务领域、科普相关产品营业额占公司营业总额比重超过30%的企业或企业集团达到200家。

3. 产出一批原创性科普产品

针对公众和社会的科普需求,引导和鼓励科普机构和科普企业开发和生产科普展教具、科普旅游纪念品、科普图书、科普影视作品、科普动漫作品、科普游戏及科普巡展等科普产品,逐步提高高端产品、原创产品的比例。到2025年,将上海打造成为全国科普内容产品的示范基地。

4. 集聚一批创业型科普人才

依托科普教育基地、科普企业、社会科普机构和相关的高校、科研院所、中介服务机构,通过国际交流、学校培养、在职培训、国外进修、实践锻炼等多种方式,培养、集聚一支专兼职相结合的高水平、高素质的科普产业研发设计、运营管理、理论研究和中介服务的人才队伍。

5. 形成一个国际化产业生态

面向国际和国内两个市场、两种资源,坚持引进国外优质产品、优秀企业与自身培育相结合,促进科普图书出版、科普旅游、科普培训教育、科普展览展示等产业开放式、国际化发展。到2025年,基本形成植根本地、面向全球,结构合理、特色突出、优势凸显、整体实力较强的科普产业生态体系。

(三) 重点领域选择

根据上海科普优势、产业基础和资源特色,结合现代产业特别是现代服务业发展趋势,笔者认为,上海培育和发展科普产业应聚焦科普出版、科普影视、科普动漫游戏、科普展教具、科普培训、科普会展和科普旅游七大重点领域。其中,科普出版业、科普影视业、科普动漫游戏业主要与科普内容开发相关,可称为科普内容产业;科普展教具业主要与科普传播载体介质相关且包含较多的制造成分,可称为科普制造产业;科普培训、科普会展、科普旅游主要涉及科普服务,可称为科普服务产业。

1. 科普内容产业:做强,提高原创性

科普内容是科普传播的核心。上海发展科普内容产业,要在"强"字上做文章,核心是提高自主开发和原创能力,推出一批融科技知识、科学方法、科学思想和科学精神于一体的原创性科普内容作品;应聚焦科普出版、科普影视、科普动漫游戏等产业形态,加快培育市场化机构,提升品牌化运作水平。

(1)科普出版业。加强与文化出版部门的沟通与合作,重点依托上海科普出版社、上海科技教育出版社,引导其加大科技科普类图书的创作出版发行力度,增加科普内容,巩固和发展上海在科技、医药、卫生等图书出版方面的领先地位;加强与上海报业集团等主流媒体的合作,及时推送科普内容,扩大科普内容产品的宣传和发行;鼓励和支持科技系统所属的科普类期刊积极引入市场化运作机制,提高办刊水平和质量。

(2)科普影视业。引导上海科教电影制片厂、上海科技馆影视制作中心、上海科普事业中心扩大科普影视内容开发和市场开拓,提升科普影视内容生产制作水平,增加影视作品的科技含量、文化内涵和艺术质量,催生一批体现时代精神、富有艺术内涵、在全国有广泛影响的精品力作,打造影视品牌。要通过政府购买服务的方式,鼓励数字科教影视作品的制作,扶持一批适用于 3D、4D、环幕、球幕、穹幕的科普影视产品。依托高校、科研院所的广播电视和电影艺术专业,建设上海科普影视研发制作和配送中心,使其成为全市科普影视产业的创新源头。

(3)科普动漫游戏业。抓住体验经济时代的需求,充分依托动漫产业技术优势,引导和鼓励动漫游戏企业介入科普服务,发展科普动漫游戏产业。当前,应以上海迪斯尼项目为契机,引导企业配套切入,积极支持动漫企业争取文化和旅游部"原创动漫扶持计划"的认定和资金扶持,提高自主创意设计能力,形成创作、产业开发、市场拓展、观光旅游一体化的产业链和盈利模式,建设成为全国动漫与游戏产业示范基地与产业发展区。

2. 科普制造产业:做精,推进高端化

科技传播方式和手段在极大程度上关系到科普教育的效果。因此,设计制造多样化的科普展品教具(含玩具)是创新科技传播载体和方式的内在要求。培育和发展科普制造产业,要在"精"字上下功夫,要充分依托上海的创意设计资源和先进制造业优势,在科普展教品、科普玩具等科普媒介载体的创意设计开发等环节加大引导和扶持,形成一批优势企业和机构,推出一批精品,实现高端化发展。应大力鼓励和支持有实力的科普场馆面向市场需求,开展互动性展教具研发;依托有优势和基础的高校、科研院所和科普场馆,设立科普展教具研发中心;面向中小型展教具设计制造企业,搭建展教具技术公共服务平台;充分依托上海大学、同济大学、上海电气集团等科研机构和企业在教育娱乐机器人方面较雄厚的研究实力,以大型科普(科技)展览、综合性科技馆建设为牵引,开发一批科普教育和科普娱乐机器人。

3. 科普服务产业:做大,提高影响力

科普旅游、科普教育培训和科普展示展览依托一定的科普设施、科普载体将科普内容向社会公众传播,使社会公众在参加旅游、接受教育、参观展示展览中了解科技知识,因此,都可统称为科普服务产业。上海培育和发展科普服务产业,要充分发挥上海国际化大都市旅游资源集聚、教育实力雄厚、国内外展示交流便捷的优势,聚集科普旅游企业、科普教育培训机构和科普展示展览机构,扩大产业规模,形成广泛的社会影响力。

(1)科普旅游业。要最大限度地激发科普教育基地的旅游潜质,鼓励和引导科普教育基地,依托自身科普资源和旅游资源优势,结合冬夏令营、科技活动周、科普日、中小学课程改革等重大活动和项目,策划和实施具有特色的科普旅游项目,开展系列科普旅游活动,注重大型专题科普旅游活动和互动实践活动的策划和实施,形成科普旅游品牌。着力打造精品旅游线路,加强与旅游局、旅行社的合作,重点以世博场馆游、迪斯尼乐园游为牵引,研究不同受众人群的特点,针对不同的目标群体,进行线路的有效组合,将科普旅游、观光旅游、体验旅游、红色旅游融为一体,开发出形式多样的旅游线路。大力发展科普旅游商业,鼓励和引导科普展品、玩具制造企业,加强与科普旅游点的合作,协同开发科普旅游相关的实物商品,如科普实物模型、纪念章、纪念册、纪念 T 恤等;同时,大力开发非实物商品以及互动体验式一次性商品,如旅游中的文化类演出、基于科普设施的互动体验和游戏设备等。

(2)科普培训业。要注重引导和鼓励已有的科技教育培训企业走品牌化发展道路,建议加紧研究扶持社会民间科技教育培训机构(如童年汇、新贝青少儿教育中心、上海森孚科技教育中心等)发展的政策措施。同时,扩大市场化、社会化科技教育培训主体,鼓励设立社会化科技教育培训机构,引导和支持有条件、有实力的科技社团、社会组织,面向科普讲解员、科学诠释者、科普志愿者、科技展品研发设计制作从业人员等群体,设立社会化的培训机构,开展市场化培训业务。此外,要借鸡生蛋,依托一般教育培训机构,充分发挥上海校外教育培训、继续教育、干部培训教育的资源优势,在科技干部培训、课外辅导班、职业技能培训中有效嵌入科技教育的内容;引导和支持青少年校外活动中心以特色班、兴趣班的形式,加强科普教育、科技教育招生,扩大面向青少年学生的信息技术、多元智能、趣味数学等主题内容的培训。

(3)科普会展业。坚持"引进来"与"走出去"相结合,着力提升上海在科技专业会议、展览会与博览会、大型节事赛事活动等领域的服务水平和服务能级,推进上海科普(科技)会展业向国际化、专业化、品牌化、信息化发展。一方面,积极鼓励申办知名国际科技科普会展活动,争取更多知名国际会展项目落户上海;另一方面,统筹市、区县会展资源,加强与上海科技会展公司、上海科技开发交流机构的协同合作,拓展国内外会展市场,努力打造本土会展知名品牌,培育一批品牌科技科普展览展示项目。

(四) 对策建议

1. 培育市场主体

(1)实施科普企业育成计划。研究制定科普企业认定管理办法,选择一批基础较好、特色突出、有能力有意愿从事科普事业的企业,通过政府购买服务、项目资助等方式,逐步引导其增加科普类业务,形成科普产品特色和行业影响力。

(2)发展市场化科普机构。鼓励和引导科普教育基地、各类科普社会组织积极引入市场化机制,拓展市场发展能力;支持有实力的社会化科普机构,主动剥离市场化业务部门,使其成为独立的合格市场主体。

(3)建设一批科普产品研发中心。依托高校、科研院所、科普场馆、大型企业(集团)等建设一批科普产品研发(创作)中心;支持和引导有条件的科普企业和科普服务机构,设立企业技术中心或工程技术中心。对符合条件的,积极推荐申报国家或上海市级企业技术中心、国家工程技术中心或国家工程研究中心。

2. 激发市场需求

一方面,积极引导社会公众的科普文化需求,通过举办科普活动、派发科普护照等多种形式,寓教于乐、寓教于玩,引领和激发社会公众的科普需求;另一方面,激发社会机构对科普产品的需求,要充分应用需求侧政策理念,面向科普产品应用主体(如科普教育基地、大众传媒等),扩大对科普产品和科普服务的政府采购范围,支持和鼓励科普教育基地、科普场馆、青少年活动中心、大型公益类科普活动在采购科普产品和科普服务时,优先采购经过认定的科普企业生产的产品和提供的科普服务。

3. 集聚产业人才

一是发挥人才计划的育才聚才作用,依托国家及上海市重点人才计划,培育、引进一批科技类、动漫设计类、图书出版类和市场创业类的高素质人才团队。二是推动产学研合作培养人才,支持鼓励高等院校、科研院所、科普组织、企业与相关机构建设高端科普人才培训、实践基地,加快创新型、复合型、外向型科普产业人才培养,实现多样化科普产业人才供给。三是加大对科普从业人员的培训力度,不断提高科普从业人员的工作能力和水平。四是丰富科普产业后备人才资源,在高校院所试点开设科技传播、科普创作等选修课;推动建设科技传播硕士点,将科普专业人才队伍培养纳入正规教育体系,拓展科普产业后备人才的来源渠道。

4. 拓展融资渠道

(1)加大财政资金对科普产业的引导。建议设立科普产业专项资金,对科普企业、科普产品开发以及符合条件的市场化科普项目进行资助和培育;加强与文化、宣传等部门的合作,支持科普类项目积极申报国家、市有关文化创意资金项目。

(2)拓展社会融资。以财政资金为牵引,联合文化、教育、科普基金会等,设立科普产业发展基金;鼓励社会捐赠支持科普产业发展。

(3)拓展金融资本。探索发展科普金融,促进金融资本与科普要素有机融合,加强与市金融办的合作,在知识产权质押贷款业务中,试点推行原创性科普展品、教具、图书等纳入质押范围。

5. 搭建服务平台

(1)搭建资源共享平台。以上海科普云建设为契机,建设科普资源中心数据库(含人才、活动、成果、设施、政策和机构6个子库),促进科普资源共享共用。

(2)搭建公共技术服务平台。引导现有的多媒体、动漫产业技术服务平台和产业联盟,增加科普内容,同时推动有关高校、科普服务机构和企业联合设立科普产品技术服务联盟,面向科普创作、设计、策划等机构提供公共技术服务。

(3)搭建展示交易平台。持续举办上海国际科普产业(品)博览会,打造集科普创意创新展览、论坛、奖项评选和发布等为一体的科普产品发布、展示及交易平台;探索在上海国际技术交易会、中国进口产品博览会开办科普产品专区,在科技节期间,策划举办科普产品展示交易会。

(4)搭建合作交流平台。举办科普产业国际研讨会,定期策划举办上海科普产业沙龙活动,探索建设上海科普产业协会或科普企业联合会。

(5)搭建宣传推广平台。引导和支持各类科普媒体加大对科普产品的宣传推介。

6. 优化产业政策

(1)抓紧制定科普产业发展专项规划和政策,加强与文化、经济、发改等部门的沟通,研究制定促进科普产业发展的实施意见和扶持政策,力争将科普产业纳入上海市现代服务业和文化创意产业的发展规划范围。

(2)建立科普产业统计监测体系,与统计部门合作,研究制定规范化的科普产业统计制度和指标体系,定期完成数据收集,及时做好科普产业发展的年度统计和分析,在条件成熟的时候,发布上海市科普产业发展报告。此外,要加强科普产业发展相关的理论研究,强化产业发展的理论支撑,研究制定科普渗透指数,用以揭示科普产业与其他产业的融合程度;强化科普产业典型案例及实践调研,总结科普产业发展的成功经验和发展模式。

六、上海推进科普产业基地建设的思路与举措

科普产业基地是所在地区或城市创新创业体系的重要组成部分,是开展科技传播、培育发展科普产业的重要空间载体。对上海而言,加快科普产业基地建设,有利于浓郁万众创新、大众创业的氛围,提升科普服务综合的能力,助力上海科创中心建设。进一步推进科普产业基地建设,要聚焦有限目标,明确总体思路,把握工作重点,强化功能建设,以科普产业基地建设支撑和带动全市科普市场培育和科普产业发展。

(一) 建设理念

1. 以需求为导向

推进科普产业(孵化)基地建设,要把各方"需求"作为出发点和立足点。一要契合所在城市或区域产业发展特别是现代产业体系建设的战略需求,综合考虑所在城市或区域产业发展规划、产业发展特点和基础优势,布局建设科普产业基地。二要对接所在城市或区域科普发展需求,对接所在城市或区域科普事业发展规划和公民科学素质建设计划,从提升城市或区域科普服务能力的角度布

局建设科普产业孵化基地。三要对接科普企业的市场发展需求,从大众创业、万众创新的角度,特别是科普创业企业的需求出发,在科普创业比较活跃、科普企业相对比较集中的地方布局建设科普产业基地。四要对接社会公众的科普文化需要,从新时代社会工作对科普文化产品的需求出发,尽可能选择社会公众需求比较迫切的科普领域(如科普研学旅行、科普科幻电影、科普游戏等)布局建设科普产业基地。

2. 以服务为根本

推进科普产业基地建设,以营造良好的创业生态体系为目标,要把科普创业创新服务能力、基地服务功能建设置于核心地位,要鼓励和引导科普产业基地不断增强面向入驻科普企业乃至社会公众提供各类创新创业增值服务和科普文化服务的功能,绝不能"大兴土木",更不能"管理为上",应有效集成科普资源和创新创业要素,创新服务模式,为科普创业者和科普创业企业提供低成本、便利化、全要素、开放式的综合创业服务,构建低成本、便利化、全要素、开放式、市场化、专业化、集成化、网络化、国际化的科普产业孵化空间和服务平台。

3. 以效益为核心

科普产业基地既要体现公益性,又要考虑其他各类参与主体的利益,要坚持社会效益和经济效益同等重要,市场化服务和公益性服务相得益彰。基地运营和管理机构要强化考核评估和绩效导向,建立健全基于绩效评估的支持方式,引导和鼓励入驻企业机构不断提升服务效益,逐步探索和形成社会效益和经济效益并举、公益性服务与市场性服务互补的科普服务新模式。

4. 以协同为保障

科普产业基地建设不仅要考虑为以科普企业为主的各类用户提供服务的便捷性,而且要考虑对资本、技术、服务等各类要素、资源的集聚力。一方面,由于科普的公益性属性,科普产业基地特别是科普产业孵化基地无疑具有一定的公共产品(服务)属性,其建设和发展需要政府部门提供一定的引导性资金和激励性政策;另一方面,要充分发挥市场机制的资源配置作用,突出企业主体作用,强化政府资源对市场资源的撬动效应,形成优势互补、多元参与、有序竞争的发展格局。科普产业基地要注重自身运营机制和服务模式的创新,注重产学研协同,最大限度、最广范围地吸引社会力量参与,扩大社会科技资源的集聚与共享,形成全社会参与基地建设的合力。

（二）建设目标

上海科普产业（孵化）基地的建设和布局，要对接具有全球影响力科创中心建设战略要求，以产业和企业需求为导向，充分发挥所在区域政府管理部门和基地（园区）运营主体的积极性，采取"基金＋基地""科普＋文创"的模式，注重上下联动、兼顾质量和数量，推动线上线下结合、网络空间和地理空间融合，健全创新创业的市场导向机制和公共服务机制，集聚科普创业和产业发展高端要素，培育科普特色和品牌，为培育发展科普产业、提升市民科学素质、浓郁创新创业氛围、推动科创中心建设贡献力量。

到2025年，建成5个左右专业化科普产业孵化空间和产业集群（现有虹口方糖小镇、徐汇36氪空间、宝山智慧湾3家），形成总额超过10亿元的科普产业投资基金，集聚200家以上以科普为主营业务的创新型企业（科普机构），其中年营业额超过1000万元的企业不少于10家，形成一批成体系、有特色、有影响的科普品牌产品和服务。

（三）对策措施

1. 以专业化为核心，促进科普基地内涵式发展

把科普专业人才队伍建设置于科普产业基地管理模式和运行机制创新的关键位置，以专职队伍、专业机构和专门人才助力科普产业基地专业服务能力建设，通过整合专业领域的技术、设备、信息、资本、市场、人力等资源，提升科普产业基地的服务内涵及质量水平，为科普创新创业者提供更高端、更具专业特色和定制化的增值服务。

要着力提高科普产业基地的专业化运营水平。引导和鼓励各科普产业基地以市场需求为导向，通过更高水平的服务供给，吸引创新创业人才、天使投资人、创投机构、创业导师、成功企业家、第三方服务机构等各种资源加入，使各类科普创业企业和团队都能在科普产业基地这一平台获取各种配套资源。支持有条件的科普产业基地成立创业金融管理公司，做好创业金融的接力配套。鼓励它们联合周边的高校和科研院所等成立创业学院，推进创业辅导培训。

引导科普产业基地聚焦科普产业细分领域，形成自身的特色和优势。鼓励和支持科普产业基地发挥自身的优势和特长，培育成有品牌、有影响的科普创新创业实践活动及课件（实践课程），形成明显的创新服务及创新创业服务成效。

2. 以集群化为重点,促进科普基地协同型发展

鼓励有条件的街镇,设立科普产业基地,吸引科普出版、科普动漫游戏、科普创意设计策划类企业入驻,形成集群化发展态势。引导科普产业基地树立全方位合作观,鼓励产业基地内外的科普企业开展业务对接,构建科普产业的区域联盟、跨区域联盟或基于创业创新活动举办等,与相关机构建立特定工作领域的联盟合作,形成发展合力,实现资源共享、合作共赢。

强化区域合作与国内辐射。鼓励科普产业基地向外输出品牌和服务,将特色化、专业化的创业服务体系向外推广,服务更广泛的大众创新创业,将优秀的品牌和服务能力向外辐射和溢出,同时也提升科普产业基地自身的品牌认知度和知晓度。引导优质科普产业基地建立连锁店,将特色化、专业化的创业服务体系推广到全市乃至全国,服务更广泛的大众创新创业。

加强宣传推广,扩大品牌影响。及时总结和交流科普产业基地建设的做法和经验,对模式新颖、绩效突出的案例进行宣传推广,树立品牌,扩大影响。对优秀科普创业项目、创业人物加大宣传报道力度,在全社会弘扬创新创业文化,激发创新创业热情。

3. 以市场化为牵引,促进科普基地高质量发展

充分发挥市场机制在创新资源配置中的重要作用,鼓励和引导科普产业基地探索可持续的商业模式和盈利模式,促进科普产业基地注重提供公益性服务和市场化服务相结合,通过市场化服务,拓展发展空间,提升服务绩效。

促进科普产业基地形成健康的营利模式。引导办公场地的提供方以股权的形式投入科普产业基地的管理中,从而降低物业成本。鼓励科普产业基地的管理人员以工资及股权收益的形式实现对科普产业基地的管理收益,从而降低人力资源成本。鼓励科普产业基地做好科普创业项目孵化,并引导创业项目以少量股权换取科普产业基地的孵化服务,从而实现双赢的良好结果。

加强以市场为导向的考核评估与绩效管理。建立周期绩效考评制度,绩效考评与财政拨款直接挂钩,建立以科普创业业绩、企业成长和市场效益为主要内容的考核评估机制,以每3年为一个周期开展第三方评估,并依据评估结果决定下一周期的拨款,形成内外结合的考评制度,激励创新创业,提高科普产业基地服务科普产业发展和科普企业成长的主动性和积极性。建立动态管理和退出机制,及时清理考核不合格的科普产业基地。建立年报制度和统计制度,强化过程管理和信息管理。

参考文献

[1] 任福君,张义忠,周建强,等.中国科协科普产业发展"十二五"规划研究报告[R].北京：中国科普研究所,2010.

[2] 齐繁荣.中国科普图书、科普玩具和科普旅游市场容量分析和预测[D].合肥：合肥工业大学,2010.

[3] 任福君.中国科普基础设施发展报告(2009)[M].北京：社会科学文献出版社,2010：430.

[4] 李小北,陈宁,田利琪等.中国展览业的现状问题及对策研究[J].河北农业大学学报(农林教育版),2004,6(3)：11-15.

[5] 中研普华.2008—2009年中国动画产业研究咨询报告[R/OL].中国行业研究网(www.chinairn.com),2009.

[6] 《中国动画产业年报》编委会.中国动画产业年报2007[M].北京：海洋出版社,2008：258.

[7] 姚义贤.发展我国科普动漫的时机浅议[J].科普创作通讯,2010(2)：3-5.

[8] 武丹,姚义贤.刍议我国科普动漫的发展前景[J].科普创作通讯,2010(4)：22-24.

[9] 何谭谭.中国教育培训市场现状分析与发展对策研究[D].大连：大连理工大学,2010.

[10] 龙金晶,郭晶,武丹.中国科普动漫产业发展存在问题及对策研究[J].科普研究,2010,5(28)：13-18.

[11] 胡升华."大科普"产业时代来临[J],中国高校科技与产业化,2003(11)：69-70.

[12] 任福君,任伟宏,张义忠.科普产业的界定及统计分类[J].科技导报.2013,31(3)：67-70.

[13] 任福君,周建强,张义忠.科普产业发展研究[R].北京：中国科普研究所,2010.

[14] 劳汉生.我国科普文化产业发展战略(思路和模式)框架研究[J].科技导报,2004(4)：55-59.

[15] 任福君,张义忠,刘萱.科普产业发展若干问题的研究[J].科普研究,2011,6(3)：5-13.

[16] 蒋以任.发展制造业创意产业[EB/OL].[2018-09-11]http://whb.news365.com.cn/ewenhui/whb/html/2012-07/17/content_102.htm.

[17] 九三学社.关于大力支持我国科普文化产业发展的建议[R].全国政协十二届一次会议-九三学社中央名义提案.

[18] 阚成辉,袁白鹤.中国科普产业内向国际化效应分析[J].科技和产业,2012(1)：15-18.

[19] 金彦龙.我国科普产业运作机制研究[J].商业时代,2006(36)：77-78.

[20] 肖云,王闰强,王英,等.手机科普产业发展现状与趋势研究[J].科普研究,2011,6(S1)：90-97.

［21］ 张仁开．"十三五"时期上海培育和发展科普产业的思路研究［J］．上海经济，2017(1)：
32-40

［22］ 曹宏明，李健民．全球科技创新中心战略与上海科普事业发展新思考［M］．上海：上海
交通大学出版社，2017：60-78．

［23］ 李黎，孙文彬，汤书昆．科学共同体在科普产业发展过程中的角色与作用［J］．科普研究，
2013,8(4)：17-26．

［24］ 张仁开．新时代科普发展的新战略——以上海为例［J］．安徽科技，2018(9)：5-8．

上海市科协推进"智慧科普"建设的实践与思考[①]

新时代的科普是科学思维的提升，是智慧型科普。在习近平总书记建设网络强国的号召下，在数字化转型的大趋势中，以智能分析＋互联共享＋科学传播为核心理念的"智慧科普"，将成为科普工作的新模式。为提高科普信息化能级，打通科技传播"最后一公里"，提高基层科普服务水平，切实推动科普益民惠民，上海着力创新"科普中国"推广机制和互联网科普工作模式，成功探索并形成了以"智慧科普盒子"为关键载体，以智能分析、互联共享、科学传播为核心理念的"智慧科普"工作模式。

一、上海市科协"智慧科普"建设的背景与意义

人类加速迈入互联网时代，"群众都在网上"，人人都是"网中人"。科普作为一项面向全体社会公众的社会教育活动，在互联网时代，集成应用互联网、人工智能、大数据等先进技术，打造"智慧科普"工作模式，可以让科学文化在更短时间内、更广范围内真正流行起来、普及开来。"智慧科普"建设有利于促进科协系统内外部资源的有效整合，是加强基层组织联系，促进组织力提升，接长手臂、扎根基层的重要抓手。通过共建共享"智慧科普"，可以提高智慧应用的水平和能力，为科协组织发展赋能，为科普事业发展增效。

(一)"智慧科普"是加快"科普中国"落地应用的重要载体

近年来，"科普中国"等平台积累了海量、权威的科普内容，如何进一步挖掘

---

① 本文由张仁开主笔撰写。文章写作得到了上海科技报社张玮社长和于江、沈韵等专家的指导和帮助。

和发挥品牌的优势,将平台内容精准推送、提高科普服务效率,是科普工作需要思考和解决的重要问题之一。"智慧科普"是上海市科协基于应用推广"科普中国"的丰富经验而创制的一种简单、智能、安全的互联网科普品牌,其最直接的目的在于推广应用"科普中国"的优质科普内容资源,有效避免"科普中国"在落地应用过程中"重建设轻管理、重数量轻质量"的现象,打通科普工作"最后一公里"。"智慧科普"以"科普中国"权威科普资源为基础,能够及时发布最新科普资讯、精品科普视频、海量科普文章,依据不同人群的具体特点和需求精准推送科普资源。"智慧科普"依托人工智能、大数据、云计算等信息技术,通过与"科普中国"数据云端无缝连接,将"科普中国"优质的、海量的、权威的、科学的科普内容导入各条线已成熟的信息平台,并采用技术手段,汇聚本区域内的科普内容,实现科普内容一处发布,多处应用。

(二)"智慧科普"是提升科普资源利用效率的重要手段

上海市科协于 2018 年开展的针对全市宣传大屏使用情况的调查发现,许多社区、学校等公众场所的宣传大屏(电视机、LED 大屏、广告机)由于更新维护烦琐、没有专业的内容制作和维护人员,内容经常长时间得不到更新,且很多大屏长期处于闲置状态,这无疑是一种巨大的资源浪费。而且,随着更新换代,形形色色的大屏种类很多,由于大屏的系统和接口都不相同,极大地增加了基层维护的成本。为了解决上述问题,盘活利用现有的闲置大屏,使其发挥科普宣传效果,市科协探索形成了一种全新的科普工作模式——"智慧科普"。"智慧科普"中的"智慧科普盒子"具有安装简单、使用简单、管理简单和环境要求简单等特点。只要有网络,就可以通过"智慧科普盒子"传播科普知识。只要现场环境许可,就可在无人干预的情况下,全天候推送科普内容,在时间上做到全时段覆盖,这样既能够大大减少和节约基层科普内容维护的人力和时间成本,也可以提高科普大屏等科普设施资源的利用效率。

(三)"智慧科普"是推动科普惠民益民的重要抓手

"智慧科普"以"科普中国"权威科普资源为基础,汇聚本地权威科普内容,通过人工智能和大数据等先进技术,挖掘现有的科普内容数据,整合原本海量、无序的科普内容,并根据不同人群的特征和科普需求喜好,自动、实时、精准地投放到大屏上,就像为每块大屏配备了一个智能管理员,自主推送最新鲜的科普内容和生活小常识,做到"一屏一特色",从而定向、精准地将优质科普资源送达目标人群。安装"智慧科普盒子"后,电视机、LED大屏、广告机等公共场所和社区科普大屏都可实现科普内容自动更新、即时推送,365天全时段不间断提供科普内容,让社会公众在茶余饭后能及时接受科普信息、享受科普服务,在潜移默化中实现公民科学素质的稳步提升,形成社会公众积极参与基层科普服务的生动局面。

(四)"智慧科普"是加强基层科普能力建设的重要举措

中国科协和财政部联合发布的《关于进一步加强基层科普服务能力建设的意见》,明确要求"大力加强科普中国信息服务应用""创新基层科普服务理念和服务方式,提升基层科普服务的覆盖面、实效性和获得感"。以"智慧科普盒子"为媒介,可以组建一个可控的科普信息传播网络,打造一个线上线下相结合的科普信息化服务阵地,为基层科普工作者搭建一个统一的、便捷的、高效的科普工作平台。通过平台的推广使用,可以将基层科普信息员队伍凝聚在一个工作界面内,对其使用数据跟踪和适当的奖励机制,提高基础信息员的工作积极性,提升科普信息内容的数量与质量,增强基层科普服务能力。

二、上海市科协"智慧科普"建设的总体目标与思路

作为一个全新的互联网科普工作模式,上海"智慧科普"的主要目标是通过信息化手段和大数据分析,将分散的、各条线的信息平台和科普资源有机整合,提升成为一个兼具科学性、权威性、凝聚力和亲和力统一的有机整体,加速"科普中国"落地应用,让基层科普工作更便捷、更智能、更高效。

(一)"智慧科普"建设的总体架构

上海"智慧科普"建设主要在资源端、受众端和数据端三端发力,致力于打造一个以"智慧科普盒子"为纽带、以人工智能技术为核心动能的科普网络系统。

(1)在资源端,建设上海科普资源库。充分利用大数据采集、存储、分析技术,将科普资源数据进行智能化分层,科普资源库除了内容数据,逐步涵盖活动数据、人员数据、设施数据、经费数据等,逐步形成多维度、相互可验证的科普数据体系,具体体现在正在建设的上海科普资源库,已经提供服务的云端科普资源池等。

(2)在受众端,通过各种新媒体平台(两微一端、网站等)、"智慧科普盒子"

以及重点科普场所(党建服务中心、社区书院等)科普资源导入,占领线上线下科普阵地,针对不同人群,结合地区特点,实施精准化传播。线上资源智能化推送,搭建科普氛围,优化科普环境。线下精品活动定向导入,科普资源丰富了社区生活。

(3)在数据端,汇总各维度科普数据,打造智慧科普数据屏。汇集科普内容供给与传播、科普活动开展与效果评价,科普设施的投入与使用汇总,科普经费的投入与产出等多维度的数据显示终端。分区域、分人群对科普工作进行定量化分析,从而指导科普工作的开展,探索科普效果定量化的评价模式。

(二)"智慧科普"建设的基本思路

"智慧科普"建设坚持以"科普中国"落地应用模式创新和方法创新为引导,注重需求导向,突出公益为本,强化协同联动,务求实绩实效。

(1)注重需求导向。把满足公众日益增长的多样性、个性化科普需求作为推广应用"智慧科普"的出发点。立足于不同人群的生产生活实际需求,结合科普队伍、科普资源等状况,选择适合的推广模式。注重科普内容创新、传播模式创新和方法理念创新,以创新促应用,不断拓展"智慧科普"在科技传播领域应用的广度和深度,切实增强"智慧科普"对基层科普工作的支撑、引领、带动效用。

(2)突出公益为本。科普是一项社会公益事业,公益性是科普的根本属性。因此,推广应用"智慧科普"要从科普公益性的基本属性出发,坚持以公益为根本,不以营利为目的。在坚持公益属性的前提下,积极探索多样化推广机制,通过市场机制、服务性收费等多种方式和途径,实现公共服务的供给成本与营业收入的相对平衡,保障公益科普事业的可持续发展。

(3)务求实绩实效。坚持以提高科普宣传的综合效益为核心,结合各地方、各社区(区域)的优势和特色,明确工作重点,把握推广节奏,务求实效实绩。正确处理好硬件与软件、建设与管理、数量与质量的关系,坚持硬件与软件协调、建设与管理并重、数量与质量兼顾,向全社会提供科学、权威、准确的科普内容和相关信息,推动科技知识在网上流行,实现公民科学素质跨越提升。不断提高各类科普资源的利用率、传播面和社会影响力,着力提升科普服务的权威性、规范化和专业化水平。

(4)强化协同联动。注重"科普+""+科普",充分发挥社区服务中心、文化中心、党建服务中心、农村活动中心、社区"书苑"等公众场所已有的信息传播渠道和社区科普服务站、农村科普活动站、青少年科学工作室、科普教育基地、科技教育特色示范校等科普阵地已建成的科普网站、微信公众号、信息平台的作用；同时，积极争取政府管理部门、社会机构等的支持和协助，构建社会化协同推广机制，集成各方资源，为"智慧科普"的顺利推广和发展提供强大支撑。

三、上海市科协"智慧科普"建设的进展及成效

自 2018 年上海推出首款"智慧科普盒子"智能设备产品以来，"智慧科普"以智能设备为主要载体，已在上海、天津、山东等多个地区实现了推广应用，并且成效显著。目前，上海"智慧科普"已在上海虹口、宝山、浦东等 10 多个区得到推广应用，同时，为天津市武清区提供"智慧科普盒子"100 个点安装服务，为山东省威海市环翠区 54 个楼宇科普宣传屏提供权威、及时、热门的科普信息服务。在推动"科普中国"优质科普资源落地应用、提升基层科普服务能力、促进科普益民惠民等方面取得了积极的进展和良好的效果。

（一）推动了"科普中国"的落地应用

截至 2019 年底，"智慧科普盒子"已经在上海市 1 728 块宣传大屏上得到应用，其中通过"智慧科普"平台数据云接口对接的方式使"科普中国"优质内容分别在上海市农委的"一点通"信息平台共 1 300 块宣传屏，浦东新区"家门口"信息服务平台共计 201 块宣传屏，长宁区智慧高地信息服务平台和智慧服务平台共计 80 块宣传屏实现了落地应用。其余以"智慧科普盒子"为纽带，利用虹口区（30 块）、宝山区（30 块）、奉贤区（30 块）、浦东新区（56 块）等地的村（居）、社区、学校、党建中心等公众场所闲置的宣传屏实现了"科普中国"落地应用。同时，黄埔区、徐汇区、崇明区也有试点。

（二）丰富了基层社区的科普内容供给

与传统的科普方式相比，"智慧科普"的科普推送量、传播效果和资源利用率都有较大幅度的提升。以上海市虹口区部署的 30 个设备为例，仅 2019 年 10 月份的科普内容播出总量就达 45 万余条次，视频 5 万余次，总时长合计 2 251 小时，以一部电影 2 小时计算，相当于播放了 1 125 部科普影片。在新冠肺炎疫情期间，"智慧科普"及时响应、快速感知、智能推送、智慧战"疫"，成为应急科普的重要传播力量。据统计，从 2019 年 1 月 23 日至 3 月 12 日，上海市"智慧科普盒子"共推送疫情科普资源 2 933 条，其中视频 372 个，占比 12.68％；图文 1 101

条;占比 37.54%;本地内容 1 460 条,占比 49.78%。全市播放总量 522.25 万次,视频 49.81 万次,视频播放总时长合计 1.42 万小时,为社区居民提供了丰富的战"疫"科普知识。

(三) 提升了社区科普资源的利用效率

目前,许多公共场所的电子大屏经常处于闲置状态,造成了资源的巨大浪费。使用简单、配置简单、管理简单、环境要求简单的"智慧科普盒子"无须任何维护就可实现对各种电子大屏资源的盘活利用和统一管理,使其充分发挥科普宣传效果,从而提高了科普设施资源的利用效率。

(四) 提高了基层科普服务的能力水平

作为广大社区科普工作者的"科普小助手","智慧科普"的推广应用,以最便捷的方式将社区电子大屏改造为智能科普传播屏,能在不给基层人员增加额外工作量的前提下,有效避免"科普中国"落地应用过程中所产生的"重建设轻管理、重数量轻质量"现象,彻底解决基层社区优质科普内容短缺和科普人力资源不足的问题,打通科技传播和科普内容配置的"最后一公里",提升社区科普服务的能力和水平,真正成为老百姓"家门口"的科普集散中心。

四、上海市科协"智慧科普"建设面临的困难及问题

经过两年的推广和应用,"智慧科普"得到了广大科普工作者和社会公众的普遍赞誉,为提升基层科普服务水平、提高社会公众科学素质发挥了重要的作用,但要进一步推广和发展还面临不少困难和问题。

(1) 资金投入缺乏保障。"智慧科普"建设需要持续稳定的资源投入。前期的技术研发、样本研制基本上以上海市科协(上海科技报)投入为主,后续还涉及云端资源池建设、软硬件开发、宣传推广、运营维护等,这些都需要持续的开发和投入。现阶段虽然在推广中收取了一定的服务费用,但仅用于补贴前期开发成本,后续的持续优化建设还缺乏足够的资金保障。

(2) 推广合力尚未形成。科普作为社会公益性事业,需要政府各个部门、社会各阶层的联合联动,但目前"智慧科普盒子"的开发和推广主要由科协部门在全力推动,尚未得到政府部门和其他社会组织的介入,推广合力尚未形成、推广力度有限。特别是基层闲置的大屏大多不属于科普条线,而导致开机率偏低,亟

须多方协调才能进一步提高利用效率。

（3）技术开发还需加强。"智慧科普"的内容整理、推送、展呈涉及人工智能、大数据等方面的技术支撑。特别需要不断优化算法，并辅助人工编辑等方式，以提高科普内容分析和推送的精准度。同时，为了促进公众养成深度阅读的习惯，也需要同步设计相应的配套活动及项目，通过线上线下互动，不断提高用户的体验度和获得感。

五、进一步加强"智慧科普"建设的举措及建议

（一）紧密对接"科普中国"

以"智慧科普"推广应用为契机，加强"科普中国"e站建设，切实促进"科普中国"的落地应用，提升科普传播智能化、科普内容精准化以及基层科普服务的能力水平。建议中国科协将上海"智慧科普"列入"科普中国"应用推广的重点项目，给予长期稳定的资助，并通过各种途径和渠道予以宣传，支持"智慧科普"以上海和长三角为重点，加快向全国推广。

（二）加强品牌宣传

联合主流报刊、网络、电视、电台等媒体，以开辟专栏、链接网址、公益广告等多种方式，加强上海"智慧科普"品牌及应用方式的公益宣传，积极推动社会公众对"智慧科普"品牌的关注和应用。通过扫码积分、积分奖励等线下活动，激励广大社会公众依托"智慧科普"微平台及时了解科普信息，参与各类科普活动，提高"智慧科普"品牌在公众心目中的认知度和社会影响力。

（三）加强应用指导

依托科协组织网络体系，充分发挥科协开放型、枢纽型、平台型组织优势，通过"智慧科普"的推广使用，建立涵盖各行各业的科普信息员队伍。建立针对科普信息员使用数据的跟踪和适当奖励机制，提高科普信息员的工作积极性。定期举办"智慧科普"推广应用培训，帮助和指导社区科普工作人员掌握"科普中国"、上海"智慧科普"的应用方法，打通"智慧科普"应用推广的"最后一公里"。加强优质资源的线下应用，结合全国科技工作者日、双创周、科普日、科技节等主题活动，通过文艺演出、讲座、知识竞赛、课外活动、实用技术培训等方式，组织开

展各类科普活动,让"科普中国"、上海"智慧科普"惠及更多的社会公众。

(四) 积极争取各方支持

积极争取科技、信息、宣传等党政管理部门的支持,加大对"科普中国"、上海"智慧科普"落地应用的经费投入,或将"智慧科普"纳入政府科普、信息化建设或文化宣传项目。加强与文化、新闻、邮政等相关部门通力合作,与基层的政务服务中心、综合性文化服务中心、党员活动场所、街道社区双创中心、村民委员会、农村专业技术协会等紧密结合,形成全方位、立体化的推广网络。

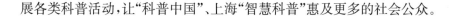

参考文献

［1］张仁开.新时代科普发展的新战略——以上海为例[J].安徽科技,2018(9):5-8.

［2］武丹.互联网科普发展初探[C].全国科普理论研讨会论文集,2013.

［3］曹宏明,李健民.全球科技创新中心战略与上海科普事业发展新思考[M].上海:上海交通大学出版社,2017.

［4］张仁开."十四五"时期推动上海科普高质量发展的若干思考[J].世界科学,2020(S2):46-49.

［5］张小林.互联网科普理论探究[M].北京:中国科学技术出版社,2011.

［6］王丽晖.互联网+时代科普信息化建设问题思考[J].中国新通信,2018,20(22):44.

上海推进社区科普服务圈建设的思路研究①

　　创建科普服务圈是推动科普服务社会民生、促进科普市区联动的新模式与新探索。建设社区科普服务圈有利于促进已有科普设施的共享共用，提高资源利用效率；有利于促进科普设施与社区文化设施、体育设施等的融合，形成服务社区居民、服务社会民生的合力。建设社区科普服务圈，是构建市、区、街镇、社区4级科普立体格局的关键举措，有利于延伸科普工作的触角，拓展科普工作在社区的阵地，也有利于激活社会化科普组织，为培育社会化、市场化、专业化科普服务机构发展提供孵化孵育载体。本文着眼于推动社区科普服务圈的创建实践，在借鉴公共交通圈、旅游圈、社区体育服务圈等概念和理念的基础上，研究提出了上海推动社区科普服务圈建设的顶层思路、实施方案和相关举措。

一、社区科普服务圈的基本内涵

（一）与科普服务圈相关概念的梳理

　　目前，国内与"服务圈"相关的概念比较多，包括一小时交通圈、旅游圈、体育服务圈、文化服务圈、创新创业服务生态圈等多种概念和提法。这些概念虽然各不相同，但基本上都包含在一定的时间和地理范围内为居民提供相应服务的基本内涵。如"1小时交通圈"就是指在一小时交通可达范围内提供的通勤服务；"旅游圈"是指在一定的空间范围内多个旅游景点及相关旅游设施组成的景观

---

① 本报告作者为张仁开（上海市科学学研究所副研究员、上海市科学学研究会副秘书长），李健民（上海市科学学研究所原所长、上海市科学学研究会名誉理事长，教授级高级工程师）。

圈;"文化服务圈"和"体育服务圈"则是在一定的时间和空间范围内,通过布局文化体育设施资源,为居民提供文化服务和体育服务。

具体而言,"旅游圈"的概念大约在20世纪90年代初期就提出来了,也称为"旅游经济圈"。它是以某一旅游集散地为食宿中心,从区域整个的自然、经济、文化、交通和区位条件出发,合理配置中心区域与周边地区的旅游资源和服务设施而形成的旅游业的空间结构综合体,在结构上它可能由几个功能不同但有联系的景区构成。

"交通圈"一般具有时间概念,往往称为"1小时交通圈""2小时交通圈"等,是城市综合交通系统的一种形式。它是以某一特大型城市为中心,不同层次与规模的城市在功能上相互分工、协同发展,与中心城市构成有机的交通网络整体,中心城市与周边中小城市间通过快速交通系统联系起来,周边城市与中心城市之间在经济、文化等方面存在较强的联系。

"社区文化服务圈"是指在社区居民日常生活活动的地域范围内,集中配置电影院、文化走廊、图书馆、社区文化活动中心等文化基础设施和基本资源,为社区居民提供包括阅读、观赏等在内的各类文化艺术服务。

"社区体育服务圈"可以说是社区文化服务圈的一个具体的类型,它也是以社区居民日常生活活动半径(500~1 000米)为地域范围,布局体育基本设施而形成的,社区居民主要以日常活动为主,在社区体育活动中心、社区内的空地,或附近的学校等场所进行小运动量的体育健身锻炼,其自发性需求较大,更多的是体育基本设施的建设、维护和供给。

综合以上所述,与交通圈、旅游圈、文化服务圈、体育服务圈等概念相比,科普服务圈的提法目前还是一个比较新的概念。在国内,江苏省吴江市(现为吴江区,隶属于苏州市)和北京市通州区虽然较早提出并实践了"科普(服务)圈"的理念,但影响和效果都比较有限,在服务模式和服务内容创新方面也存在不足,还具有很大的探索空间。

2011年,江苏省吴江市提出推进各类场馆设施、基地阵地建设,整合各级各类科普资源打造"10分钟科普圈"。2013年9月,北京首个"一刻钟社区科普服务圈"项目在通州区新华街道如意社区和天桥湾社区正式启动。北京建设的"科普服务圈"是以社区为中心,以15分钟路程为半径建设的,主要的内容为"一线、一室、一园、一港、一点"等。"一线"即以社区主干道为核心设置的线状服务圈科普标识系统,具体包括科普服务圈综合介绍牌、服务点介绍牌、指示牌、警示关怀牌、公共设施符号牌及科技便民小贴士等;"一室"即集展示和互动体验休闲于一体的多功能科普活动室;"一园"即户外科普体验园;"一港"即以前沿科技信息为依托的"数字科普信息港";"一点"即科普画廊。

　　总体上看,这些地方的科普服务圈实践大多停留在科普基础设施建设,主要着眼于促进一定区域范围内科普基础设施的集聚,形成科普设施集群,可以说,他们所提出并实践的所谓科普服务圈更多的是科普设施群,更多的是科普硬件设施的空间物理形态,而对"服务"这一核心功能的关注不够。事实上,科普服务圈应以科普服务为最根本内涵,注重硬件设施和软件服务有机融合,要在已有设施资源的基础上,通过多样化的资源整合共享手段,促进服务能级提升。

(二) 社区科普服务圈的概念及内涵

　　2015 年,上海在编制《进一步探索市民科学素质三年(2015—2017 年)行动计划》和科普"十三五"发展规划中,借鉴体育服务圈、文化服务圈的概念,在参照国内部分地区"科普圈"实践探索的基础上,提出了科普服务圈的理念(见图 1),并且将其定义为"以基层社区或街道(乡镇)为中心点,以社区居民步行 30 分钟

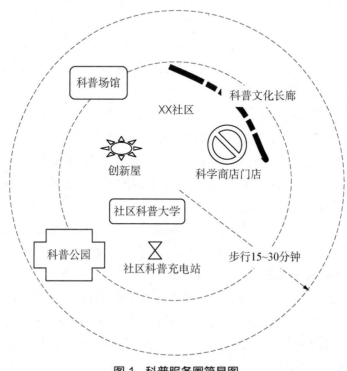

图 1　科普服务圈简易图

（2800～3000 米）可到达的区域为基本地理范围,以该范围内的科普资源为物质载体,以满足市民对科普文化的需求,提高市民的科学素质和能力为宗旨,有利于市民就近就地参与科普活动和体验科普服务的科普服务功能综合体"。

科普服务圈是推动科普服务社会民生的新模式与新探索。2015 年 9 月 23 日国务院发布的《关于加快构建大众创业万众创新支撑平台的指导意见》提出,要整合利用分散闲置的社会资源,打造人民群众广泛参与、互助互利的创新创业服务生态圈。就其本质而言,科普服务圈就是创新创业服务圈的一个类型。图 2 所示为科普服务圈的运行管理架构。

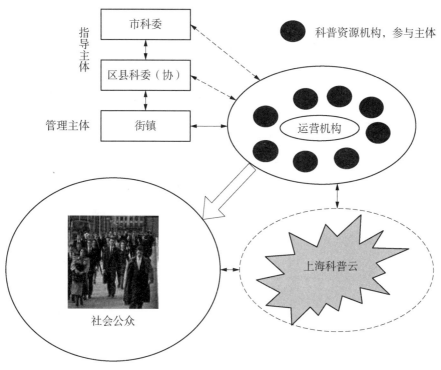

图 2　科普服务圈运行管理架构

二、上海创建社区科普服务圈的背景与意义

建设科普服务圈是落实中共中央办公厅、国务院办公厅《关于加快构建现代

公共文化服务体系的意见》(中办发[2015]2号)以及上海市《进一步提升公民科学素质三年行动计划》的重要举措,也是"十三五"时期上海科普发展的一项重点工作,是提升科普公共服务质量、提高市民科学素质的重要举措,对盘活科普服务资源、创新科普服务模式、推进科普益民惠民具有重要的意义。

(一) 创建科普服务圈是盘活科普资源的新抓手

经过"九五""十五""十一五"(建设科普场馆、大学生科学商店和青少年科技实践站)、"十二五"(建设社区创新屋、科普资源服务平台)等几个五年规划的发展,全市科普设施资源已较为丰富,但也存在部分资源利用效率不高等问题。在此背景下,迫切需要通过服务模式的创新,让科普设施发挥更大的效应。建设科普服务圈,将优质资源与一般资源、利用率较高资源与利用率不高资源进行打包和整体推送,有利于促进不同资源的共享共用,盘活现有科普设施资源,提高设施资源的利用效率。表1所示为上海科普发展阶段的划分。

表1 上海科普发展阶段划分

	时段	标志性事件	工作内容	工作模式
第一阶段	1994—2003年	1994年,中共中央国务院发布《关于加强科学技术普及工作的若干意见》;上海制定"九五"科普计划	以举办活动为主	政府主导,社会参与
第二阶段	2004—2015年	科普场馆建设列入市政府实事工程	活动＋基地(建设科普场地为主,包括科普场馆、社区创新屋、科学商店、科技实践站)	政府主导,社会参与
第三阶段	2015年以来	全国科技创新大会提出要把科学普及放在与科技创新同等重要的位置;上海建设具有全球影响力的科技创新中心	活动＋基地＋服务	社会化、市场化、品牌化、国际化

(二) 创建科普服务圈是创新科普模式的新探索

建设科普服务圈,有利于改变以往科普服务点对点的分散化模式,提供集群化服务,形成科普服务推送的新模式。采取众筹、众包、众扶、众推等多种方式,为社会化科普组织提供发展舞台,从而激活社会科普资源,推动科普社会化、市场化的进程,调动和汇聚更多的社会组织、社会力量投身科普事业,形成新的、更有效率的科普服务模式和方式,有利于促进科普设施与社区文化设施、体育设施等的融合,形成服务社区居民、服务社会民生的合力。

(三) 创建科普服务圈是培育科普产业的新突破

经营性科普产业是对公益性科普事业的有益补充,是科普社会化、市场化、产业化的必然产物。一般认为,科普产业是科普的经济化形态,是科普经济的存在形式,是科普生产分工细化、科普生产方式增加、科普流通销售载体变迁、科普消费需求日益增加的产物,是具有研究开发、生产经营、分配流通和消费性的产业。当前,培育和发展科普产业已成为国内外科普发展的重要趋势之一。建设科普服务圈,依托第三方的社会化组织进行运营和提供服务,有利于激活社会化科普组织的潜力,调动它们开展科普工作的积极性,为培育社会化、市场化、专业化的科普服务机构发展提供孵化孵育空间,并最终形成科普产业的雏形,促进科普产业的发展。

(四) 创建科普服务圈是推进科普益民的新方式

一方面,建设社区科普服务圈,是构建市、区、街镇、社区四级科普立体格局的关键举措,有利于延伸科普工作的触角,拓展科普工作在社区的阵地;通过服务圈的创建,可以激发社会科普组织和区域范围内科普机构的积极性和创造性,引导它们面向基层、面向大众提供公共科普服务;另一方面,也可形成区域整体的科普服务品牌,提高圈内科普服务质量,增强对社会公众的吸引力,从而激发人们的科普服务需求,提升市民的科学素质和能力。

三、上海社区科普服务圈的创建标准

上海社区科普服务圈的创建应满足以下基本标准:

(1) 集群化的科普服务设施。科普服务设施空间集聚形态较好,在步行 30 分钟地理空间范围内集聚较多的科普、文化、体育、卫生等相关服务设施和活动场所,如科普场馆、社区文化活动中心、图书馆、群艺馆、博物馆等。各类设施和场所的可达性较好,能够面向市民正常开放。不同设施和场所之间的联系通畅便捷,科普设施与其他文化设施、体育设施有机融合。

(2) 多样化的科普服务内容。科普服务内容和功能多样,包括科普活动(讲座、论坛等)、科普旅游、科普展览展示等,融参观、体验、观赏、娱乐于一体,适合不同的人群参与。

(3)标准化的科普服务菜单。依托定期的科普活动或项目,形成体现区域特色经常化的、标准化的科普服务菜单,以供居民选择。同时,依据年度热点及时组织策划实施各类科普活动和项目,形成日常性菜单式服务与临时性自主性服务有机融合的格局。

(4)专业化的科普服务团队。服务圈内各科普机构应建立专业化的科普服务团队和稳定的科普志愿者队伍。鼓励和支持服务圈引入专业化、规范化、社会化的第三方科普机构进行运营和管理。

表2所示为科普服务圈运营机构资质标准。

表2 科普服务圈运营机构资质标准

基 本 资 质	专 业 资 质
(1) 有独立法人资格 (2) 有固定办公场所及相应办公设备 (3) 有专职工作人员 (4) 在上海登记注册	(1) 经营领域或业务范围为科普等文化公共事务及管理,经营或运行时间不少于3年 (2) 从事科普活动策划、市场推广、信息服务的专业团队不少于5人 (3) 机构负责人一般应具有相当于本科及以上学力,或具有相当于中级及以上专业职称,具有科普管理服务、公共服务场地设施管理、大型活动策划管理、旅游服务等从业经历

服务圈的第三方运营机构既可以是服务圈地理范围内的科普组织,也可以是其他区域的专业科普机构,应满足以下基本条件:①具有独立法人资格,具有完善的内部管理制度的社会组织、企事业单位,有固定的办公场所和必备的办公设备;②专业从事科普文化事务经营和管理,具有参与科普文化服务运营与管理经历,有合法运行、依法纳税的良好记录,社会信誉良好;③人力资源配备优良,具有不少于5人的专业运营管理团队,有专人负责活动策划、市场推广、信息联络、财务等工作。

(5)智能化的科普服务配送。与上海科普云无缝连接,实现线上线下良性互动。通过举办活动、发放宣传资料、播放影像视频等多种途径和形式,定期向社区居民提供各类优质的科普服务。

表3 上海社区科普服务圈创建的基本标准

		基 本 标 准
服务设施	必备设施	上海市综合性或专题性科普场馆1个,科普教育基地(含环保教育基地、爱国主义教育基地等)1个,大学生科学商店或社区门店1个,社区科技创新屋1个
	可选设施	社区科普充电站、社区科普画廊、社区文化活动中心、社区科普大学、青少年科技实践站、图书馆、群艺馆、博物馆等,拥有其中2项
服务内容	科普内容供给	社区科普画廊每年内容更新不少于6期,服务圈应每年为社区居民配送或提供一定数量的科普内容资料(含科普电影、视频、图书等)
	科普文娱活动	每年举办主题科普活动(讲座、论坛等)不少于24次,其中组织旅游参观、动手实践活动不少于10次;圈内2个或2个以上单位合作举办的科普活动不少于6次
	科普参观游览服务	科普场馆、基地、社区创新屋应按规定向社会公众开放
	科普阅读服务	社区科普图书室应配备一定数量(如500册)的科普图书,每年更新率不少于10%
	科普信息服务	及时为社会公众提供时政、科普、文化、生活等方面的信息服务,为社区及时提供突发事件应急科普知识
服务配送	科普云配送	依托科普云,定期为社会公众提供菜单式科普服务。圈内各科普机构应联合创制1~2套标准化的科普服务菜单。每年通过科普云发布的信息应不少于24条(次)
	新媒体配送	服务圈运营机构及圈内各科普资源主体机构应积极应用WiFi、微信、微博等方式加强服务信息推送
	传统媒体配送	加强与报纸、杂志、电台、电视台等合作,通过媒体渠道推送服务及信息
	其他载体和渠道	通过科普宣传栏、画廊、充电站、传单、墙报、宣传册等方式推送服务信息
服务保障	专业运营机构	科普服务圈应委托社会化专业机构进行运营管理。运营机构基本资质见表2
	科普工作队伍和科普志愿者	圈内各科普设施资源主题(场馆、基地等)应配备一定数量的专业工作人员和科普志愿者,整个服务圈的志愿者人数应不少于60人(次)

四、上海创建社区科普服务圈的对策及建议

(一) 明确建设理念

(1) 对接需求。围绕社会公众的科普服务需求,注重提高科普公共服务的便利化、均等化和共享性,形成区域科普特色和品牌(项目、活动),产生示范效应和较大影响,得到社区居民好评。

(2) 协同联动。坚持以人为本、区域联动、城乡统筹、市区镇协同,充分发挥市场机制在科普资源配置中的决定性作用。

(3) 注重效能。立足科普生活化、科普娱乐化,完善面向基层、面向大众的公共科普服务能力,推动科普融入人们的日常生活和工作,提升科普工作的惠民度和影响力。

(4) 分步实施。从顶层设计和总体目标出发,分步实施,试点先行,成熟一个创建一个,持续推进。

(二) 加强统筹协调

(1) 市科委在每年年中定期向社会公开发布"上海市科普服务圈"名单及科普服务圈社会化专业运营机构名录。

(2) 市科委、区县科委和相关街镇(社区)建立定期会议制度,共同研究服务圈示范创建及日常运行工作。

(3) 鼓励和支持服务圈内相关单位加强合作交流,共同举办科普活动、策划实施科普项目,促进圈内相关科普资源和科普服务功能有机串联和融合。鼓励科普服务圈探索建立"科普服务联盟"或联络员制度,加强与街镇、区县和市科委以及圈内各相关机构的协调。

(三) 创新运作模式

科普服务圈的运营模式要注重多元化,体现独特性。一般而言,科普服务圈的基本运营模式包括三类:一是政府主导运行模式,二是第三方社会主体运营模式,三是混合运营模式。要引导各区县、各街镇、各类社会主体积极探索适合自身特点、有利于提高科普服务效率的运营模式

(1) 政府主导运营模式。科普服务圈的创建和运营依托所在街镇、社区管

理部门,由街道、社区管理部门为主,统筹各类科普主体和社会化科普资源进行运用。

(2)第三方社会主体运营模式。科普服务圈主要依托第三方社会化科普组织运营。在政府授权或通过购买服务的方式支持下,第三方社会组织通过市场方式等,调动区域内外相关组织的科普资源,为居民提供科普服务。

(3)混合运营模式。参与科普服务圈运营的既有街道、社区的管理部门,也有第三方社会化运作主体。街道、社区管理部门一般负责整个服务圈的运行规范、计划及重大协调事项,具体服务项目及活动则由一个或多个第三方机构进行管理和运作。

(四)强化投入保障

(1)以所在地的区县科委(协)为责任主体,市科委负责业务指导和监督检查,市、区、街镇三级联合投入,支持科普服务圈加强科普服务能力建设。创建试点期间,市、区(县)、街镇按照1:1:1的比例共同投入,其中市科委投入不少于50万元。试点期满,经评估合格正式纳入"上海市科普服务圈"名录后,市、区(县)、街镇依据服务圈所提供的科普服务质量及规模进行资助。

(2)市科委投入主要用于支持服务圈开展科普活动、创制科普内容、开展科普宣传等能力和内涵建设。

(3)鼓励服务圈内相关单位积极争取社会投入,不断改善和优化科普服务。

(五)加强评估激励

(1)将科普服务圈建设纳入每年的区(县)科普能力测评。

(2)优先推荐服务圈内的科普机构申报上海科技进步奖、上海科普教育创新奖等科技(普)奖励。

(3)探索建立监测评估机制和退出机制。市科委定期(每3年)对服务圈开展综合评估,对通过评估的服务圈在科普活动举办、科普设施更新改造、科普内容创作等方面给予相应的支持;对未能通过评估的服务圈,给予1年的整改期,整改仍不合格的,不再纳入"上海市科普服务圈"名单。

(六)加大宣传推广

(1)市科委将加强与新闻媒体的合作,及时总结挖掘服务圈创建的工作成效和典型案例,同时将通过科普云、上海科普微博、上海科普微信、召开现场交流会、总结会等多种方式和途径加强创建工作的宣传和推广。

（2）服务圈所在区（县）、街镇以及相关单位应通过微博、微信、网络、电视、宣传册子等各种途径和方式，向市民宣传和推介服务圈，动员市民参与服务圈相关活动，体验相关服务。

参考文献

［1］刘新村.社区科普工作模式研究［J］.天津科技,2003(04)：15－16.

［2］徐仁杰,赖臻.北京：一刻钟社区服务圈［J］.百姓生活,2011(10)：14－15.

［3］张欣.长春市"一刻钟便民服务圈"社区服务研究［D］.东北师范大学,2016.

［4］石良.新农村社区建设新模式——"社区服务圈"［J］.重庆科技学院学报(社会科学版),2011(20)：52－54.

［5］李健民,张仁开.上海青少年科普工作现状及发展对策研究［C］//公民科学素质建设论坛暨全国科普理论研讨会.北京：中国科普研究所,2011.

［6］张仁开.发达国家中小学科技教育的经验及对我国的启示［C］.科技传播创新与科学文化发展：中国科普理论与实践探索——全国科普理论研讨会暨亚太地区科技传播国际论坛.北京：中国科协、中国科普研究所,2012.

上海社区创新屋发展思路研究①

　　社区创新屋(以下简称"创新屋")是向公众弘扬科技创新精神、倡导科学方法、提高公众创新意识和动手实践的能力,不以营利为目的、面向社区公众开放、并能起一定的引领科技创新和示范作用的服务场所,也是组织社区居民参加市、区创意竞赛与活动的基础场所。加强创新屋建设是完善科普基础设施条件并最终提升科普能力的内在必然要求。"十二五"期间,为推动科普进社区,上海在全国率先探索开展了创新屋建设。经过5年多的发展,全市社区创新屋数量快速增加、科普效益加快显现,对激发创意、提高社区居民特别是青少年学生科技动手和实践能力、浓郁全社会创新创业文化氛围等方面发挥了重要的作用。与此同时,面对新形势和新需求,创新屋的建设和发展面临活动不积极、特色不突出、运作机制不完善、区域发展不平衡等问题,迫切需要进一步创新建设和运作模式、完善运行机制,使其发挥更大的作用。

一、上海社区创新屋建设和发展面临的新形势

　　创意、创新、创业是人类社会的永恒话题,也是经济社会发展的强大引擎和不竭动力。2014年5月,习近平总书记在上海考察期间,希望上海在推进科技创新、实施创新驱动发展战略方面走在全国前头、走到世界前列,加快向具有全球影响力的科技创新中心进军。李克强总理多次指出,打造中国经济升级版、实现中华民族伟大复兴的中国梦需要在全社会形成"万众创新""草根创业"的时代浪潮。

---

① 本报告作者:张仁开(上海市科学学研究所副研究员、上海市科学学研究会副秘书长);周小玲(上海市科学学研究所副研究员、上海市科学学研究会副秘书长);巫英(上海科技管理干部学院副研究员)。

创意的火花需要激发,创新的成果需要展示。为了给广大社会公众搭建一个激发创意、展示创新的平台,"十二五"以来,市科委会同市委宣传部、市精神文明办和市文广局,共同启动实施了社区科技创新屋建设项目,这是一项面向社会公众、弘扬科学精神、倡导科学方法、提高创新意识和动手实践能力的科普新举措,是一项科普惠民、利民工程,受到了国内外的广泛关注和赞誉。

(一) 创新创业呈现新趋势

当前,世界新一轮科技革命和产业变革蓄势待发,传统的创新模式正在发生革命性变化,互联网思维、开放式创新模式得到了广泛应用,开源创新、科技众筹、研发众包等新的创新范式层出不穷,全球创新创业进入高度密集活跃期,创新模式发生重大变化,创新创业由小众走向大众、由精英走向草根,出现了"大众创业""草根创业"的"众创"现象。在这样一个时代,创新不再是"高大上",而是草根;创新不只在"庙堂之上",更在"江湖之远";创新不再是少数知识精英的"特权"和"专利",而是千百万民众的共同事业,"高手在民间"的理念正在被人们认同。在我国,"万众创新""大众创业"的浪潮加快兴起。对上海而言,建设具有全球影响力的科技创新中心,要兼顾好"精英创新"和"草根创新"。既要重视发挥科学家等高端知识精英的作用,也要激发全社会各个阶层的创新活力。社区创新屋立足社区、面向基层,是激发万众创新、草根创新,汇集民间智慧,发现民间能工巧匠的重要平台。

(二) 上海发展确立新定位

2014年5月24日,习近平总书记在上海考察时,要求上海"加快向具有全球影响力的科技创新中心进军"。习近平总书记在2016年5月30日召开的全国科技创新大会上指出,"科技创新、科学普及是实现创新发展的两翼,要把科学普及放在与科技创新同等重要的位置"。《上海市城市总体规划(2016—2040)》确立了上海到2040年的城市愿景:卓越的全球城市,令人向往的创新之城、人文之城、生态之城。科技创新是上海建设全球卓越城市的核心驱动力;建设全球科技创新中心和创新之城,是上海成为全球卓越城市的题中应有之义。科学普及是激励大众创新、草根创新,实施创新驱动发展战略,建设世界科技强国和具有全球影响力科技创新中心的社会基础工程。科普工作要以建设具有全球影响力的科技创新中心和全球卓越城市为契机,培育社区创新屋等多样化的创意教育和实践平台,集聚创客、能工巧匠等创新人才,推动创意基因与上海城市文化结合,浓郁全社会的创意文化氛围。

(三)社区服务注入新内涵

科普工作的最佳和最有效的切入点在社区。随着我国科普事业和社会建设的发展,社区科普已经成为推动经济社会发展和文化建设等的重要方面。2014年上海市委一号课题"创新社会治理、加强基层建设"成果——《关于进一步创新社会治理加强基层建设的意见》以及6个配套文件提出,街道主要履行统筹社区发展、组织公共服务、实施综合管理等方面的职能,街道、乡镇要优化社区服务,为社区基层提供文化、体育、科普等高端高层次服务,街道的工作重心开始转向"履行好群众要求的管理服务职能"上来。《上海市社区公共文化服务规定》(上海市人民代表大会常务委员会公告(2012年第58号)指出,社区文化活动中心应当为公众提供科学普及等公益性服务。依托社区文化活动中心建设社区创新屋是向社区居民提供科普服务的最佳载体。

(四)创新屋建设迈入新阶段

近年来,创新屋数量逐步壮大,对提升社区居民特别是青少年学生的创新实践意识和能力发挥了重要的作用。自2013年3月首批4家创新屋正式开放以来,目前全市创新屋已达79家,覆盖16个区及全市近1/3的街镇(截至2015年,全市共有街道104个、镇107个、乡2个,为79/213),创新屋发展正进入硬件建设和能力提升并重的新阶段。如何拓展创新屋的科普内涵、提升科普功能,推动社区创新屋发展实现从数量扩张到内涵提升、从硬件建设到能力建设,引导创新屋更好地服务于社区居民、服务于创新创业,迫切需要明确的规划和政策引导。

表1所示为社区创新屋与其他科普阵地的异同。

表1 社区创新屋与其他科普阵地的异同

科普阵地	基 本 内 涵	面向人群	科普方式	场所特点
社区创新屋	街镇依托辖区内相关单位兴办,不以营利为目的、面向社区居民开放并经命名的科技创新动手实践场所,一般建在社区文化活动中心,场地面积不少于100平方米,配置"动手做"工具设备	6周岁以上的社区居民	参与体验、动手制作	一般位于社区文化活动中心

（续表）

科普阵地	基 本 内 涵	面向人群	科普方式	场所特点
青少年活动中心（少科站）	青少年校外教育活动阵地和公益性服务机构，具有服务于社会教育的功能，以课外活动为主，发挥自身的优势，以阵地为依托，以活动为载体，以社会为舞台，以服务青少年为出发点，为青少年参加各类活动提供条件	青少年学生	参观、体验、制作类课外活动，科普讲座等	
中小学校创新实验室	中小学的重要教育资源，为学生提供多类型的课程和开放性的实践活动，成为学生自主探究的实验活动，实现个性发展的重要场所；实验室内容丰富、门类众多，涉及生命科学、物理、化学、工程技术、地理、信息技术、艺术、金融等众多学科（跨学科）和领域	中小学生	动手实验	中小学校内部
大学生科学商店门店	科学商店为居民提供免费或超低价的咨询和服务，解答居民提出的科学问题，对具有代表性的课题进行深入研究，提供合理的解决方案。大学生"店员"学以致用，通过服务社会体现自身价值，将大学生的科技成果和服务满足居民的切身需求	大学生、社区居民	科普实践、社会实践	社区
科普教育基地	国家科普基础设施的重要组成部分，是提升全民科学素养的基础性平台	全体社会公众	参观、游览	

二、上海社区创新屋发展的基本状况及主要成效

（一）基本情况

1. 社区文化活动中心是创新屋建设的主阵地

据统计，目前超过60%的社区创新屋的依托单位为社区文化中心（以下简称"文化中心"），少部分依托青少年活动中心和社区文化学校。截至2016年8月，上海市社区创新屋共计79家，其具体比重如图1所示。从图1中可以发现，社区创新屋主要依托文化活动中心，而依托青少年活动中心及学校的比重基

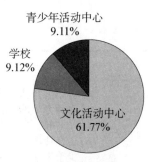

图1 社区创新屋
依托单位情况

青少年活动中心
9.11%

学校
9.12%

文化活动中心
61.77%

本持平。

2. 区域分布不平衡,部分区域拥有较大发展空间

截至2016年8月,在创新屋数量上,浦东新区、宝山区和杨浦区排在前三位,单个社区创新屋平均服务人数总体分布平均,部分地区还有待发展。目前,79家社区创新屋分布在全市16个区,图2所示为各区社区创新屋的数量,其中浦东新区以12家遥遥领先其他区,其次为宝山区。

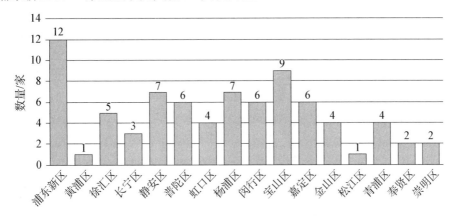

图2　上海各区科普社区创新屋分布情况

通过计算各区常住人口(万人)计算单个创新屋平均服务人数情况(见图3),即各区人口数接受在该区的社区创新屋提供的服务,静安社区创新屋高居首位,即平均15.43万人就拥有1个社区创新屋,而松江区仅有1个社区创新屋,但松江区人口基数大,进而导致松江区社区创新屋的服务比例为1个社区创新屋服务于176万人,约为静安区的12倍。

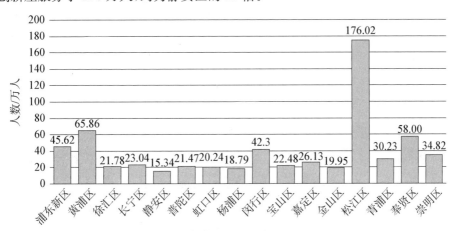

图3　上海各区单个创新屋平均服务人数情况

根据《2016 年度上海市社区创新屋综合评价情况》，经过充分调查研究后，对创新屋的综合评价中入围 A 类(优秀)的有 11 家、B 类(良好)的有 41 家，共计 52 家。各区创新屋评价情况如表 2 所示。

表 2　上海各区创新屋综合评价情况

	优秀(A 类)	良好(B 类)
浦东新区	—	8
黄浦区	—	2
徐汇区	2	—
长宁区	1	1
静安区	3	2
普陀区	1	3
虹口区	—	2
杨浦区	2	4
闵行区	—	4
宝山区	—	6
嘉定区	—	3
金山区	—	2
松江区		
青浦区	—	2
奉贤区	—	2
崇明区	2	—
累计	11	41

3. 管理模式多样，第三方管理是发展方向

总体上看，目前全市社区创新屋的管理模式比较多样，多数为第三方管理，部分为自主管理(见表 3)。其中，自主管理又可分为街镇科普工作专员直接管理和委托文化活动中心管理，第三方管理分为部分委托或全部委托。采用第三方管理模式，一方面有利于形成竞争机制，服务得到保证；另一方面，专业的机构能够让创新屋的科技创新理念得到最大化体现，是未来发展的趋势。

表3　社区创新屋管理模式(部分)

	社区创新屋	日常管理方式
自主管理	徐汇区龙华街道社区创新屋	街道科普工作专员直接管理,辅以志愿者管理
	普陀区宜川路街道创新屋	委托文化活动中心管理
第三方管理	浦东新区东明路街道社区创新屋	委托科普文化基地管理
	徐汇区田林社区创新屋	委托上海科技传播协会管理
	闵行区江川街道社区创新屋	由街道科信办(科协)负责运营管理
	闵行区虹桥镇社区创新屋	委托闵行区闵桥创智空间社区科普服务中心管理
	宝山区顾村镇社区创新屋	委托上海华爱社区服务管理中心管理

4. 创新实践活动丰富多彩,科普惠民效果突出

在开放式的创新时代,要解放创新原动力,必然要调动广大而深厚的民间创新智慧。社区创新屋是提高市民创新意识和动手实践能力的场所,也是在社区生活的发明人一展才华的新天地。在此基础上,上海市各区县社区创新屋在政府主导下,结合自身条件的实际情况,各社区创新屋积极举办各种活动并探索全新模式。

(1)青少年科普创意活动。长征镇社区创新屋在寒假期间与长征中心小学合作,举办亲子互动DIY活动。通过活动让更多的家庭体验制作的快乐,爱上动手;暑期向社区内青少年发放长征社区青少年暑期实践活动护照。金杨社区创新屋在建平实验小学领导的积极支持和配合下,成立"金杨社区创新屋—建平实验小学分部",开设"创造小乐园"课程,22名小学生在自然老师的指导下,学习掌握拼装动物、房屋木质玩具和乐高玩具,组装电动玩具等技能。经过辅导老师手把手的指导,激发了学生的创新意识,提高了学生的动手动脑能力。

(2)社区居民创新体验活动。长征镇社区创新屋每季度开展不同主题的变废为宝创意制作活动。例如,纸巾筒内芯的妙用,旧报纸大用途,等等。其中用纸巾筒内芯制作编钟的作者获得了2015年上海市"百名市民手工艺达人"的称号。创新屋通过创新活动网罗了一批民间高手,为民间高手们搭建了展示的平台。

(3)积极参与上海科技节(全国科技活动周)、全国科普日等大型活动。南汇新城镇社区创新屋以科技周、科普日为契机在域内开展系列活动:在科技周

期间,举办了"我设计、我制作"大赛、"用知识点亮生活"创新屋知识竞赛、创新知识小讲堂三大系列活动,为期2周,居民积极响应,共有1000余人次参与,成效明显。在科普日期间,除了日常正常运行外,还开展了为期一个月的"小制作、大创新"主题科普创新月活动。

5. 开放运行总体平稳

社区创新屋的开放接待总体情况较好。2016年,79家社区创新屋累计接待参观人数37.1万人次,2017年超过40万人次。多数社区创新屋全年开放天数多于规定的标准,且创新屋年参与活动人数、接待参观人数均高于5 000人次。据统计,2016年,大部分社区创新屋全年开放天数均高于标准规定的不少于200天,部分创新屋甚至达到330天。同时,各社区创新屋积极开展主题活动,大多创新屋年参与活动人次在6 000~8 000,少数创新屋年接待人次超过10 000。例如,东明社区创新屋在2015年8月至2016年9月,共开展了44场科普参观、体验、创意制作、创新思维等活动,吸引了广大中小学生、社区居民、科学爱好者和科普志愿者,参与人次近5 000(见表4)。

表4　2015年8月至2016年9月部分社区创新屋接待参观情况表

社区创新屋	参观接待基本情况
浦东新区南汇新城镇创新屋	全年累计开放约300天,接待人次约10 000
浦东新区东明街道社区创新屋	东明社区创新屋共开展了44场科普参观、创新思维等活动,参与人次近5 000
普陀长征镇社区创新屋	长征社区创新屋累计接待参观交流人次近3万,有来自中国香港和重庆的代表团、新加坡代表团、上海市科协等代表团参观创新屋并做了交流。与外省市相关人员、本市其他区或本区其他街道的创新屋,如南京米立方创客空间、宝山区创新屋、甘泉路街道创新屋、长寿路街道创新屋等进行了相互交流
徐汇区田林"社区创新屋"	田林"社区创新屋"累计各项活动达200余次,参加人次达5 779
长宁区天山路街道社区创新屋	天山社区创新屋共开展活动170余次,参观人次约6 000
杨浦五角场镇社区创新屋	五角场镇社区创新屋配备有2名专职人员,保证五角场镇社区创新屋的正常运行。2015年度接待人次近1万
杨浦区殷行街道社区创新屋	开放天数280天,接待人次约8 200,举办主题互动活动31场
闵行区浦江镇社区创新屋	年均开展活动60场次,年均服务人次约12 000

6. 课件开发以合作方式为主,自主开发不多

调研发现,社区创新屋课件开发的积极性有待提高,在课件开发方面存在以下特点:一是课件来源以购买或共享其他合作单位为主;二是课件开发方式上,大部分社区创新屋缺乏完全的自主开发能力,都需要跟其他机构合作开发等,主要原因在于多数创新屋的管理模式为第三方管理,所以多数创新屋在日常管理授课过程采用委托单位的课件或直接购买其他现有课件,仅有少部分创新屋进行课件开发。2015年8月至2016年9月上海市部分社区创新屋课件开发状况如表5所示。

表5　2015年8月至2016年9月部分社区创新屋课件开发状况

社区创新屋	课　件　开　发
浦东新区东明路街道社区创新屋	联合专业科教机构自主研发课件课程目录:种子快快长大、无土栽培技术之阳台菜园、一树一世界、一课一创新、自制环保吸尘器、创意花器制作、航模制作、创意创新彩泥制作、干冰科协秀
浦东新区南汇新城镇创新屋	各类宣传和课件视频10件
普陀区长征镇社区创新屋	以"生活智慧DIY"俱乐部成员为核心力量,针对"小鲁班"俱乐部成员自主研发出"弯曲时钟"、多用途电扇、风力发电、电动小汽车、电动创意昆虫等适合小朋友的课件,目前自主设计研发课件数达30余个
杨浦区殷行街道社区创新屋	同济大学汽车学院宣讲团课件
嘉定区嘉定镇社区创新屋	在专家指导下,2016年已自主助研发活动课件6个

7. 建设经费充足,运营经费保障情况各不相同

在建设经费方面,各单位提供初始建设经费保障多数为15万～20万元。《上海市社区创新屋平台建设标准及实施办法》规定,创新屋的建设经费由市、区、街镇共同出资,其中区级对市级资助应按照1∶1配套。在运行经费方面,为保障社区创新屋正常运行,多数街镇或社区文化活动中心都将社区创新屋的日常运行费用列为年度预算,所拨款项主要用于开展各类科普活动以及机器设备的升级和日常运行维护。各区域对于社区创新屋的拨款额度不一,部分区的扶持力度部分有待加强。2015年8月至2016年9月部分社区创新屋建设和运营经费情况如表6所示。

表6　2015年8月至2016年9月部分社区创新屋建设和运营经费情况

社区创新屋	建设及运行经费情况
徐汇区田林社区创新屋	作为田林地区首个地区化、专用化的百姓科普场所,街道在硬件和软件方面都给予了大力保障,合理的教室配置、专业的教具购置,配备了专人管理。同时街道每年拨付科普专项经费近20万元,用于各类科普活动开展
静安区宝山路街道社区创新屋	宝山路街道2016年对创新屋共计投入近15万元经费(包含区科委支持经费),用于专职老师、志愿者费用、日常开放活动以及大小主题活动,设备维护等
闵行区浦江镇社区创新屋	浦江社区创新屋2015年获得镇政府相关活动项目经费10万元,2016年获得镇政府相关活动运营费4.9万元。目前依托第三方机构管理运维,并通过青少年活动中心部分资金及设备资源开展项目活动。全年开展创新屋专项活动运维支出总计15万元
闵行区江川街道社区创新屋	资金保障:每年预算为15万元
嘉定区嘉定镇街道社区创新屋	在做好创新屋日常开放的同时,2016年街道继续加大对创新屋经费的投入,落实财政专项经费20万元,对创新屋的环境进行维护,升级了机器设备
崇明区东平镇社区创新屋	东平财政所2016年财政支出预算显示,科学技术管理事务支出5万元,主要用于开展科普活动

8. 科普工作和指导教师队伍建设有序推进

各社区创新屋在运营过程中与创新教育人才交流机构、专职人员建立合作关系,培训专业创新服务人员。在通常情况下,各社区创新屋有2名专职管理人员,部分社区创新屋仅有1名。社区创新屋会根据实际情况,发挥自身的优势,与相邻学校的教师及部分高校学生建立合作关系,由他们分别担任社区创新屋的指导老师和志愿者;有部分社区创新屋通过第三方机构与相关行业工程师、指导老师合作;也有在社区生活的发明人、创客等民间能工巧匠参与社区创新屋活动,给予社区创新活动以指导和帮助。但总体上,社区创新屋的专业指导教师还是比较缺乏。2015年8月至2016年9月部分创新屋的工作人员情况如表7所示。

表7　2015年8月至2016年9月部分社区创新屋工作人员情况

社区创新屋	工作人员情况
浦东新区张江镇社区创新屋	专职指导老师1人
长宁区周家桥街道社区创新屋	创新负责人、创新联系人各1人,指导老师3人,志愿者骨干若干
闵行区颛桥镇社区创新屋	科技总指导员1名,专职工作人员1名
闵行区浦江镇社区创新屋	专职管理人员2名,兼职教师3名,大学生志愿者20名,兼职活动开发策划教师2名
闵行区江川路街道社区创新屋	有4名教师分别参加了2013—2015年的师资培训;志愿者多为周边大工厂退休的机床工、车床工,都为具有创造发明能力的人才或动手制作爱好者
宝山区大场镇社区创新屋	有1名科普负责人,3名工作人员,1名志愿者

9. 宣传推广方式多样

在调查过程中发现,大部分社区创新屋在推广过程中,除了传统的发传单、贴海报外,都有独立的微信公众号,利用微信公众号平台以问卷的形式进行满意度调查,并为以后工作的改进收集诸多建设性意见。例如,静安区石门二路街道社区创新屋,利用原有的街道公众微信号为各类创新屋活动做预告和宣传等,加强各类新媒体的互通互动,并建立了微信活动群。

(二) 主要成效

在社会各方的大力支持和广大市民的积极参与下,经过多年的建设和发展,全市社区创新屋已形成了良好的发展基础。创新屋面向社区居民和社会公众,组织开展各类创意制作和创新实践活动,已成为社区居民"动手参与、激发创意"的良好展示舞台,在浓郁的全市科普宣传氛围中提升了市民的创新意识和科学素质,为促进创新创业文化建设发挥了不可或缺的功能作用。

1. 浓郁了城市创新创业的文化氛围

作为社区科普工作和创新创业文化建设的主阵地,社区创新屋积极引入创客,让社区居民与创客身处同一空间,相互学习,让创新热情和创新活力倍增;青少年学生等社会公众在参加创新屋实践活动的过程中,可以形成既注重创造结果又注重创新过程,既追求成功也宽容失败的创新品格,形成关注科技创新、热爱科技创新、参与科技创新的精神风貌,从而在全社会形成爱科学、学科学、用科学的良好氛围。此外,每年举办的创新屋创意制作大赛,面向社会征集创新创意作品,吸引了很多市民家庭和创客团体参加,让社会公众对创新有了直观的认识,有效地激发了广大市民尤其是青少年的创新热情。创新屋成为浓郁城市创新文化氛围的重要策源地。2015年,社区创新屋荣获"上海市公共文化建设创新项目"。

2. 提升了社区居民的科学素质与能力

作为一个给广大社会公众搭建激发创意的平台,社区创新屋类似各类创意坊和创客空间。它们通过举办各类创意活动,吸引青少年学生、社区居民广泛参与,有利于培育他们的创意思维;创新屋配置了各类动手实践操作设备与工具,社区居民参与其中,可以深入浅出地掌握各种工具的使用方法,用自己的双手创作独特的作品,就像创造自己的"梦工厂"。在上海科技节、科技活动周、全国科普日等重大活动中,创新屋作为社区活动的主要场所,组织开展了多项创新创意活动,成功吸引了众多群众走进创新屋,亲自上阵体验动手创意制作的乐趣,成为众多活动中最吸引人、最火爆的项目之一。在寒暑假期间,学生们可以作为志愿者协助社区居民进行体验操作,同时创新屋也能作为学生实践基地完成高中生所需求的社会实践。可以说,创新屋已成为青少年学生的创意新课堂,是包括青少年学生在内的广大社会公众实现创新创业梦想的新空间。

3. 扩大了上海科普工作的社会影响

2016年5月31日至6月7日,应国家科技部邀请,上海市社区创新屋作为国家优秀科普展项参加"国家'十二五'科技创新成就展"。社区创新屋项目受到了中央领导的高度评价和参展群众的热烈欢迎。中共中央政治局委员、国务院副总理汪洋指出"社区创新屋打造中国的车库文化,非常有意义"。中共中央政治局委员、中组部部长赵乐际指出"这个平台的建设对提高孩子们的创新能力有好处"。全国政协副主席、科技部部长万钢指出"这个项目很好,对培养孩子们的创新意识和动手能力的提高有益处"。国家"十二五"科技创新成就展后,重庆市、江苏省、河南省、云南省、广东省、吉林省等国内许多省市都派人来沪考察学习,并邀请市科委科普处有关工作人员赴当地洽谈建设社区创新屋。2016年,在国家科技部、国家民委共同举办的科普重大示范活动"科普进西藏"中,上海向西藏的中小学校捐赠了微型机床等社区创新屋中的动手实践设备,把社区创新屋的理念带进西藏。作为上海科普工作的首创,社区创新屋列入了《国家"十三五"科普与创新文化建设专项规划》。

三、上海社区创新屋建设和发展面临的问题

(一) 管理体制不顺

1. 创新屋的管理链条尚未理顺

目前,市级社区创新屋的评定和综合评估由上海市科委负责,创新屋的申报和场地一般由各街道办事处及镇政府负责,而日常运营由政府机构负责,有些委托第三方机构管理,还有些为自行运营,在创新屋的管理体系建设上尚未形成统一的标准和管理细则。因此,不论是创新屋的人员配置还是日常运营管理都存在一定的随意性。一个创新屋运行得好与差,与领导是否重视和负责人(机构)是否专业相关度较大,全市 79 家创新屋的运行水平差距悬殊。

2. 创新屋的管理水平参差不齐

在工作保障方面,大多创新屋采用政府机构运营的模式,具备日常运行制度、财务管理制度、档案管理制度和安全管理制度。但部分创新屋日常运行管理不够规范,如有的创新屋没有举办活动和接待人员的台账记录,缺乏运营条件及服务效益的佐证材料等,体现出创新屋的总体管理水平参差不齐。同时,部分创新屋的负责人管理经验不足,如个别创新屋的负责人缺乏对创新屋管理的基本经验,致使创新屋处于停闭状态。同时,由于对第三方创新机构参与创新屋尚未建立科学的准入和考核制度,导致对第三方工作开展的情况不能有效监管并做出合理的评价。

(二) 运行保障不足

1. 部分创新屋设备配备存在问题

设备的巨大差异化直接决定了各创新屋所能提供的服务质量。部分创新屋所属街道配套资金投入保障不足,设备添置更新滞后,存在设备陈旧、单一、质量不好等问题。有的创新屋(如香花桥街道创新屋)由于活动参与者少,导致创新屋的设备使用和更新率不高,部分设备长期闲置。

2. 人员配备尚待完善

创新屋负责人和具体管理人员大多为兼职,存在流动性大、部分人员缺乏必要的培训、专业技能和管理经验不足等问题,难以为创新屋提供高质量的创新指导服务。大多数创新屋缺少基本设备养护与维修的人员,更缺少能指导学生和

居民正确使用设备和仪器的专业辅导教师。现在一些创新屋从大学生和退休人员中聘用志愿者作为辅导教师,但部分志愿者的相关专业科技知识比较欠缺,服务时间也不能固定,影响了创新屋活动的正常开展。

3. 运行资金保障不足

由于各区对于社区创新屋的资金支持力度不一,部分创新屋的运营经费不足,特别是经费控制严格,不能给志愿者发放补贴,影响了志愿者的积极性,也阻碍了创新屋的可持续发展。

(三) 开放服务不优

1. 部分创新屋的场地和开放时间无法保障

有固定的专用场地,且每年对外开放 200 天是本市社区创新屋申报的基本条件之一。但一些创新屋因未落实搬迁场地而造成关闭时间长达半年至一年。其中,提篮桥创新屋和惠南创新屋由于场馆损坏,分别关闭了半年和一年,目前还未搬迁。而天平社区创新屋被所在街道关闭了一年,至今仍没有落实场所。此外,由于创新屋的开放时间主要集中在工作日,导致普通市民在周末不能参与活动,还有个别创新屋不按实际规定时间开放,在开放时间上大打折扣。

2. 大部分创新屋举办活动的类型单一,服务效益不明显

现场调研发现,部分创新屋受条件所限,课程种类少、活动内容匮乏,出现单一和同质化问题,难以发挥创新屋多样化创新活动的带动作用。例如,一些创新屋的设备仅有切割、钻孔和打磨工具,致使创新屋的活动主要局限于木质工艺品制作。更有创新屋成了学生们劳技课操作考试的场所,如青浦区赵巷镇社区创新屋。此外,部分社区创新屋开发课件的积极性不高,课件以购买或共享其他合作单位为主,较为单一。创新屋的创新、课程与活动内容的多样性均未能充分体现。

3. 服务对象上,受众面窄

创新屋主要参与者为中小学生,创新屋的课件和活动对高中生和成年人的吸引力度不够,这和原有"服务适合 6 周岁以上各年龄层社区居民"的设想不符。

(四) 资源共享不够

1. 创新屋之间缺乏合作交流

各个创新屋经营管理的差距较大,有的创新屋希望能够向优秀的创新屋如普陀区长征镇创新屋等学习管理经验,开发新课程,但缺乏交流途径。此外,创

新屋之间缺少设备课件共享和活动内容联动,未能最大化利用和整合现有的资源。

2. 创新屋在市民中的知晓度比较低

由于媒体宣传较少和新媒体利用不足,市民对本市创新屋的了解有限,获取创新屋活动信息的渠道不畅通,导致部分创新屋的活动参与度较低。同时,部分创新屋缺少标识或外围标识错乱,不方便寻找。调查中发现某些创新屋门头标识简单,仅有"科普室"字样,而无创新屋指定的标识。

四、上海社区创新屋未来发展的总体思路

社区创新屋是新形势下科普工作服务于万众创新、大众创业、提升公民科学素质的重要抓手与阵地。在上海迈向具有全球影响力科技创新中心和建设全球卓越城市的战略背景下,社区创新屋的建设和发展要紧紧围绕科创中心、全球卓越城市建设战略需求和社区居民全面发展诉求,坚持植根社区浓郁双创文化氛围,坚持面向居民提升社会公众的科学素质,坚持开放融合提升服务能力,为推动全市科普事业社会化、市场化、国际化和品牌化发展,提升科普服务能力贡献力量。

(一) 发展理念

提升社区创新屋的科普内涵和社会影响力,要聚焦全球科技创新中心建设和双创战略实施需求,按照上海科普事业"十三五"发展规划的总体要求,坚持政府、社会、市场协同联动,建设、管理、服务一体推进,以运行模式创新增强科普服务的活力与动力,促进创新屋实现专业化、集群化、特色化和市场化发展,拓展服务功能,扩大服务范围,提高服务水平,充分发挥创新屋对科创中心建设和科普服务能力建设的支撑作用。

1. 系统推进

注重创新屋建设、管理、服务三位一体系统的推进。在建设方面,在市区科委立项新建的同时,应鼓励和引导社会力量自主建设,对符合条件的给予命名挂牌。在管理方面,鼓励和引导创新屋完善开放运行、更新改造、活动举办、宣传推广,完善内部管理等基本制度,以精准的管理引导创新屋规范、高效运行。在服务方面,从转变政府职能出发,在对创新屋进行规范管理的同时,也为其发展提供完善的服务保障,通过搭建宣传展示平台、加强专业人才培养培训,促进资源

共享与合作交流等,营造良好的发展环境。

2. 协同联动

注重市、区、街镇、文化活动中心、社会化第三方运营机构等多方协同联动,树立全方位的合作理念,共同推动创新屋的建设和发展。

3. 突出绩效

基于绩效评估的理念,由市科委对社区创新屋实施激励、补贴或处罚,实行"能上能下、优胜劣汰"的管理机制,确保创新屋高效、持续运行,真正面向基层、服务社区、发挥科普创新阵地功能。

(二) 目标定位

1. 功能定位

作为上海科普发展的一项重要创新性工作,未来社区创新屋的建设和发展要更加突出内涵建设、更加突出服务提升、更加突出社会影响,通过专业化、集群化、特色化和市场化建设,实现从 1.0 版本向 2.0 版本转型升级;对社区居民和社会公众而言,创新屋要成为社区文化服务的主要空间;对万众创新、大众创业而言,创新屋要成为汇聚能工巧匠的重要平台。要引导和鼓励社区创新屋开阔眼界、拓展思路,整合社会资源,发掘社会人才,积极开展形式多样的创新实践活动,开发原创性科普课件,用创新的思维办好社区创新屋,努力营造"人人参与动手实践,个个争当创新能手"的社会氛围。

(1) 力争将创新屋打造成为展示草根创意创新创业的平台,通过举办各类创意活动,吸引青少年学生、在职职工、社区居民广泛参与,使创新屋成为青少年学生的创意新课堂,成为社会大众实现创新创业梦想的新空间。

(2) 力争将创新屋打造成为草根创新创业人才集聚的枢纽,更加广泛地吸引根植在城市社区、科技园区的创客等草根创业人才和民间各类能工巧匠,让创新屋成为奇思妙想的实现场所。

(3) 力争将创新屋打造成为培育草根创新创业氛围的策源地,让社会公众在参加创新屋实践活动中形成既注重创造结果又注重创新过程,既追求成功也宽容失败的创新品格,形成关注科技创新、热爱科技创新、参与科技创新的精神风貌,从而在全社会形成爱科学、学科学、用科学的良好氛围。

2. 发展目标

到 2020 年,全市社区创新屋总量达到 120 家左右,实现全市 50% 左右(全市 200 多个街道镇、40 余个功能区、工业区、科技园区等)的街镇有社区创新屋,让广大社会公众可以就近参与社区创新屋的活动,将生活中的智慧及灵感变成千姿百态、富有艺术与创意的作品。

(三) 发展思路

1. 以专业化为核心,促进创新屋内涵式发展

把专业专职人才队伍建设置于创新屋管理模式和运行机制创新的关键位置,探索引入第三方专业机构管理、运行创新屋,以专职队伍、专业机构和专门人才助力创新屋的专业服务能力建设,提升创新屋的科普服务内涵及质量水平。

2. 以集群化为重点,促进创新屋协同型发展

引导创新屋树立全方位的合作观,加强与相关创新屋、国内外科普机构、高校和科研院所乃至企业的合作交流,构建区域联盟或跨区域联盟,或基于创新屋课件开发、科普创新活动举办等,与相关机构建立特定工作领域的联盟合作,实现资源共享、合作共赢。

3. 以特色化为根本,促进创新屋多样性发展

实施创新屋"一屋一特色"行动,引导创新屋发挥自身的优势和特长,培育有影响的品牌创新实践活动及科普课件(实践课程),形成明显的科普创新服务特色,提升创新创业服务成效。

4. 以市场化为牵引,促进创新屋可持续发展

充分发挥市场机制在科普资源配置中的重要作用,促进创新屋注重公益性服务和市场化服务相结合,通过市场化服务拓展发展空间,提升服务绩效。社区创新屋可按照便利群众、不以营利为目的的原则适当收取部分耗材成本费用,以补贴日常运行。

五、上海社区创新屋未来发展的举措及建议

(一) 优化管理机制

市科委、区科委和相关街镇(社区)建立定期会议制度,共同研究社区创新屋创建及日常运行工作。在管理职责方面,合理确定市、区、街镇各部门的职责分工,创新屋的申报命名,都要求其所在地的区科委初审,以体现属地化管理的理念。对创新屋的运行管理:建立运行记录规范,重要事项采取年报制度和重大调整事项报备制度,强化创新屋运行的痕迹化管理,引导社区创新屋加强内部规

范管理,不断提高创新屋的管理能力和运行绩效。

(1) 创新运行模式。积极探索引进社会组织实行社会化、专业化管理,着力提高创新屋内部管理的专业化和标准化水平。市科委等部门应定期向社会公开发布创新屋第三方社会化专业运营机构的名录。

(2) 完善开放管理制度。社区创新屋应建立健全管理制度及相关动手设备的操作使用说明,制订年度活动计划,及时向社会公布开放时间、活动内容和接待制度等。

(3) 建立健全资源共享机制。市级层面可定期组织创新屋之间的交流研讨活动,以典型案例宣传等方式促进创新屋运行管理经验分享,以利于创新屋的管理者拓展思路,共同进步。鼓励和引导社区创新屋建设区域或跨区域联盟,加强合作交流。

(4) 规范财务管理和国有资产管理。社区创新屋日常运营管理经费应纳入街镇财政经费预算。对市、区各类财政补贴经费应建立专门账户,做到专款专用。创新屋建设项目所形成的国有资产要及时登记入账。

(二) 加强内涵建设

一方面,着力培育特色品牌活动,支持和鼓励社区创新屋围绕自身特色,定期组织策划和开展各类科技创新创意实践活动,进行多种互动性、趣味性和参与性强的科普活动,注重培育持续性、品牌化的科普活动,通过定期举办,形成长期持续影响。如在节假日特别是特殊节日(儿童节、青年节、科技周、科普日、530科技工作者节日等)时组织各类动手制作设计比赛活动,或者与社会化、市场化的教育机构联合,共同开展亲子教育、智力开发等活动。创新屋要充分发挥利用现有科普活动空间,积极承接市、区级的重要科普活动,为相关活动的举办提供活动场所,以打造科普活动平台为牵引,最大限度地集聚和利用市、区各类科普活动资源,逐步提高社区居民动手实践活动的参与度。

另一方面,支持社区创新屋开发科普课件、实践课程等科普内容作品。针对当前社区创新屋活动内容缺乏的情况,以公开招标、定向委托等多种方式和途径,鼓励创新屋联合相关机构开发制作创新屋活动课程资料包、科普课件等特色化、原创性的科普内容,市财政资助开发的社区创新屋科普课件应通过上海市科普公共服务平台(科普云)等网络平台共享。

同时,以政府购买服务的方式,委托全市有实力的科普教育机构(如科技场馆等),开发一批优秀的精品课程,并通过一定的途径和渠道免费供社区创新屋选择使用。

(三) 强化人才保障

加强专业人才培养培训。社区创新屋所在的街镇应为其组织配备(专职或兼职)相应的管理人员和指导教师。加强与人保部门的沟通协调,探索实施社区创新屋指导教师执证上岗制度。建立健全社区创新屋管理人员和指导教师的定期培训机制,依托社会培训机构和创客组织,定期开展创新屋从业人员培训,提升创新屋管理者的综合业务素质。社区创新屋要积极参加市、区有关部门组织的培训活动,提高工作人员的业务素质和工作能力。

壮大创新屋科普志愿者队伍,鼓励和引导社区创新屋聘请中小学科技教师、老科技工作者、老教育工作者和退休技工师傅作为志愿者参与指导社会公众的创新实践活动。例如,可以聘请社区内中小学的科技总辅导教师作为"创新屋特邀创新活动带头人"等。

鼓励社区创新屋管理人员学习现代经济学、管理学、市场营销学等知识和技能,成为既精通科普内涵又熟悉市场运营管理的两栖专业人才,真正造就一支"脑善思考、口善表达、手会操作"的高素质科普工作队伍。

引导创新屋采取咨询、讲学、兼职、短期聘用、技术合作、人才租赁等方式积极灵活地利用和吸纳国内外人才。

(四) 注重考核激励

强化创新屋新建项目及命名挂牌的立项评估与评审,加紧研究制订《上海市社区创新屋管理办法》,明确社区创新屋立项及命名(挂牌)的基本标准,严格创新屋的准入标准,在申报审查中重点关注创新屋的相关条件是否具有可持续性。

创新屋新建项目立项之后,要不定期地组织专门人员检查项目的进展情况,中期检查的形式可以多样化,注重随机抽查、全面检查、自评和专家评估等多种形式、多种方法相结合。

加强政策引导,以客观评价为基础,建立完善绩效导向的激励和淘汰机制,促进各创新屋自我优化、主动提升其运行效能。当前要研究制订社区创新屋年度考核指标体系及管理办法,对社区创新屋的运行定期开展综合评价,综合评价结果纳入各区科技创新环境建设、文明社区测评体系。对综合评价较好的创新屋,在设备更新改造、活动开展、指导教师培训等方面予以一定额度的后补贴。对绩效评价较差的创新屋,实施"限期整改"及至"摘牌"的处罚,从而确保创新屋真正面向基层、服务社区,发挥科普功能。各区文化局应将社区创新屋建设和活动开展情况纳入社区文化活动中心考评体系。市、区教育管理部门应将青少年学生参与创新屋的活动纳入学校的校外实践活动考核范围。

(五) 着力宣传推广

市级管理部门要加强与新闻媒体的合作,推出全市统一的创新屋的宣传广告。及时总结、挖掘创新屋建设工作有突出成效的典型案例,通过科普云、上海科普微博、上海科普微信、召开现场交流会、总结会等多种方式和途径加强对创新屋的宣传和推广。

鼓励创新屋在社区居委会中开设分点、分部或门店,将创新屋的优质科普活动进一步推广到社区家庭中。

引导社区创新屋加强自身宣传,充分利用各类媒体特别是新媒体手段拓展传播渠道,应安排专人负责在市科委指定的信息系统与平台中及时更新创新屋自身的基本信息、科普活动及对外开放信息等相关内容。

参考文献

［1］上海市科委.社区创新屋管理办法(内部讨论稿)［Z］.2016 年 12 月.

［2］李健民,刘小玲,张仁开.国外科普场馆的运行机制对中国的启示和借鉴意义［J］.科普研究,2009,4(3)：23 - 29.

［3］丁爱侠.国际比较视阈下的科普教育［J］.宁波教育学院学报,2015,17(1)：68 - 70.

［4］张仁开."十三五"时期上海培育和发展科普产业的思路研究［J］.上海经济,2017(1)：32 - 40.

［5］张仁开,李健民.建立健全科普评估制度,切实加强科普评估工作——我国开展科普评估刍议［J］.科普研究,2007(4)：38 - 41.

科普进商场的机制和模式研究①

　　《上海市科普事业"十三五"发展规划》提出,采用多种方式,引导公园、商店、书店等公共场所逐步增加科普宣传设施,将科普融入人们的休闲、购物、医疗、旅游等日常生活之中。商场客流汇集,是开展科普工作的重要场所。推动科普进商场是商业科普的主要方式,也是促进科普社会化、拓展科普宣传范围的重要举措。在城市科普发展中,积极开展商业科普工作,推进科普进商场,要在运作模式上通过资源整合,以社会化机制建设为基本思路,以科普融入商业为突破,以环境建设与科普示范商业企业建设为重点,实现商业从业人员、市民和游客的科学素质同步提升。科普进商场没有现成的模式可循,既需要从理论上提炼和概括,更需要在实践中不断创新和试验。本报告着眼于丰富和拓展商场的科普内涵,提出了上海推进科普进商场的基本思路、工作机制及相关的对策建议,为进一步繁荣商业科普活动提供理论支撑,为市区科技、商业管理部门以及相关的科普机构、商业企业开展科普工作提供参考和借鉴。

一、科普进商场的背景与意义

　　推进科普进商场是促进科普资源与商业要素有机融合,最终惠及广大顾客和广大社会公众的重要科普形式。一方面,依托商场这个人流汇聚之地开展科普工作,将科普知识通过商场、商业活动等载体直接传递给社会公众,有利于拓展科普工作的领域和覆盖面;另一方面,通过在商场开展科普活动,有利于增加

---

① 本报告作者:张仁开(上海市科学学研究所副研究员);郝莹莹(上海科技管理干部学院副研究员);李健民(上海市科学学研究所原所长、上海市科学学研究会名誉理事长)。

顾客的停留时间,"黏住"顾客、促进消费,从而实现用知识创造市场,加速科学技术向消费力的转化,拓展商业商场盈利空间。对商业企业来说,科普进商场有利于提高经营管理水平,树立企业良好的社会形象,拉近企业与社会公众的距离,从而提高市场竞争力和社会影响力。

(一) 科普进商场是助力"四大品牌"建设的战略要求

全力打响"上海服务""上海制造""上海购物""上海文化"四大品牌(以下简称"四大品牌")是上海更好地落实和服务国家战略、加快建设现代化经济体系的重要载体,是推动高质量发展、创造高品质生活的重要举措,也是上海当好新时代全国改革开放排头兵、创新发展先行者的重要行动。其中,"上海服务"重在提升城市核心功能和辐射带动能力,"上海文化"重在提升城市文化软实力和影响力,"上海制造"重在强化创新驱动和扩大高端产品技术供给,"上海购物"重在满足和引领消费升级需求。

科普进商场可以而且应该在"四大品牌"建设中发挥重要的作用,特别是对"上海购物"和"上海文化"品牌的建设具有最为直接的效应。推进科普进商场,依托已有的品牌科普展项、特有的专题科普内容以及最新的科技产品及科研成果等,在商场开展科技产品体验、科学秀表演或动手实践体验等公益科普活动,在科普工作中嵌入更多的产业和商业元素,可以在满足社会公众消费需求的同时,增强其对科技知识的认识和体验,从而增强上海科普工作的市场化动力,形成更多引领时代潮流、具有鲜明上海特色的科普新品牌,为上海打响"四大品牌"注入科普力量。

(二) 科普进商场是拓宽科普工作面的内在需要

近年来,上海科普工作取得了积极成效,科普基础设施不断完善。目前,全市共有各类科普教育基地 329 家,达到平均每 8 万人拥有一个科普教育基地的国际先进水平;共建有社区创新屋 83 家,为社区居民和社会创客搭建了多样化的展示创新创意的平台。

相对于科普场馆、居民社区、中小学校等科普工作的主流区域而言,商场虽然人流更加汇集,但其科普设施和科普活动的供给则明显不足。推动科普进商场,将优质的场馆资源、精品课件和品牌活动引入人流更加汇集的商业场所,通过商场宣传、展示,才能进一步扩大其社会效益和社会影响,才能更多地为广大市民知晓,让他们参与和享受,从而提升科普资源和科普品牌的利用效率。同时,科普进商场还有利于逐步形成让科学走进顾客、把商场变为科普的课堂、把营业员成为商品科学传播者、将科普营销纳入经营渠道的科普与商业有机融合的格局,从而进一步拓展科普领域。

(三) 科普进商场是促进商业模式转型升级的现实需要

当前,全社会的消费模式和消费行为正在发生重大的变化,以电商为代表的网络购物对传统的以商场和大卖场为代表的现场实体购物模式形成较大的冲击。在此背景下,现场购物模式必须转型,叠加更多的个性化、体验性、知识型的购物元素,才能吸引顾客、促进消费。

顺应消费者购物行为模式的变化,推动科普进商场,从消费者的实际需求和切身利益出发,选取贴近生活、贴近百姓的活动主题,反映当代科技进步的足迹以及老百姓关心的热点话题,通过叠加体验性、互动性的科普活动内容,把购物场所变成"科普体验场"或"科普游乐场",有利于让市民群众在参与科普活动中获得更多的受益,满足市民更高层次的需求,从而带动消费和购物,形成独特的"科普+消费"的购物模式。

同时,将传统的商业购物活动发展成向经营者和消费者普及科学知识、科学思想、科学方法的重要渠道,通过传播科学文化,对消费者和经营者有明显的引导和教育功能,能促进商业经营的科学性和顾客消费的文明性,对提高市民的文明程度和社会的文明程度具有重大的作用。对消费者而言,一是掌握了使用现代科技型产品的知识和技能;二是获得了与现代社会发展相适应的消费观念;三是建立了有利于科学生活、文明消费的购物行为和生活方式。

二、上海商业科普发展概况及典型做法

作为全国重要的商业城市,早在 20 世纪 90 年代上海就开始探索推动科普与商业的结合,着力推动商业科普的发展,通过评选商业科普企业,依托商业企业打造流动科普船、建设商业科普街、举办商业科普活动、建设商业科普示范区等为抓手,推动商业科普不断发展,商业与科普的融合更加紧密。在近 30 年的探索中,上海在商业与科普结合方面的标志性事件包括在南京路、淮海路等打造商业科普街,开展商业企业的评选等。

(一) 打造流动科普船

依托商业企业,建设了全国第一艘流动科普船。1998 年 5 月,全国首创的流动科普教育基地——"新世界科普船"首航成功。该船由市科委、黄浦区经贸委、上海长江轮船公司、上海新世界股份有限公司共同打造,它面向广大青少年学生和社会公众,旨在传播航运与船舶、航海与地理等方面的科学知识及进行爱国主义教育。该船由长江轮船公司所属一长江大型客轮改建而成,船上除保留原客运设施外,新增设了航运和船舶知识展示厅、模拟驾驶台、船模制作室、各种船模展示和操作比赛水池、车模赛场、科普影视厅、科普书屋、多媒体触摸式电脑展示等丰富的科普教育设施和项目,同时为中小学生提供科普活动课。黄浦区和普陀区的 450 名中小学生参加了新世界科普船的首航仪式。新世界科普船开辟了科普浦江浏览专线、科普爱国主义教育专线、双休日科普旅游专线,并可承办科普夏令营。该船的浏览点可至南通、扬州、江阴、张家港、镇江、南京、九江等地。

(二) 开展商业科普企业评选

实施"2211(20 个社区、20 所学校、10 个工业企业、10 个商业企业)"工程,评选商业科普企业。例如,2003 年,评出科普示范商业企业 3 个,评出 25 名实施发明成果优秀企业家和优秀总工程师,其中 11 人来自国有企业;10 人来自民营企业、4 人来自股份制和中外合资企业;2004 年,评选出 1 家科普示范商业企业。

(三) 开展商业科普活动

依托商业场所开展科普活动。例如,2005 年 6 月 13 日,市科协与《新民晚报》联办的首期新民科学咖啡馆在陕西南路的星巴克红房子店举行。主办者针对社会的热点、焦点和难点问题开展选题,邀请相关方面专家或国家相关机构负责人以专业的眼光、通俗的语言、谈话的形式与听众进行互动探讨,引发听众思考,达到普及科学知识、崇尚科学的目的。活动每 2 周举办 1 期,至 2005 年底,共举办了 12 期,分别就《星球大战》与科学漫谈、纪念郑和下西洋 600 周年、食品安全、节能与新能源的开发利用、天气与城市环境、地球之极的梦想和思考、人类的克隆之路、爱知归来话科技世博、手机的"前世今生"、每一座"神舟"都是一个科学神话、科学幻想 100 年等话题进行互动探讨,现场接待听众近千人次。这些活动突出"科学"和"咖啡馆"的独特要素,追求碰撞、震撼和难忘的效果,受到听众的欢迎。

在上海加快向具有全球影响力科技创新中心进军的时代背景下,2017 年 9 月 27 日下午,上海市科委与百联集团签订了《上海市科委与百联集团开展科技创新和科学普及工作合作的框架协议》,双方将在科技创新、产业孵化和科学普及等领域加强合作。双方合作开展的首次"科普进商场"活动,即上海自然博物馆(上海科技馆分馆)与百联股份联合举办的"百联·自然趣玩屋"公益活动同期正式亮相。

首场"我为甲虫狂"主题活动在百联又一城购物中心举办,小朋友和家长们热情地参与了活动。20 位 6～12 岁的小朋友在自然博物馆老师的带领和家长的陪伴下,了解了甲虫的生活习性特点等相关知识,近距离观察甲虫标本,并亲手制作了甲虫模型,为甲虫涂上自己心仪的色彩。"百联·自然趣玩屋"活动将成为上海自然博物馆(上海科技馆分馆)与百联股份的持续合作项目,此后会有一系列公益"手作"活动在百联集团旗下的门店陆续举行。

(四) 建设商业科普街

20 世纪 90 年代,上海就开始探索依托淮海中路、南京路、梅龙镇等繁华商业街道打造商业科普街、科普广场等。例如,由淮海路众多企业共同参与举办的淮海路消费者假日俱乐部活动,定期由不同的企业提供场所,举办各种形式的主题活动,向消费者传播商品知识、法律知识、生活常识、科技常识等,堪称国内最为系统化的社会公益科普活动,为创建淮海路"放心街"做出了重要的贡献。在科技节、全国科普日期间,南京路、淮海路和西藏路的商业电子显示屏也成为科普舞台。东方商厦、世纪广场、来福士广场等商场的巨型显示屏,全天候滚动插播科普公益广告视频,为商业街增添了浓厚的科普氛围。淮海路各类商家都不约而同地选用橱窗来展示自己的产品,让路过的消费者在无形中接受现代科技的教育并进而激发消费者的购买欲望。

(五) 创建商业科普示范区

地处上海城市中心、坐拥上海商业精华的黄浦区致力于推进"商业科普引领区"建设,依托区位优势,集聚科普资源,创新工作载体,打造"一区一特色"的科普亮点。创新发展商业科普建设的举措,推出商业科普"个、十、百、千"工程,即每年举办 1 个商业科普节、动员 10 个以上的广告屏开展科普大联播、创建 100 个科普示范柜台、培训 1 000 名科普宣传员。成功举办了黄浦商业科普节,在中华第一街集聚了 20 多家中华老字号的科普资源,围绕百姓"衣食住行"的民生科普,推出 20 多项展示和互动项目,受到市民和游客的欢迎。发挥商业电子屏科普的集聚效应,广泛发动在南京路、淮海路和西藏路上的 13 家广告商共 15 块电子屏,开展"科普星期二、闪亮南京路"公益科普大联播。据统计,仅"五一""十一"两大节日期间,每块电子屏每天插播科普内容 120 次以上,累计播放时间超过 160 个小时。社区联动推进商业科普建设,利用辖区内商家较多的优势,推动社区与商家互联互建,共建共赢,商家定期到社区服务,社区与商家共建科普园地。

2017 年黄浦区商业科普节按照"科协搭台、商家唱戏、公众参与"的思路,整合区域内商业科普资源,围绕"衣食住行康"方面公众的需求,分三大板块共开展30 余项活动。

(1) 举办"商业科普面对面,衣食住行惠民生"2017 黄浦区商业科普节活动,汇集了第一百货、第一食品、第一医药、蔡同德堂、绿波廊酒楼、上海药房、全土食品、长春食品、正章实业、好美家装潢、黄金珠宝藏品中心、茂昌眼镜、星光摄影器材城、索尼等南京路、淮海路、豫园商圈等知名老字号商业企业和区市场监管局、区酒类专卖局、区烟草专卖局等职能部门,就市民普遍关心的食药品安全、保健养生、衣物洗涤、家居装潢、珠宝鉴定、眼镜配戴、摄影器材选购、智慧生活等问题,配合展板展示,开展实物体验、咨询服务和现场互动等 20 余项活动。

(2) 开展南京路、淮海路商业电子屏科普大联播活动。2017 年 9 月 16 日至22 日,区科协会同区灯光办共同组织南京路、淮海路和西藏路商业街街头的广告电子屏十余块,全天候滚动播放科普宣传口号和科普公益视频,在黄浦区商业繁华、人流量集中的黄金地段扩大科普工作效应,营造黄浦区市民科学素质提升应有的科学气息和文明环境。

(3) 举办线上商业科普知识竞赛和《商业科普 36 计》赠阅活动。2017 年7 月以来,在历届区商业科普节资料积累的基础上,区科协组织区域内近 20 家知名商家,编印了《商业科普 36 计》1 万册,分"健康食品""保健养生""居家生活"和"数码电器"4 篇,撰写了与市民生活息息相关的衣食住行和有关身体健康等方面的商业科普知识,在商业科普节现场免费向市民赠阅。同时,还利用"黄浦微科普"微信公众平台,举办线上商业科普知识竞赛活动。

三、上海推动商业科普发展的主要模式

通过对上海探索商业科普的发展历史的简要回顾,可以初步总结提炼出推动科普与商业结合的三种基本模式,这些模式也适合于推动科普进商场。

（一）商家提供科普场所的模式

商业企业或商场通过为优质科普展项资源提供展示活动场所或建设科普教育基地、科普展示厅等途径，引入科普元素，实现科普与商业活动的有机结合。例如，2017年第三届国际自然保护周"人与自然——发现"主题摄影展，在热门商场怡丰城举办为期1周的公开展览。2017年5月科技节期间，作为2017上海科技节的亮点活动之一，市科委资助、上海科技馆原创开发的临展"如何复活一只恐龙"在上海环球港地下二层太阳厅开幕。这是上海科技节大型科普展览首次走进商业广场，观众可免费开启一场恐龙大复活的探秘之旅。此外，一些企业在销售现场（店面、超市等购物场所、商业街区、商业集市）通过电子屏等媒介播放产品宣传片、举办大型宣讲活动、促销活动以及摆放产品实体向潜在的消费者推送与产品相关的科学技术信息，也属于此种模式。

（二）商家提供科普内容的模式

商家围绕商品开展相关知识的普及，为顾客提供知识解答等。企业在商品宣传册、说明书、公益性科普活动以及商业广告中添加与产品相关的科学知识，在宣传企业产品的同时向公众传递相关的科学技术知识和生活生产常识。在新产品上市前，通过各种宣传策略对全新产品的理念及其所含的科技知识做宣传，引导消费者接受新产品。企业在销售现场通过电视播放产品宣传片、科普活动展示、摆放产品实体等方式，向潜在的消费者普及和宣传与产品相关的科技信息。上海劲松参药店在宣传新药"丹参酮"时设立了热线电话，以此来回答消费者的各种提问，并利用这一机会宣传产品的科技含量，树立企业科技形象。

（三）商家提供科普工作资金的模式

最典型的模式是企业以冠名的形式赞助科普活动。例如，为引导科技企业承担更多的社会责任，发挥科普示范效应，2016年，闵行区3家企业冠名赞助区级科普活动，9家企业参与区科技周开幕式现场展示，7家科技企业参展第三届上海市国际科普产品博览会。其中，上海维凯光电新材料有限公司冠名赞助了"凯维杯"2015年闵行区科学秀大赛颁奖展演活动暨2016年闵行区科学秀大赛；上海太阳能工程科技技术研究中心赞助了"绿色能源杯"2016年闵行区新动力设计创作大赛。

四、上海进一步推动科普进商场的对策建议

在座谈调研中,部分商场代表、科普机构和专家学者讨论了当前开展科普进商场活动中存在的不少困难和问题,突出体现在科普活动或科普资源缺乏吸引力,难以吸引顾客;科普活动、科普资源与商业企业的产品服务契合度不高;商业场地受到限制,缺乏既懂商业知识又懂科普知识的员工,商业盈利性与科普公益性之间存在矛盾;政府管理部门缺乏明确支持商业企业开展科普工作的政策和措施。

针对这些问题和困难的建议:进一步推动科普进商场活动,要从全市的角度,加强顶层设计和政策支持,构建一个能够兼顾科普场馆、商场企业以及顾客群体等各方利益的协调机制,引导和鼓励科普场馆、商业企业(商场)结合自身特点,设计顾客感兴趣愿参与的科普内容及活动形式,形成各具特色的科普进商场活动模式。

(一) 对接各方需求

推动科普进商场活动,要兼顾好顾客、商场企业、科普机构和政府管理部门等各方的需求。

(1) 满足顾客体验、参与等方面的科普需求。要及时准确地传递消费者的需求信息,针对不同的细分市场进行产品、价格、渠道、促销等方面的科学决策,运用高科技手段做宣传,向广大消费者普及科学知识。从为顾客着想的角度出发,通过商业科普可以使消费者更加成熟、理性、富有知识,从而提高消费者的消费素质,满足社会需要。

(2) 满足商场企业的经营管理需求。把科普进商场活动与商场和商业企业的经营管理有机结合起来,转变企业员工的观念,充分认识商业科普的重要作用,引导员工积极参与其中,使商业科普成为企业的一种自觉行为。完善科普工作与经营管理工作相结合的机制和制度。例如,形成员工定期培训制度,商业科普的人、财、物组织制度,定期举办制度及效果测评制度等。

(二) 依靠专业队伍

(1) 加强专业技能培训,让营业员成为科普诠释者。商业科普企业一方面要支持和鼓励员工积极参加市区举办的各类科普培训活动;另一方面要邀请科

普专家有针对性地加强对员工的科普教育培训,提高员工的科技素质和科普工作能力,为开展科普进商场活动奠定良好的人力资源基础。有条件的商业科普企业或商场,要安排专门人员负责科普进商场活动的策划及讲解。

(2)依靠科普专家队伍。要通过各种途径,用好营销专家、技术专家、科技传播专家等相关专家的智力支持。例如,为了提高员工的知识水平和科普技能,可以采取"请进来、走出去"的方式对员工进行培训,即聘请外部专家对员工进行知识讲座,或者把员工送出去接受专业培训。

(3)建立商业科普联络员队伍。明确各个商家都要有1名分管领导负责商业科普工作,并指定1名专门人员具体负责科普进商场活动的组织协调工作,确保科普进商场活动"有人管、有人做"。

(三)加大宣传推广

(1)加大宣传力度。市科委加强与新闻媒体的合作,及时总结挖掘科普进商场的工作成效和典型案例,同时,通过科普云、上海科普微博、上海科普微信、召开现场交流会、总结会等多种方式和途径,加强科普进商场工作的宣传和推广。鼓励和支持各个商场和商业企业应用新媒体对科普进商场活动进行宣传推广,通过新媒体推送产品知识。

(2)加强示范引领。探索科普示范商场、科普示范商店创建工作,发挥科普示范商店的模范作用,选准主题,采用多种形式与消费者互动交流,宣传科普知识;鼓励商店把科普宣传作为一项长期的、经常性的工作,引导消费者健康购物、理性消费。

(四)政府引导支持

(1)建立健全科普进商场的统筹协调机制。探索建立包括科技管理部门、商业管理部门、各区和商业企业共同参加的定期协商工作制度,定期召开协调会、工作交流会、现场会等,协商解决科普进商场活动开展当中遇到的问题,交流经验和做法,凝聚共识,促进资源共享。构建优质科普资源共享机制,如市科技管理部门可以定期向相关商场配送优质科普产品,在各区主要商圈、商场进行巡回展演,促进资源共享。

(2)加大资金和政策支持力度。政府管理部门要加强引导支持,让商业企业家热心公益性科普事业。在座谈调研中,部分商场负责人、商业企业纷纷建议市区政府管理部门要尽快制定出台科普进商场的相关政策文件,加大对科普进商场活动的支持力度；在资金保障、政策扶持方面给予更大的支持，以此引导和鼓励商业企业将科普宣传作为社会责任，用好品牌资源，把科普工作融入商业服务，增加商业服务中的科普含量，逐步形成"员工技能专业化、商品推介科普化、科普工作常态化"的良好态势。

（3）完善激励机制。市级科技、商业部门要针对科普进商场、商业企业的科普工作建立专门的奖励激励机制。例如，可以探索对科普进商圈、商场活动的优秀组织单位和先进个人给予表彰奖励等。

参考文献

[1] 刘清华. 商业科普：向知识要第一营销力[J]. 上海管理科学，1999(2)：20.

[2] 周文胜. 商业科普及其应注意的几个问题[J]. 商业研究，2000(10)：144 - 145.

[3] 黄牡丽. 商业科普中的信息不对称及治理对策[J]. 学术论坛，2004,(3)：108 - 110.

[4] 周荣庭，何兵，卢优莎. 基于"绿色"广告的企业商业科普模式及策略构想[C]//全民科学素质与社会发展——第五届亚太地区媒体与科技和社会发展研讨会论文集. 北京：中国科技新闻学会等，2006.

[5] 吴海霞，周荣庭. 商业科普网站与公益科普网站运作模式及传播能力对比研究——以新浪科技和中国科普博览为例[J]. 科技传播，2014,6(20)：179 - 180.

[6] 吴超钢. 企业商业科普模式在营销中的应用研究[J]. 企业科技与发展，2009(18)：213 - 214.

[7] 赵杰. 黄浦区创建科普示范城区初见成效[J]. 上海人大月刊，2007(10)：39.

[8] 依江宁. 让科技展览走进购物中心[J]. 金融经济，2019,(19)：65 - 66.

上海推进科普立法的思路研究①

科学普及是浓郁创新氛围、提升科学素质、加快建设全球科创中心的社会基础性工程,依法管理是新时代科普事业高质量发展的根本保障。加快上海科普条例的制定,是推进上海科普发展的制度保障。本报告借鉴国内外相关科普法律内容,提出上海科普条例制定的框架思路,以供决策参考。

一、上海科普立法的必要性与可行性

(一) 紧迫性

1. 现有法律法规不适应新时代科普发展要求

(1)《中华人民共和国科学技术普及法》颁布于 2002 年,至今没有修订且短期内无修订计划。经过近 20 年发展,特别是进入新时代,上海科普发展经历了较大的变化,科普工作要素不断丰富,公众对科普的需求不断提升,当前的法律难以适应科普事业发展要求。

(2)上海的地方性法规,包括《上海市科技进步条例》《上海市推进科技创新中心建设条例》,涉及科普的章节限于篇幅,对社会主体覆盖面不全且以鼓励性、导向性内容为主,系统性、操作性尚待加强。

2. 需要通过立法对科普行为进行规范

(1)近年来政府各部门在推进科普事业发展过程中的成功经验和举措,例

① 本报告由郝莹莹、王建平等主笔完成。报告为上海市软科学研究计划项目(编号:19692113000;负责人:王建平)的部分成果。

如开展青少年科学教育、开展科普基地认定、落实科普税收优惠政策等,多以通知形式推进的工作,需要通过立法加以固化。

(2)伪科学、假科学、有争议的科学问题、未定论的科学问题,借"科普"之名和互联网媒体传播技术呈放大效应,公众难以辨别真伪并由此产生一系列社会问题,亟须通过立法对科普行为加以规范。

3. 需要通过立法协调科技创新与科学普及的关系

目前,"重创新、轻普及"的现象仍然存在。一方面,政府部门对科普工作的保障措施、激励政策相对匮乏。例如,政府的科普投入没有明确要求,全市各区人均科普投入差异较大,高低之间相差有 10 倍之多。另一方面,国有企业、公共科技资源参与科普的积极性较低。据统计,本市规模较大的示范性科普场馆中,国有企业参与建设运营的只占 25%。获得财政支持且具备科普条件的社会主体,开展科普工作缺乏制度约束。与此同时,市场主体参与科普工作的激励政策缺位。根据上海科普统计数据显示,2018 年上海共筹集科普经费 17.69 亿元,其中来自社会捐赠的科普经费仅 881.80 万元,占总筹集额的 0.50%。市场主体直接或以捐赠形式间接投入科普事业发展的极为欠缺。因此,亟待通过立法,协调好创新与科普的关系,保障科普事业良性发展。

(二)必要性

1. 贯彻落实中央精神的需要

2016 年 5 月,习近平总书记在"科技三会"上指出:"科技创新、科学普及是实现创新发展的两翼,要把科学普及放在与科技创新同等重要的位置。"党的十八大报告中明确提出了"普及科学知识,弘扬科学精神,提高全民科学素养"的要求。党的十九大报告再次就科学普及提出要求"弘扬科学精神,普及科学知识"。上海正在建设具有全球影响力的科创中心,亟待在科普工作上补齐羽翼。

2. 跟进国家科普法规制定进程的需要

自 2002 年国家颁布《中华人民共和国科学技术普及法》以来,全国已有 27 个省市和多个副省级城市(如南京、杭州、广州、沈阳、深圳等)制定了科普条例,只有上海、广东、吉林、海南 4 个省(市)尚未制定科普条例。其中,《广东省科学技术普及条例(草案)》已在征求意见阶段。与此同时,作为中国特色社会主义先行示范区深圳市已于 2019 年 6 月审议通过《深圳市科学技术普及条例》。素以规范管理见长的上海,在科普立法方面已显落后。

3. 践行依法治国的需要

依法管理,推进科普立法是适应经济发展新阶段,实现高质量发展,满足人民群众日益增长的美好生活需要的必要保障。目前,《上海市科技进步条例》(2010 年修订)和《上海市推进科技创新中心建设条例》中,涉及科学普及的章节,主要以鼓励性、导向性的条款为主,不够系统、具体、准确,条款缺乏操作性,不好落地。因此,需要对科学普及工作进行系统地、全面地、准确地梳理和规范。

4. 保障全社会共同参与的需要

科学普及是广泛的科学传播,是保障科学与社会协调进步、持续发展的基础性社会工程,其本质是具有社会公益事业性质的,需要全社会共同参与的社会行为。因此,需要通过制定法律来规范各类社会主体参与科学普及的行为。

5. 法律授权与规范的需要

上海市各级政府高度重视科普工作。政府在促进科普事业发展方面起到主导作用。目前,上海市科普工作联席会议共有 30 家成员单位。政府各职能部门及科协等社会团体的科普工作职能和权力相对较多,但相关的行为规范较少。政府的行政权力多来源于对《科普法》相关条文的政策解读,或来源于国家部委的红头通知,行政权力缺乏必要的法律授权。因此,亟须通过制定条例,对各类行政行为予以授权和规范。

(三) 可行性

1. 国家及各省市立法提供重要指引和参考

国家及各省市制定的科普相关的法律法规及其执行情况,为制定《上海市科学技术普及条例》提供了重要的指引和参考。从法律条文、规划指引到相关政策举措,国家层面均出台了系列文件。《科普法》从组织管理、社会责任、保障举措等 6 个方面共计 34 项条文,对我国科普发展提供了法律制度保障。国家环境保护总局、财政部、国家税务总局、国土资源部(现为"自然资源部")等多个部门均出台了促进科普发展的规划纲要、实施方案等,在资金扶持、税收优惠、基地建设等方面给予了多层次、多角度的政策扶持。同时,其他省市已制定的科普条例及其在实施过程中积累的经验教训也可为制定上海科普条例提供参考借鉴。

2. 上海科普工作实践奠定良好基础和保证

上海科普工作总体水平保持在国家第一梯队,公民科学素质持续领先全国,科普基础设施不断完善,科普品牌持续涌现,科普人才队伍素质逐步提升,形成了较好的国际和国内影响力。上海在科普创新发展方面积累了丰富的经验。强化政府部门对科普工作的统筹协调,全国省级科技管理部门中唯有上海设立了专门管理科普工作的独立部门,早在 1995 年就成立了"上海市科普工作联席会议",定期召开会议,加强协同沟通。注重加强科普事业的顶层设计和规划,从"九五"开始持续由政府部门编制科普事业发展规划,至"十三五"科普规划由市政府办公厅发布。注重动员社会和市场力量参与科普工作,探索推动科普服务市场化发展,建设科普产业孵化基地,集聚专业从事科普服务的团队和机构。上海在科学普及方面的探索及成功的实践,为科普立法打下了良好的基础。

目前,上海已有部分法律包括了部分科普内容。《上海市科学技术进步条例》(1996 年 6 月 20 日通过,2010 年 9 月 17 日修正)中第五章内容为科学技术普及,包括 6 项条款。2019 年 8 月 12 日,《上海市科学技术奖励规定》(沪府令18 号)正式印发,其中专门设置了科学技术普及奖励,但没有涉及科普其他工作内容。2019 年 9 月 25 日,《上海市推进科技创新中心建设条例(草案)》公开征求意见,其中第五十五条内容为"科学技术普及"。综合来看,虽然上海已在部分法律条文中体现了科普的内容,但与国家层面和兄弟省市的科普法律相比,上海没有专门的科普法律,现有内容相对不足。

二、国内外科普法律的借鉴分析

(一) 国外科普法律及相关政策

各国政府非常重视科普工作,采取各种政策措施,积极促进公众对科学的理解。国家通过制定和完善科普政策法规,可以营造有利于科学传播的社会环境,推动科普事业的发展。特别是发达国家的科普工作走在世界前列,有很多政策经验值得我国借鉴。

英国是科学技术普及工作的发源地,历来重视科普相关政策条例的制定,促进科普活动蓬勃开展。1988 年出台的《英国 1988 教育改革法》,将科学列为核心课程。出台《博物馆法》,从立法和资金保障两方面大力扶持科学博物馆事业。1993 年,发表《实现我们的潜力》科技白皮书,提出要增强公众对科学、工程和技术对社会贡献的认识,首次明确把科普作为英国研究理事会的一部分职责。2000 年,英国上议院发表《科学与社会》报告,提出创新只有在被消费者期望和接受时才是成功的。2000 年,《超越与机遇——21 世纪的科学与创新政策》发布,开始把政府科普工作的重点转向公众参与科学以及科学家与公众之间合理对话的新模式,以使科学和创新获得一个稳定的公共支持框架。总体而言,英国围绕中小学教育、科普长光、公众参与科普等方面出台了系列政策与法律。

美国在强化提升公民科学素养、科普教育等方面加强政策的制定。克林顿政府 1994 年发表《科学与国家利益》政策文件,确立了美国政府科技工作的 5 个目标,其中一个就是要通过科普提高全体美国人的科学素养。美国国会 1998 年发表的《开辟未来——走向一个新的科学政策》报告中,也特别强调面向公众开展科普工作。白宫科技政策办公室(OSTP)2004 年印发的《为了 21 世纪的科学》文件,分析了科普对美国科技工作各方面的重要意义,并把美国科普工作的重点放在了对科学、技术、工程劳动力的培养上。美国 1985 年开始启动的"2061 计划"认为,美国青少年的科技知识非常薄弱,应该在全国范围内搞一次科技扫盲。在克林顿执政期间,美国推出了《国家科学教育标准》和《国家技术教育标准》,明确规定了所有学生都应该知道并能够达到。美国还实施了 RISE 计划,即"科学家参与教育的对策",确立了科学家和工程师在 K12 阶段科学教育中所担当的角色,做的科学和技术内容。

日本围绕科普从提升公众科学素养到青少年科普教育的一系列政策。日本政府认为,提高科学技术水平的基本策略在于提高公众的科学素养,并培养科学技术从业人员。日本 1995 年出台《科学技术基本法》,把强化措施以提高公众,特别是青少年对科技的理解并改变其对科技的态度作为科技工作的一个奋斗目标。日本科学技术会议拟定了《关于面向新世纪应采取的科技政策综合基本方针》。日本 1947 年 3 月颁布的《教育基本法》第二条提出,"在一切场合、时间,都必须实现教育目的"。其他涉及少年儿童校外教育的法律法规,如《图书馆法》《博物馆法》《儿童福利法》等,都为少年儿童享受应有的社会权利、保证其健康成长提供了法律依据。日本的《博物馆法》及其附属法律文件,根据设施设置、展出内容、展览规模、开放天数等标准,将所有博物馆分为三级:"登录""相当""类似"。日本的法律还规定,即使是非公立博物馆,只要其内容公益性强并达到一定标准,政府也必须给予一定的支持,包括资金投入。总体而言,日本在科普法律方面相对全面,从强化科学素养,到青少年科普教育,再到科普场馆的标准以及经费方面,通过制定法律,给予了坚实的制度保障。

除以上国家外,丹麦、韩国以及印度等国家也在科普方面制定了相关举措。例如,韩国政府提出的《2025 构想》,类似中国的《中长期科学和技术发展规划纲要》,提出了韩国科技的重点发展领域和发展目标。其在科技发展方向中,共规定了 39 项具体任务,其中第 39 项:通过全国宣传运动创建国家科学文化,建设科学博物馆网。印度把 2004 年定为"科学意识年",力图提高公众的科技意识。印度制定的《科学政策决议》《技术政策声明》《新技术政策》《科学技术政策》等一列国家科技政策法规中,都提到了提高公众科学素养的内容。总体而言,这些国家在科普政策、科普法律方面做了许多有益的探索和实践,为我国科普条例以及科普政策的制定提供了良好的借鉴。

(二) 国内科普法律相关情况

1. 发布情况

自 2002 年国家颁布《科普法》以来,全国已有 27 个省市和多个副省级城市制定了地方科普法律,其中有四分之三以上是在我国《科普法》颁布前后 5 年内颁布的。截至目前,尚未颁布地方科普法的省市有 4 个,海南、吉林、广东和上海。2020 年 11 月 26 日,《广东省科学技术普及条例(草案)》提请省十三届人大常委会第二十六次会议初审。各省市的科普条例制定为上海制定科普条例提供了良好的借鉴。我国主要省市科普法律发布情况如表 1 所示。

表 1 我国主要省市科普法律发布情况

序号	主要省市	文件名称	发布日期
1	北京	北京市科学技术普及条例	1998 年 11 月 5 日
2	天津	天津市科学技术普及条例	1997 年 6 月 18 日
3	河北	河北省科学技术普及条例	1995 年 11 月 15 日
4	江苏	江苏省科学技术普及条例	1998 年 10 月 31 日
5	浙江	浙江省科学技术普及办法	2006 年 9 月 30 日
6	安徽	安徽省科学技术普及条例	2009 年 10 月 23 日
7	南京	南京市科学技术普及条例	2009 年 6 月 4 日
8	杭州	杭州市科学技术普及条例	2015 年 4 月 16 日
9	广州	广州市科学技术普及条例	1999 年 9 月 23 日
10	深圳	深圳经济特区科学技术普及条例	2019 年 7 月 1 日
11	宁波	宁波市科学技术普及条例	2018 年 11 月 30 日

《科普法》颁布前,在"科学技术是第一生产力"和"科教兴国"的国家战略背景下,全国许多省、自治区、直辖市以及一些地方政府根据中共中央、国务院《关于加强科学技术普及工作的若干意见》(1994 年 12 月 5 日)和我国实施"科教兴国"战略的要求,制定了本地区的科学技术普及条例。北京市(1998 年)、天津市(1997 年)、河北省(1995 年)、江苏省(1998 年)和广州市(1999 年)都在其列。《科普法》颁布后,在全民科学素质行动的大背景下,各省、自治区、直辖市根据《全民科学素质行动计划纲要(2006—2010—2020 年)》要求和地方科普发展需要,出台了相应的科普政策和公民科学素质建设措施。科普有力地推动了全社会积极参与全民科学素质行动。浙江省(2006 年)、安徽省(2009 年)、南京市(2009 年)和杭州市(2015 年)分别制定了本地区的科普条例。随着 2016 年 5 月《国家创新驱动发展战略纲要》的印发,科普全面升级成为创新驱动发展战略保障之一。"科技创新、科学普及是实现创新发展的两翼,要把科学普及放在与科技创新同等重要的位置"。近 5 年颁布地方科普法的有宁波市(2018 年)和深圳市(2019 年)。

科普条例与时俱进,随着社会经济发展,部分省市不仅制定了科普条例,还对条例内容做了修订完善。广州市和天津市已经对其分别于 1999 年和 1997 年颁布的科普条例各进行了 2 次修订(正),江苏省也于 2001 年对其 1998 年发布的科普条例进行了 1 次修正(见表 2)。除此之外,新疆维吾尔自治区和四川省也分别于 2010 年 3 月 31 日和 2012 年 9 月 21 日对其科普条例各进行了 1 次修订(正)。就修订(正)内容来看,主要是在章节框架的调整和条款内容的修正。例如,目前执行的《广州市科学技术普及条例(2015 修订)》共分 6 章、39 条款,而1999 版未分章节,共 30 条款。目前执行的《天津市科学技术普及条例(2013 修正)》在原法规体例下,对 8 个方面内容涉及的 16 个条款进行了调整。以完善科学技术普及的定义为例,为了适应科普工作的新要求,对科普定义从 3 个方面进行修改完善:一是在科普方式上,突出了公众参与方面的内容,即将原条款中"用公众易于理解和接受的方式"修改为"用公众易于理解、接受和参与的方式";二是依据《科普法》,将"科学知识"修改为"科学技术知识",科学技术知识既包括自然科学知识,也包括社会科学知识;三是依据《科普法》,结合本市实际情况,将科普内容增加了"弘扬科学精神""推动科学技术应用"和"提高全社会科学文化素质"等三方面内容。《江苏省科学技术普及条例》调整了全省科普宣传周的时间,将原条款中"每年九月的第三周为全省科普宣传周"修改为"每年五月的第三周为全省科普宣传周"。

表 2 我国主要省市科普法律修订情况

序号	修订(正)省市	修订(正)次数	修订(正)日期
1	广州	2	2010 年 12 月 31 日、2015 年 8 月 26 日
2	天津	2	2010 年 9 月 25 日、2013 年 9 月 24 日
3	江苏	1	2001 年 10 月 26 日

2. 主要框架

从我国国家级和主要省市的科学技术普及条例中可见,不同地方的条款数量不同,总体框架相对不同,各具特点。就条款数量而言,最多的是深圳市(81条),最少的是浙江(第 26 条),条款的众数和中数都是 43;就章节数而言,最多的是北京市、天津市和安徽省,都为 8 个章节,只有《浙江省科学技术普及办法》未分章节,直接由条款组成。我国《科普法》共 34 条款,分为第一章总则、第二章组织管理、第三章社会责任、第四章保障措施、第五章法律责任和第六章附则共 6 个章节。

就章节框架而言,2015 年颁布的《杭州市科学技术普及条例》除了较《科普法》少了"法律责任"外,还将"组织管理"变更为"组织实施"。此外,2019 年出台的《深圳经济特区科学技术普及条例》也没有将"法律责任"单独成章,且增加了"科普资源"(首次)、"科普人才"(首次)和"科普活动"章节。《江苏科学技术普及条例》分章介绍了科普的对象、内容与形式,且增加了"社会各界的科普义务"章节。《宁波市科学技术普及条例》增加了"科普设施""科普活动"(首次)、"科普组织和科普工作者"章节。这些都是各地方的科普条例在章节框架上的创新与发展。表 3 所示为部分省市相关科普法律内容。

表 3 我国部分省市相关科普法律内容框架

省市名称	条款数	章节数	内容
北京	43	8	第一章 总则;第二章 管理与组织;第三章 社会责任;第四章 科普场所;第五章 科普工作者;第六章 保障措施;第七章 奖励与处罚;第八章 附则
天津	60	8	第一章 总则;第二章 重点、形式和内容;第三章 组织和管理;第四章 社会责任;第五章 科普组织和场所;第六章 科普工作者;第七章 保障措施;第八章 奖励与处罚
江苏	42	7	第一章 总则;第二章 组织、管理与协调;第三章 对象、内容和形式;第四章 社会各界的科普义务;第五章 保障措施;第六章 奖惩;第七章 附则

（续表）

省市名称	条款数	章节数	内　　容
安徽	45	8	第一章　总则；第二章　组织管理；第三章　科普的对象、内容与形式；第四章　科普组织和科普工作者；第五章　社会责任；第六章　保障措施；第七章　法律责任；第八章　附则
南京	44	7	第一章　总则；第二章　组织管理；第三章　社会责任；第四章　科普设施；第五章　保障和鼓励；第六章　法律责任；第七章　附则
杭州	37	5	第一章　总则；第二章　组织实施；第三章　社会责任；第四章　保障措施；第五章　附则
广州	39	6	第一章　总则；第二章　组织管理；第三章　社会责任；第四章　保障措施；第五章　法律责任；第六章　附则
深圳	81	7	第一章　总则；第二章　组织管理；第三章　社会责任；第四章　科普资源；第五章　科普人才；第六章　科普活动；第七章　附则
宁波	43	6	第一章　总则；第二章　科普设施；第三章　科普活动；第四章　科普组织和科普工作者；第五章　法律责任；第六章　附则

　　尽管各省份的框架不同，但从内容分析来看，所包含的主要内容基本相同，个别省市会结合自身的发展情况，少部分内容有所不同。总体而言，国内各省市的科普条例主要内容包括科普组织、科普保障措施（包括科普行为规范）、科普社会资源、科普人才4个方面。

　　科普组织方面，涉及政府职责与部门、联席会议制度、科普主管部门、科普职能部门和协会团体等。各省市科普条例中基本都强调了政府对科普工作的领导职责和作用。天津市、江苏省、山东省等将科普工作列入精神文明建设、科技进步和文化建设的考核内容，将科普工作作为公共文化服务和文明城市评价体系的重要内容；北京市、天津市、山东省政府支持社会力量按照市场运行机制依法兴办科普事业。就科普工作主管部门来看，除深圳市是市、区科学技术协会主管，其余省市均由政府科学技术行政部门主管。深圳市、区科学技术协会列出了12项详细具体的履行职责。除主管部门外，包括其他行政主管部门，与科普所涉及的部门范围较广，诸多条例中均列举了教育、卫生、旅游、文化、新闻出版、广播电视、工商、公安以及其他有关行政管理部门，根据各自的职责，做好科普工作。此外，社会组织也是科普组织体系中的重要一环，科普条例中特别强调了社会组织的作用,强化要发挥市场化的机制,支持社会组织积极参与科普事业。如安徽省、山东省、湖北省、重庆省、杭州市、宁波市、甘肃省等规定:鼓励和支持境内外企业、社会组织和个人设立科普基金、捐赠科普财产、投资建设科普场馆、设施;社会组织成立独资、合伙、股份合作等形式的民营科普组织,可以按照市场机制运行。鼓励社会各界对公益性科普设施建设提供捐赠、资助等。

科普保障措施方面,涉及用地保障、经费保障、税收保障和其他保障措施。例如,用地保障方面,各地科普用地保障措施条例在设计思路上保持一致:一是宏观指导措施,二是突出强调严厉的惩罚措施。条文的共性描述有"纳入城市规划和基本建设计划;禁止出租、出借或者以其他形式改作他用;擅自改为他用的,责令限期改正、给予行政处分。侵占、毁损科普场馆、设施的,责令其停止侵害、恢复原状或者赔偿损失;构成犯罪的,依法追究刑事责任"。经费方面,就共性条文,多个省市规定"列入同级财政预算、专款专用,任何单位和个人不得截留、挪用""逐年增长,其增长幅度应当不低于科学事业费的增长幅度。增加对贫困地区科普经费的投入"。就人均经费标准,北京市、山西省、内蒙古自治区、沈阳市等省市自治区的科普条例都做了规定。北京市提及"区、县科普活动经费应当按照本辖区常住人口每人每年0.5元的标准";广州市提及"社会力量投资兴建享受税收优惠"。税收优惠政策的主要对象包括3个方面:科普组织和科普场所、出版发行科普图书报纸期刊和音像制品、科普画廊(橱窗),山西省、广西壮族自治区、深圳市3个省市自治区提出"门票收入可以依法免征相应税收"。

科普社会资源方面,涉及协会团体、中小学、高校、科研机构、居委会及其他各类基层组织。协会团体主要包括科学技术协会、社会科学界联合会、农业技术研究会(北京市、天津市)等协会及工会、共产主义青年团、妇女联合会等社会团体。深圳市首次指出"在义务教育阶段逐步实行科普教育学分制",并提及"研究生开展科普活动按照规定计入学分""市高新技术产业园区管理机构应当建立高新技术企业科研成果和产品介绍、展示平台,组织、引导高新技术企业开展科普活动"。

科普人才方面,主要围绕科普人才定义、职称评审和奖励与待遇、科普人才培养等方面进行了规定。关于科普人才定义,各地科普法规通过规定科普工作者的权利和义务来界定科普工作者的主要工作领域和职业规范。如宁波市规定,本条例所称的科普工作者,是指专门从事科普宣传、研究、创作、出版的人员,科普场馆、中小学校、青少年宫等设立的科技辅导员,企业事业单位、社会团体、社区(村)科普工作人员,科普类社会团体工作人员等。关于科普人才职称评定,主要表述都体现在科普工作成果可以作为相应系列的专业技术职务评审时的依据。比如山西省率先把撰写科普文章纳入了 2017 年度全省卫生系列高级专业技术职务任职资格评审条件。关于科普人才培养方面，对"科普人才培训"的内容提出了具体、可操作性强的要求。内容包括中小学科普教师、企业科普工作者、科普志愿者、公务员等多个群体的培训(见表 4)。

表 4　我国部分城市科普条例关于"科普人才培训"的要求

地方法规	培训组织者	培训对象	培训内容
南京市科普条例	劳动保障、农林、公务员主管部门等团队	城镇劳动者、农业人群、公务员、职中人群、青少年等	• 农业科技培训 • 公务员科普素质培训 • 创新能力、企业技术进步 • 职业技能培训
杭州市科普条例	教育、人保、农林牧、村委、农村协会、企业行业协会、学校等	中小学校教师、青少年、城镇劳动者、公务员、农民、职中人群等	• 中小学校科普教育教师专业培训 • 青少年科学技术创新实践活动 • 城镇劳动人口科学素质教育 • 公务员培训教育 • 农民科学素质提升培训 • 职工培训
广州市科普条例	农林牧、人保、各级科协及联合会	职中人群、公务员、科普志愿者等	• 科技下乡培训 • 科普志愿者培训 • 公务员日常培训 • 在职培训、再就业培训、创业培训
深圳市科普条例	人保、公务员主管部门、应急管理部门、市科协、团市委	城镇劳动者、公务员、群众、科普志愿者等	• 职业技能培训 • 公务员日常培训 • 应急和安全生产知识普及 • 科普志愿者培训、激励和管理
宁波市科普条例	农林牧、海洋等主管部门；涉农院校、农村专业技术协会等；人保、公务员培训主管部门等	相关从业者、农民、职中人群、公务员、科普工作者、科普志愿者等	• 农业、林业、渔业科技培训 • 职业病防治、安全生产培训 • 公务员日常培训 • 职工技能培训 • 科普工作者培训 • 志愿者招募、管理评价、教育培训

三、上海推进科普立法的思路及建议

(一)上海科普立法需要解决的关键问题

上海科普发展虽然长期处于全国领先水平，但是面对新时代、新形势和新需求,仍然面临许多问题,产生这些问题的根源就是缺乏一部专门的地方性法规,解决这些问题亟须立法保障。

1. 科普内涵亟须拓展

随着现代科学技术的发展进步,科普的内涵也应随之进行拓展和深化。科普应当是"政府主导的有组织有计划的广泛的科学传播行为"。国家、兄弟省份已出台的科普法规一般将"科普"仅定义为科技知识、科学方法、科学精神和科学思想的普及宣传,缺乏更为明确、具体的界定。在上海科创中心建设中,如何进一步明确科普的具体内涵、外延、基本属性及主要特征,如何兼顾社会科学、医学、认知科学等,如何将科学、技术和创新的内容进行整合传播,是亟须通过立法达成广泛社会共识的理论和实践问题。

2. 政府管理职责尚需进一步明晰

政府是推动公益性科普事业的主导力量之一,但在实际工作中,由于政府科技管理部门与其他行政管理部门之间的科普职责划分不够清晰,导致存在不同程度的重复建设、资源浪费及相互扯皮等问题。目前,虽然建立了科普联席会议机制,但其权威性不够,导致分散于各部门、各系统、各行业和各地区管理的科普资源联动协同不足,必须通过制定地方性法规,进一步明确政府不同管理部门的科普职责及其权力边界,建立更加权威、高效的协调联动机制。

3. 社会主体科普责任不明确

科普是全社会共同的事业,但由于缺乏明确的法律规定,高校、科研院所、企业、科技社团、大众媒体以及其他各类主体往往都把科普当作可做可不做的"分外之事",导致在许多具体工作中,政府管理部门只能亲力亲为、亲自上阵。必须通过立法,进一步明确不同的社会主体在科普工作中的具体责任,明确支持和鼓励社会主体开展科普工作的政策措施,从而充分激发和调动全社会科普工作的积极性,形成全社会共同参与科普的格局。

4. 科普行为不规范现象比较突出

由于对科普内涵缺乏明确的、与时俱进的界定和共识,导致不规范甚至错误的科普行为时有发生。如有些机构借"科普"之名宣传非科学甚至伪科学的内容,部分企业借"科普"的名义推销产品、虚假宣传甚至扰乱市场行为,给人民群众生产生活带来很多的困惑。因此,必须通过立法的方式,对科普中的有益行为予以鼓励和支持,对不当行为予以禁止和处罚,同时对部分有争议的行为给出科学合理的处理机制,从而促进全社会科普事业健康、可持续发展。

(二) 上海推进科普立法的指导思想和基本原则

1. 指导思想

以习近平新时代中国特色社会主义思想为指导,全面贯彻党的十九大精神,深入落实习近平总书记关于科学普及与科技创新同等重要的指示要求,紧密对接上海建设具有全球影响力科技创新中心的战略目标,对接国家交给上海的3项重点任务,对照国际标准,激发全社会科普动力与活力,形成合力,为上海建设社会主义现代化国际大都市、全球科技创新中心提供相匹配的公民科学素养水平和科普法律制度保障。

2. 基本原则

(1) 坚持与现有法规、指导意见统一原则。坚持与《中华人民共和国科学技术普及法》《中华人民共和国科学技术进步法》《国家中长期科学和技术发展规划纲要(2006—2020)》《国务院关于印发全民科学素质行动计划纲要(2006—2010—2020年)的通知》等文件要求保持一致。在立法权限内,结合本市实际需要,对照《上海系统推进全面创新改革试验加快推进具有全球影响力的科技创新中心方案》、本市"科创22条""人才30条""科改25条"等文件中与科普相关的内容,进行论证后纳入条例。

(2) 坚持问题导向原则。坚持"问题引导立法、立法解决问题"。《上海市科学技术普及条例》(简称《条例》)的制定,既要囊括全国普遍存在的共性内容,也要着重针对本市科普工作中遇到的新情况、新挑战、新目标、新问题,研究制定解决措施,发挥《条例》在解决问题、推进改革、促进发展中的关键作用。

(3) 坚持多方合力原则。科普工作涉及面广,需要凝聚社会各界与民众共同参与。在《条例》制定过程中,要坚持吸纳相关部门的意见和建议,坚持多方论证与交流讨论,形成共识。

(三)《上海市科学技术普及条例》的框架及内容设计

1. 关于框架设计

《条例》在总体框架上,参考借鉴国家与兄弟省市相关法律法规文件,可考虑包括6个章节,分为总则、组织实施、社会责任、保障措施、法律责任和附则(见表5)。

表5 《上海市科学技术普及条例》设计基本框架

主要框架	板块主要内容
一、总则	立法宗旨和立法依据;适用范围;科普内涵、任务;原则
二、组织实施	市、区人民政府;市科技行政主管部门;各级科学技术协会;市社会科学界联合会;教育、人社、公务员主管部门、应急管理、农林、文广、卫生、环保、新闻媒体等
三、社会责任	城镇基层组织中小学、幼儿园;高校、科研院所、重点实验室、企业技术中心等;企业、行业协会;工会、共青团、妇联新闻媒体;医疗机构、动物园、公园、商场等;科普志愿者;科普违法行为
四、保障措施	经费保障;用地保障;社会性投入保障;科普基地;科普产业;科普人才
五、法律责任	科普活动、内容等;科普用地;科普设施、科普经费;科普公职人员
六、附则	科技节时间;实施时间

2. 主要条款内容的思考

(1)关于科普的内涵和外延。科普是广泛的科学传播,是全社会的共同任务。本《条例》所称科普,是指以公众易于理解、接受和参与的方式,普及自然科学和社会科学知识、倡导科学方法、传播科学思想、弘扬科学精神的活动。国家机关、企业事业单位、群团组织以及其他社会组织和科技工作者有依法开展科普工作的义务。科普工作应当坚持科学精神,反对和抵制愚昧迷信、伪科学,充分发挥市场配置资源的作用,支持、培育和推动科普产业发展。

(2)关于政府管理部门的职责划分。市、区人民政府应当加强对科普工作的领导,将科普工作纳入国民经济和社会发展规划。市科学技术行政主管部门负责制定全市科普工作规划和年度计划,并建立全市科普工作统计制度,定期将统计结果向社会公开。教育、人保、公务员主管部门、农林、文广等相关部门也应充分发挥在科普推进中的重要作用,开展科普活动,组织科学思想传播,提高对应服务人群的科学素质。

(3)关于社会组织的科普责任。科学技术协会应当协助政府建立、完善全民科学素质建设工作机制;协调本地区科普资源的共建共享,利用并发挥有关学会、协会、研究会的优势,组织开展群众性、基础性、社会性的科普活动。社会科学界联合会应当协助政府推动社会科学知识普及工作,加强对社会科学知识普及工作的组织和指导。中小学校应当按照教育部门的有关规定,建立课外科普活动与学校科学课程相衔接的机制,开展多种形式的课外科普活动,每学年至少举办 1 次全校性科学实践活动。高等院校、科研机构等应当将其列入科普资源名录的场所、设施、设备等向公众开放，每年开放时间不少于 15 天。重点实验室、工程技术研究开发中心、企业技术中心等应当将非涉密的科研资源向公众开放，接待有组织的预约参观，并提供讲解。企业运用财政性资金扶持企业科技创新和技术改造的，应当结合项目特点承担科普义务，向公众开放。

（4）关于科普行为的规范。以科普名义从事扰乱社会秩序或者骗取财物等非法活动的，由市科学技术行政主管部门予以制止，并给予批评教育；构成违反治安管理规定的，由公安机关依法给予治安管理处罚；构成犯罪的，依法追究刑事责任。任何单位、个人不得宣传封建迷信和伪科学，不得以科普为名，从事损害公共利益或者他人合法权益的活动。

参考文献

［1］王森."大科普"立法，筑牢创新大厦基础［N］.深圳特区报，2020－01－02(A02).

［2］任福君.新中国科普政策 70 年［J］.科普研究，2019，14(05)：5－14，108.

［3］宁波市人大常委会.关于《宁波市科学技术普及条例》的说明［J］.浙江人大(公报版)，2018(05)：66－67.

［4］唐志勇，周鸿燕.社会科学普及立法模式探析［J］.南方论刊，2017(09)：48－51.

［5］李群.积极开展哲学社会科学普及工作［N］.中国社会科学报，2016－05－31(005).

［6］万永波.重视社科普及 加快科普立法［J］.社科纵横，2015，30(10)：116－118.

［7］关于《杭州市科学技术普及条例》的说明［J］.浙江人大(公报版)，2015(03)：17－18.

［8］明希.《四川省科学技术普及条例(修订)》立法研究［Z］.四川省科技交流中心，2014－06－12.

［9］李彤.完善科普法制 推动科普工作——《天津市科学技术普及条例》修正案解读［J］.天津人大，2013(10)：27－28.

［10］张义忠，任福君.我国科普法制建设的回顾与展望［C］//安徽省科学技术协会.安徽首届科普产业博士科技论坛——暨社区科技传播体系与平台建构学术交流会论文集.合肥：安徽省科学技术协会学会部，2012.

［11］王光明.《科普法》与科协的不解之缘——纪念《科普法》颁布 10 周年［J］.科协论坛，2012(10)：5－7.

［12］张义忠.《科普法》的颁布与实施是我国科普事业发展的里程碑［J］.科普研究，2012，7(04)：7.

［13］张义忠，任福君.我国科普法制建设的回顾与展望［J］.科普研究，2012，7(03)：5－13.

［14］ 张金声.历史功绩与历史超越(一)——纪念《科普法》颁布 10 周年［J］.科协论坛,2012
　　　 (04)：6－8.

［15］ 张义忠.我国地方科普法制建设中科普内涵的创新与外延拓展［C］//中国科普研究所.
　　　 中国科普理论与实践探索——公民科学素质建设论坛暨第十八届全国科普理论研讨会
　　　 论文集.北京：中国科普研究所,2011.

［16］ 湖北省科协课题组,曲颖.科普资源共建共享机制研究［C］//湖北省科学技术协会.2010
　　　 湖北省科协工作理论研讨会论文集.武汉：湖北省科学技术协会,2010.

上海科普工作评价指标体系研究①

　　评估(评价)是科技(科普)管理的重要工具,近年来受到了政府、科技界、社会公众的普遍重视。作为一种独立、公正、科学的咨询评判活动,考核评估已是新时代上海科普工作实现新一轮发展的必然要求,具有辅助科普决策、优化科普资源配置、规范科普活动、改进科普服务、提高科普综合效益的作用,能够达到"以评估促发展"的目的。本报告充分考虑区级科普工作年度考核、科普教育基地年度考核、社区创新屋综合评价等考核评估工作的具体实施情况及未来发展的需求,借鉴参考科技评估的基本理念和通行做法,结合上海科普事业发展需求以及政府科普管理要求,在充分吸收现有考核评价实际操作经验的基础上,研究设计新的符合未来高质量发展需求的评估标准、流程及实施细则,为科普管理部门开展相关工作评估提供直接支撑,优化提升科普管理服务能力。

一、科普工作评价的基本内涵及理论基础

(一) 从科普评估到科普工作评价

1. 科普评估的概念内涵

　　科普评估是指运用科学的方法、遵循一定的原则和程序,对各类科普工作及科普要素的能力及影响进行测度,从而促进被评估对象(科普机构、科普活动、科普人员等)提升科普工作管理水平和效果的一系列科普管理活动的总称。由于

---

① 本报告由张仁开、曲洁、巫英主笔完成。报告为上海市软科学研究计划项目(编号:17692113500;负责人:张仁开)的最终成果。

科普工作的主要目的是提高公民的科学素质及综合素质,因此,也可以认为,科普评估就是指对科学技术知识普及情况及其成效的评价和判断,其根本目的是考察科技知识对人们科学文化素质、生活生产技能提高的影响程度。

科普评估的实质就是考查科技知识的传播、普及和应用程度,因此,完全可以认为,科普评估属于科技评估的范畴,科普评估是科技评估的重要方面。科技评估的基本理念、方法、步骤适应于科普评估。

科普评估虽然属于广义的科技评估的范畴,但两者也存在差异(见表1)。

表1　科普评估与科技评估的异同

相同点	不同点		
		科技评估	科普评估
理论基础、方法步骤等基本相同或一致	社会属性	职能性评估和经营性评估兼有	大部分属于职能性评估
	评估对象	社会效益、经济效益等并重,科技发展的最终目的是经济效益	侧重社会效益,有时候涉及经济效益,科普活动的根本目的是社会文化效益

(1) 就评估的社会属性而言,科普评估活动大部分属于职能性评估,而科技评估则包括职能性评估和经营性评估。职能性评估是指对与政府科技(科普)活动有关行为进行客观的、科学的评价和判断,为政府及相关管理部门或社会公益性组织发挥决策、监督职能提供服务;经营性评估主要是指对企业的科技活动有关行为进行客观的、科学的评价和判断,为他们对被评事物的决策、判断提供参考依据。由于科普活动属于社会公益性行为,主要由政府及社会公益性机构组织承担,因而科普评估活动大部分属于职能性评估,在特定情况下才可能涉及经营性评估。

(2) 就评估目的而言,科普评估侧重于社会效益评估,对经济效益较少涉及,而科技评估则不但关注社会效益,对经济效益也同等重视。这是由于科技活动和科普活动的目的不同所致。虽然两者的根本目的都是为了提高人们的生活质量,但科普活动侧重精神生活质量,而科技活动侧重物质生活质量。一般而言,科普活动主要着眼于提高人民群众的科学文化素质和道德水平,而科技活动主要着眼于解决人民群众生活中所面临的技术、技能问题,促进生产力发展,提高经济效率,改善人类生活,科技发展的最终目的是促进社会经济发展,提高人们的生活水平。

2. 科普评估的框架体系

根据科普评估的概念及内涵,我们认为,科普评估包括两大互相独立而又相互联系和相互促进的系列,根据评估(测评)的对象,每个系列又包括不同的亚类(见图1)。

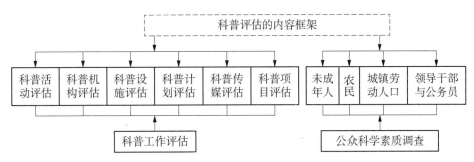

图1　科普评估的框架体系

(1) 对科普工作推进程度和科普要素使用效率的评估。如科普机构(含科普管理机构和科普研究机构)的管理、经营能力,科普项目的实施、策划情况,科普设施(如科普场馆、科普媒体)的利用和管理状况,科普计划的实施及其效果,科普活动的组织开展情况,等等。由于科普机构、科普项目、科普活动和科普计划都属于科普工作系统的范畴,因此,这类评估可以称为"科普工作评估"。

(2) 对科普工作所产生的各类影响的测度,主要是对公众在科普活动或科普教育过程中所受到的影响(积极的或消极的)进行测度,如公众科学素质调查等。

(二) 科普工作绩效:科普工作评价的核心要义

1. 科普工作绩效的基本内涵

科普工作作为政府科技工作的重要一环,作为科技工作与民众生活的重要节点,对其效果和影响进行科学测度,是国际潮流和时代趋势,也是提高科普工作效率、实施科普管理科学化、规范化的必然要求,是现代科普发展的本质要求。

科普工作绩效,是指在一定的时期内,一个国家或地区在现有的经济技术条件和科普资源状况下,投入各种科普生产要素后所能实现的科普服务产出及产品。换言之,科普工作绩效是强调在传播科学思想、弘扬科学精神、普及科学知识以及倡导科学方法方面的服务或产品的产出绩效。

科普工作绩效评估是科普工作评估的"后评估"。根据评估活动开展的时段,科普工作评估可分为三大类:一是事前评估,主要包括各类科普工作(项目)的前期论证、可行性评判和预期效益测度等;二是在科普工作开展过程中开展的评估,可称为事中评估或过程评估,主要目的是对各类科普工作(项目)的推进情况进行检查和督察;三是科普工作结束后开展的验收性或效果测度性的评估,称为事后评估或绩效评估,科普工作绩效评估即属于此类。因此,科普工作绩效评估主要是对各类科普工作所取得的成效及影响进行的测度。

2. 科普工作绩效的主要特点

(1) 复杂性。科普是一个复杂的社会工程,有各级政府组织的大、中、小型的科普活动,有基层组织的各种科普活动;有专业科普组织(如科学技术协会),也有非专业科普组织;有以科普宣传方式进行的科普,还有以科普图书、期刊方式、培训报告方式和交流方式进行的科普,等等。科普涉及的范围很广,从而导致科普评估的复杂性和高难度性。

(2) 公益性和社会性。由于科普是公益性事业,科普的利益主体是社会公众、国家民族乃至全人类,政府对科普事业投资的目的是为了满足社会公众的公共利益,因此科普活动的产出(科普产品)具有强公共性,属于公共物品。对其评估也着重其在文化效益和社会的影响,而对其经济效益不是很关注。

(3) 专业性和科学性。评估由专业化的机构组织进行,有专业化的操作规范;有一套科学地获取信息、分析信息的技术方法。如多渠道客观取证、为咨询专家创造公正发表意见的环境、多角度排除个人偏好的分析等。

(4) 独立性。从第三方的角度操作。这是因为任何评估活动都必须遵循公开、公正、公平的原则,只有通过第三方操作,才能确保公开、公平、公正。第三方,既可以是第三方的机构,也可以是第三方的指标。

(5) 综合性。评估涉及科技、经济、法律等众多领域;评估对象可以是组织行为,也可以是个体行为;评估范围可以是全方位的,也可以是局部性的;评估时间可以是事前的,也可以是事中的,还可以是事后的。

3. 科普工作绩效的影响因素

了解影响科普工作绩效的影响因素,有助于我们准确把握科普工作绩效的内涵、特征及运行规律,从而为科普工作绩效评估的顺利开展奠定理论基础。

科普工作绩效是多种因素参与科普过程的综合表现,是科普工作系统运行的必然结果。根据系统论,可以认为科普工作系统是科普工作主体、科普工作客体、科普工作载体、科普内容和手段以及科普环境和条件五大要素组成的一个有机体系(见图2)。这五大因素相互作用、相互联系,共同决定了科普工作系统的运行,进而影响科普工作绩效的好坏。

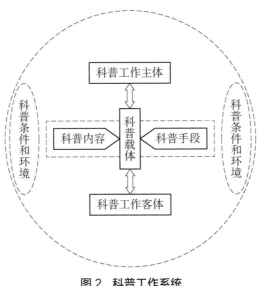

图2　科普工作系统

　　根据科普工作体系的组成要素,可以认为科普工作绩效的影响因素主要包括如下五大类型:一是科普工作主体,主要是指科普工作的组织者、策划者、执行者和管理者,也就是科普内容的传播者;二是科普工作客体,是指科普工作的对象,即科普受众;三是科普工作载体,包括各种类型的科普设施和科普媒介,如科普场馆、科普教育基地、科普示范社区、科普网络、科普图书、影带、电视、报纸、刊物等;四是必需依托一定载体的内容和手段,即科普内容和科普手段(也可称为"科普方式"),如科普活动的开展、科普展品的展示等;五是科普工作的条件和环境,主要包括科普的资金投入、科普政策和法规的制定和实施。

　　(1)科普工作主体。科普工作主体主要包括两大主体:一是科普传播者,二是科普的组织管理者。科普传播者自身的素质,包括科普活动者自身的知识水平、对科普内容的把握程度、传播知识信息的技巧和能力、在观众心目中的认可程度等。一般来说,科普活动者自身的知识水平越高、对科普内容把握得越好、传播知识的能力越强,在受众中的被认可程度就越高,其所带来的科普工作绩效也可能越好、越持久。科普活动的组织管理者主要是各级政府及政府设立的专门的科普管理部门,如科协、科普组织等。组织管理者对科普工作绩效的影响主要包括对科普活动的重视和投入程度、对科普活动的参与程度等因素。有研究表明,政府对科普的重视程度越高,其绩效也可能越好。政府官员带头参与科普活动,往往能对其他受众产生示范和带动效应。

(2)科普工作客体。科普工作客体主要包括科普受众自身的素质及其对科普的态度。科普受众的素质是指受众的接受能力,包括受众的平均受教育程度、年龄、理解能力等;科普受众的态度是指受众的观点、价值观、信念、志向、情感、经验、兴趣等自身状态。综合来看,科普受众对科普工作绩效的影响主要通过3种能力来体现。一是理解能力。这是受众准确无误地把握和接受信息的前提和基础,受众的理解能力越好,其接收到的信息可能越多,对信息的把握程度可能越准确。二是选择接受能力。受众接收信息具有选择性,越是符合受众价值判断的信息才越容易为其所接受。三是适应变化能力。一般而言,易于接受新信息、新事物的人,其接收的信息可能更准确、更丰富,科普的效果也可能更好。需要指出的是,随着科普现代化程度的不断推进,科普发展逐步由公众接受科学(public acceptance of science)阶段到公众理解科学(public understanding of science)阶段,再到公众参与科学(public participation of science)阶段。事实上,科普工作成为科普的主体和客体之间的互动过程,因而主体也可以是客体,客体有时候也是主体。

(3)科普工作载体。科普工作载体是科普工作得以开展和进行的依托和凭借,一般包括各种类型的科普场所和科普媒介等。科普媒介就是传播科普内容、信息知识的工具和形式等。媒介对科普工作绩效的影响也是直接和明显的。不同的科普形式产生的效果会大不相同,我们应选择那些群众易于接受、容易产生效果的形式进行科普。在科普活动中,一定要注意科普形式的多样化和大众化。

(4)科普内容和手段。从长期来看,科普内容的选择对科普工作绩效的影响是最主要和最持久的。因此,要讲究实效,真正发挥科普对全面提高科学素养、发展生产力的作用,组织专门人员,认真研究、精心挑选科普内容。要挑选那些群众喜闻乐见、易于接受的内容,要把深奥的科学理论与群众日常生活中的常见现象结合起来,使他们容易接受、乐于接受。

(5)科普条件和环境。科普投入、科普政策法规和社会环境因素,如文化背景、人际关系等,与科普工作绩效是相互影响、相互作用的。科普活动的开展,科普工作绩效较好,可以提高群众的素质,从而改善社会环境,反过来社会环境也会影响科普工作绩效的好坏。通常,在一个崇尚科学文化的环境中,公众对科普的需求可能更强烈,科普工作的绩效也可能越好。

（三）科普工作绩效评价的作用和功能

科普工作绩效评估的目的就是为了解科普的现状、存在的问题，对不同地区和不同科普形式、科普主体、科普内容的效果进行比较，以便更好地提高科普效果，改进科普工作，发挥科普作用。加强科普工作绩效评估对促进科普事业的发展具有十分重要的意义。

（1）有利于促进科普现代化。通过对科普制度、内容、方法、手段和形式等进行科学评估，为有关部门提供决策依据，有利于进行合理的调整和改革，使科普跟上时代的发展步伐。

（2）有利于科普系统的自我调解和良性循环。科普过程是一个信息传递和反馈的过程，通过评估，建立起科普系统的反馈通路，实现科普过程的自我调节，从而更好地实现科普目标。

（3）有利于加强对科普工作的管理和监督，全面提高科普质量。科普评估过程就是对一种信息的分析掌握过程，对一项科普活动或一个科普设施进行效果评估，可以有效地对科普工作进行检查、监督和管理。对于各部门的科普工作来说，评估既是压力也是动力，可以有效地促进科普工作的开展。

（4）有利于激发科普主体和科普受体的活动潜能。通过评估及时了解科普效果、看到成绩、发现问题，可以提高科普工作的积极性，从而推动政府、社会和企业加大对科普的投入，广大人民群众也会以更大的热情参与科普活动。

（5）有利于科普研究活动的开展。评估科普工作也是科普理论体系建设的需要。科普评估具有科普理论研究价值，其本身就是一种严肃的科学探索，要求运用科学的方法收集评估资料，并对评估资料进行系统的分析、评判，因而评估结果对于探索和解决科普工作中的种种问题能起积极的作用。

（四）科普工作（绩效）评价的基础理论

科普属于教育范畴里的非正规教育，所以基本的教育评价模式与理论可应用到科普评价上。19世纪末，英美等国家就开始对教育活动开展大规模的评价工作。学者们提出了许多教育评价模式来指引评价方法的实施或过程，包括泰勒模式、CIPP模式、目标游离模式、应答模式、鉴赏和批评模式，还有差距模式、全貌模式等，这也是科普工作（绩效）评价的基础理论。

1. 泰勒模式

泰勒模式又称目标模式，认为评价要以目标为导向，工作的开展要围绕方案和计划中所确定的目标,要看目标所规定的要求是否与学习者行为的最终结果一致。描述目标的实现程度是评价者的作用,方案和计划的目标是评价的范围。

泰勒模式容易理解和实施,可操作性强,结构紧密,能够检查目标的达成状况;但它没有评价目标本身,忽视了过程评价,统一的目标是评价标准,不利于创造性科普项目计划,且没有考虑应用定性方法,过多强调定量方法。

2. CIPP 模式

1966 年,L. D. Stufflebeam 认为完整的评价应包括 4 种评价——背景(Context)、输入(Input)、过程(Process)、结果(Produce),因而被称作 CIPP 模式。它的评价过程具备循环特征与逻辑顺序,能够改良方案,提供完整的信息,是一种全程评价。

CIPP 模式弥补了泰勒模式的不足,把目标引入评价领域,重视评价目标本身,使目标能够切合实际,更加符合社会发展的需要。它强调要及时反馈、评价活动方案的过程和实施条件,以此为依据来修改方案,顺利达到目标。作为一种全程评价,CIPP 模式把评价者看作是决策者,不符合实际评价活动的情况,且复杂的实施步骤及较大的人力、物力和财力耗费使该模式存在一定的局限性。

3. 目标游离模式

20 世纪 60 年代,美国心理学家和教育家 M. Scriven 提出了目标游离模式,认为应建立有根据的联系,认真地审查观察结果的一切可能原因,并分析研究方案与结果的矛盾之处与其对方案的作用,而考虑和评价目标本身是有害的、不必要的步骤。

目标游离模式扩大了对方案效果的关系范围,考虑了目标的完备性,注重评价活动的非预期性效果;但是如果在较多评价对象的情况下,各个评价者又持有不同的价值标准与价值观念,评价操作将比较困难,大大增加了工作量。

4. 应答模式

应答模式的主要观点是评价不能以预定的假设或目标出发,应立足于评价活动所有人的需要,以他们关注的现实及潜在问题为出发点。因为教育现象有其自身的内存价值,其表现具有发散性与潜伏性。

应答模式肯定了教育价值的复杂性与多样性,否定了以目标为导向的评价模式。它避免评价信息遗漏,强调访谈、观察及描述性分析的自然性,因而评价结果的准确度较高,且具有一定的民主性,反映了与评价有关的所有人的需要;但应答模式的评价工作效率较低,评价过程中人力、物力和财力耗费较大,评价结果的适用范围很小。

5. 鉴赏和批评模式

1976年,E. W. Esiner提出鉴赏和批评模式,其关注教育(科学普及、科技教育)过程这一整体。鉴赏和批评模式从具体事实上来评价科技教育对象的总体情况,从整体上了解科技教育现象,比较灵活。但它主要依靠评价者对评价对象的认识和其个人自身修养,没有固定的操作程序。

综上所述,上述几种科技教育(科学普及)评价模式有各自的特色和局限,因此,评价科普绩效应选择操作可行的评价理论模式。

(五) 科普工作(绩效)评价的基本方法

从工作思路上看,任何一个评估活动,首先需要解决的关键问题是如何收集相关的评估信息和数据,即采用何种方式、通过何种途径获取所需的评估数据和资料。其次,评估数据和资料收集完整后,就是选择何种方法对这些数据和资料进行分析、整理和归纳,形成科学的评估结果和结论。前者所涉及的方法,可统称为"评估调查方法";后者所涉及的方法,可称之为"评估分析方法"。无论是评估调查方法还是评估分析方法,都有很多种类,不同的方法适用的对象、范围、优缺点各不相同,下面介绍几类主要的方法。

1. 评估调查的主要方法

评估调查是以评估为目的的社会调查方式,属于社会调查中的一种特殊情况。评估调查的方法有很多种,包括问卷调查、抽样调查、访谈、座谈、文献收集、观察法和试验法等。各种调查方法具有不同的优缺点,适应不同的评估对象和评估内容,因而在具体评估中应根据实际情况选择恰当的调查方法。例如,文献法适用于基本背景情况调查;问卷法适用于知识调查,如目标群体对某一方面知识的知晓率;访谈法适用于态度调查;观察法适用于行为调查。需要指出的是,在具体评估实践中,对同一指标信息的收集,并非只有一种方法,可以采用多种方法、多种渠道收集信息,尤其对重要的指标和内容,应用多种方法、多种渠道获取信息,以多种方式加以验证,从而做出正确的价值判断。下面分别概述问卷调查法、抽样调查法、文献法和访谈法4种收集信息的方法。

(1)问卷调查法。问卷法是现代社会调查中最流行的资料收集方法,甚至被美国著名社会学家巴比称为"社会调查的根本性手段",它是一种以书面提问(问卷)的方法调查社会信息,要求被调查者在规定的时间和场所内填写问卷,从中获取信息的方法。这种方法主要用来收集那些不能直接观察到的信息,具有省时、方便的特点,利于被调查者讲真话且保密度高,也便于统计和评估。"方案"中的重要内容均可通过问卷的方式进行了解、核实。问卷依据其使用或填答的方式不同,可分为两种主要的形式,即自填问卷和访问问卷。"自填问卷"是指由被调查者本人填答的问卷;"访问问卷"则是由访问员根据被调查者的回答填写的问卷。两者既有联系又有区别,它们都具有问卷的一般结构,如引言、注释和问项三大部分,但自填问卷直接面对被调查者,因而一般要求被调查者具有较高的文化程度、能自行阅读,同时,对一些敏感性问题的调查,也可选用自填式问卷。

(2) 抽样调查法。抽样调查是数理统计的基本方法,也是社会调查(市场调查)和社会科学研究的重要方法,是一种重要的搜集资料和数据信息的方式。它是从调查对象的总体中抽部分单位作为样本进行调查,并以部分单位的调整结果推知相应的总体。由于科普实施的绩效内容非常广泛、复杂,在应用抽样调查方式时需要根据调查目的、现象总体分布特征等来选择抽样调查的具体形式,并将抽样调查方法与其他辅助指标相结合,以取得更加丰富的调查资料,提高估计的精度。采用这种方法费用少、时效高。

(3) 文献法。在评估调查中,文献通常是指与被调查对象有关的信息的一切书面文字材料。文献法就是指通过查阅有关的文献资料获取评估信息的方法,因此也叫作二手资料调查法。这是一种评估调查中最为常用的方法之一,甚至可以说几乎所有的评估调查都需要以文献调查为起点和基础。这是因为,无论是采用问卷调查法、抽样调查法,还是观察法、访谈法,评估者事先都必须了解有关项目及被评估对象的背景材料,这样评估才能做到有的放矢。文献调查法有利于了解评估对象的历史情况和发展过程,具有承载信息量大、费用低廉等优点。文献调查法也有其缺点:一是许多文献的质量难以保证,很可能会误导评估者;二是文献收集很难做到完全,可能遗漏一些基本的信息和数据资料;三是许多文献缺乏标准化形式,难于编录和分析,从而限制了评估者的定量分析。

(4) 访谈法。访谈法又称访问调查法,即调查人员(或评估者)主要通过与被调查者(或被评估者)以口头交流的方式(访问、对话、座谈、电话等),以了解、获取评估对象信息的方法。这种方法易于了解真实和深层的情况,具有了解信息快捷、受众面广且不受谈话对象知识文化水平限制的特点。因评估调查的目的、性质或对象不同,访谈法可以分为多种类型。根据一次被访谈对象的数量多少,可分为个别访谈、小组座谈等;根据对访问过程的控制程度,可分为结构式访谈、半结构式访谈和无结构式访谈3种。①个别访谈和小组座谈。个别访谈是指谈话对象是单个人的访谈,按方式可分为电话访谈和面谈。对项目组织者或目标群体及一些重要信息提供者的个别访谈,有助于深入了解被评估对象的相关信息,但是这种方式的谈话对象一定要具有代表性;小组座谈即以同时与多人访谈的形式展开调查,一般由6～12人组成一组,在1名主持人的引导下对某一主题进行深入讨论。②结构式、半结构式和无结构式访谈。结构式访谈又称标准化访谈,即按照评估者统一设计的访问表询问被调查者,并要求调查员以相同的提问方式、记录方式进行访问和调查。半结构式访谈介于结构式访谈和无结构式访谈之间,使用事先撰写的访谈提纲和主要问题,但具体如何提问,需根据现场的情景灵活决定。无结构式访谈是以一种自由的、无控制的漫谈形式展开的访问调查,事先不预设问卷、表格和提问的标准程序,只给调查者一个大的调查题目,由调查者与被调查者就这个题目进行自由交谈,调查对象可以较为随意地谈自己的意见和感受。

以上介绍的4种方式是评估调查中最常见、常用的方法,其他诸如观察、试验的调查方式,在自然科学研究中使用得比较多(如实验法、观察法在环境影响评估中被经常采用);但在社会调查和科技评估中,由于受费用较高、耗时较长等因素的限制,使用频率相对较低,因此不再做详细介绍。

2. 评估分析的主要方法

(1)同行评议法。同行评议(peer review)是指由从事某领域或接近该领域的专家来评定一项工作的价值或重要性的评估方法。该方法始于17世纪第一批科学期刊发行之时,属非个人性决策,是一种由科学共同体来做出有关科学真理性评价的制度,遵循社会对科学发现的承认,是以科学界内部的承认为依据和前提的原则。同行评议是最传统的评估方法,也是国内外学术界和行政管理部门最常用的评估方法,在科技发展史上尤其是在小科学时代,是一种从一般的研究中过滤出"好科学"的行之有效的技术手段。同行评议是目前世界主要国家在科技评估中使用最广泛的方法,对科学事务具有重要的调控功能,并产生方方面面的影响。它主要用于5个方面评审:科研项目的申请,评审科学出版物,评定科研成果,评定学位与职称,评议研究机构的运作。英国是使用同行评议方法最早的国家,后来被逐渐引入政府投资机构用于项目选择。英国高等教育基金理事会对研究群体(大学里的系、研究小组和研究中心等)的评估以及英国研究理事会对研究计划和项目的评价中都采用了同行评议的方式。美国联邦的许多机构,如美国国立卫生研究院对资助学术研究的评估,通常采用同行评议的方法。《美国新闻与世界报道》周刊一年一度公布的大学排行榜的评估方法也是向数千名教育专家、大学行政主管等发放问卷后,采用量化的方法计算出各大学的总分。虽然同行评议的方法被经常使用,但并没有被人们认为是"绝对公正"的。同行评估自身存在的问题已越来越被人们所注意。美国的评估专家们认为:同行评议在研究领域中并不是可以同等适用,基础研究或一些需长期研究的项目,其最终的研究成果是不可预测的,而且也难以量化。所以应该在项目进行中,对项目的工作质量和领先性进行评估。同行评价的方法主要有通信评议、小组会议评议两种,都可用于评估成果、项目或投寄给学术期刊未发表的论文。

(2)指标体系法。指标体系即一组能显示成果水平的系列指标。指标体系法以同行评议为基础,可为同行专家提供一个可供参照的标准,使专家按统一的标准评估。指标体系法一般采用量化的方法评估,通过科学的量化手段减少评估的主观性,增加评估的客观性。同时要设计一个计算评分的数学模型,用于处理各指标间的关系。指标体系法是目前最常用的评估方法,主要包括建立评估指标体系、确定权重系数、建立评估公式及计算评估结果等内容。

(3)层次分析法。层次分析法(analytical hierarchy pross,AHP)是一种定性与定量分析相结合,对主观判断作定量描述的一种方法,在评估和决策过程中非常实用,具有很大发展前途,尤其适用于多目标定性为主的评估。层次分析首先把复杂问题分解成若干层次,然后建立有序的层次结构模型,从而使人的经验和判断能用数量形式加以表达和处理。层次分析法把所研究的决策问题通过定性定量的良好结合,使评估和决策思维趋于条理化、科学化,体现了辩证的系统思维原则,在解决多目标决策问题方面具有比其他方法简便、实用的优点,因而被广泛采用。运用该法必须透彻认识所研究的问题,准确分析问题包含的因素及相互关系,从而划分层次,形成多层次结构。层次结构和因素关系确定得是否恰当,对评估结果的正确性至关重要。层次分析法解决决策问题具有系统性、简明性的特点,具有较强的实用性。现已广泛应用于地区战略规划制定、产业结构预测、科技成果评估及能源开发、环境保护、干部任用等多个方面。层次分析法可用于处理复杂的社会、政治、经济等方面的决策管理,是将人的主观判断用数量形式表达的处理方法,尤其适应于确定各项评价指标的权重。

(4)综合评分法。科技项目、计划等是一项涉及社会、经济、科技、教育和文化的多方面、多层次、多方位的系统工程,在对其效果的评估中,往往涉及多个衡量指标。综合评分法就是对评估对象的多项评价指标进行综合评价的数量方法。这种方法力求将多种衡量指标表达为一个数值,以判断评估对象的优劣或对多种方案进行选择。在具体评估中,往往要对设计的指标进行分值度量,用不同的评分标准对指标赋值。这种赋值一般通过专家打分来实现,评分的标准通

常有百分制、五分制等。该方法先给出各项目标的分值,然后求出总分。计算总分的方法通常用加法评分法,计算公式如下:

$$F_总 = \sum_{j=1}^{n} f_j \text{ 或 } F_平 = \frac{\sum_{j=1}^{n} f_j}{n}$$

式中:$F_总$——各项评价指标的得分总和;$F_平$——各项评价指标得分的总和平均值;f_j——第 j 项评价指标得分值;n——评价指标的数目。

(5)主成分分析法。主成分分析法(principal components analysis)也称主分量分析,是 1933 年 Hotelling 首次提出来的,旨在利用降维思想,把多项指标转化为几个综合性的指标。科技项目、计划和政策的实施效果受到众多因素(原始变量)的影响,而且很难具体量化。在实际评估工作中,常会选用几个有代表性的综合指标,采用打分的方法来进行评估。如何在众多的因素中选出几个有代表性的综合指标,是评估首先要面对的问题,这时候可以借助主成分分析方法,通过对原始变量相关矩阵内部结构的关系研究,找出影响效果(绩效)的几个综合指标,这样综合指标不但保留了原始变量的主要信息,且彼此不相关,减少了统计数据在信息上的重叠。运用主成分分析方法可以借助目前流行的社会科学统计分析软件 SPSS12.0。

(6)统计分析法。统计分析法的基本内容源于统计学,是指通过对评估对象的规模、速度、范围、程度等数量关系的分析研究,认识和揭示事物间的相互关系、变化规律和发展趋势,借以达到对事物的正确解释和预测的一种研究和评估分析方法。世间任何事物都有质和量两个方面,认识事物的本质时必须掌握事物量的规律。目前,数学已渗透到一切科技领域,使科技日趋量化,电子计算的推广和应用,量度设计和计算技术的改进和发展,已形成数量研究法,这已成为自然科学和社会科学研究中不可或缺的研究方法。

统计分析一般分为描述性统计分析和推断性统计分析。前者是指运用统计数据解释所评估和研究的对象,目的是用较少的数据来解释对象,使人们能够更集中而清晰地看到有价值的内容,通常用具体的数字,如绝对值、相对值、百分比来表示。推断性统计是依据概率论和统计学原理,统计随机抽取的样本,获得各种数值,如百分数、平均数、相关系数等,并以此为基础去推断相应的总体或未来可能出现的趋势的评估研究和分析方法。

以上介绍的是几种比较传统、常见、常用的评估分析和数据处理方法,其实科技评估的分析方法有很多,除上述几种方法外,还有诸如人工神经网络分析法、模糊综合评价法、功能分析法、费用-效益分析法和功效系数法等,且随着科学技术的进步特别是计算技术和统计分析技术的进步,新的方法层出不穷。在具体的评估过程中,既可以采用一种方法,也可以多种方法相结合。

二、国内外科普工作评价的经验及启示

(一) 国外开展科普工作评价的基本情况及做法

科学合理的科普评估对加强科普组织管理和提高科普活动效益具有重要的意义。本报告对近年来国内外关于科普的评价体系和方法进行梳理,从不同的角度对科普评价指标体系进行了探讨。借鉴学者们的研究方法和结论,针对上海科普场馆、科普教育基地、社区创新屋、区域科普工作年度测评设计出合理的评价指标体系,将会对科普工作起到监督和促进的作用,从而促进科普整体水平的提升。

1. 美国

(1) 科普场馆认证及评估。科普场馆不仅是一个建设问题,而且是一个可持续发展问题。充足的经费能保证场馆的正常运行和发展,为了提高经费的使用绩效、优化场馆的公共服务功能,对场馆进行科学合理的评估就显得尤为必要了。美国博物馆协会(American Association of Museum)有一套场馆评估的方法和流程,充分体现了"重管理"和"重绩效"的特色。

① 场馆认证。1971年,美国博物馆协会就开展了第一批科普场馆的认证,认证的目的就是检验科普场馆是否优秀、是否专业化,是否能够持续完善机构的运行。经过30多年的不断改进,形成了一套比较成熟、规范的认证参与原则、认证的核心问题、认证的具体考察点、认证的流程。经过认证的科普场馆,不仅对自身的运行管理有更明晰的认识,而且在政府、主管部门、公众、场馆面前也树立了专业形象,从而争取到更多的发展资源。针对小型博物馆在展览内容、运行经费和组织管理上的特殊情况,美国还专门出版了"小博物馆与认证"。

② 场馆评估。科普场馆不仅明确划定岗位职责、确定目标任务、分解各项工作任务,而且制订了全员绩效考核办法,对履行岗位职责、完成目标任务情况进行量化评估。在美国,对科普场馆的评估是分类型的:有宏观的关于机构的评估,也有微观的关于藏品的评估;有外围的关于观众的评估,也有内在的关于

管理的评估。有评估必然有奖励。美国设有"南希-汉克斯奖金",专门奖励那些在领导和服务科学馆中有突出贡献的年轻工作人员。博物馆协会成立"布鲁金论文奖",是每年一度关于博物馆运行创新的工作论文奖。还有"博物馆协会多元性奖学金",奖励那些在保持科学馆多元文化特色方面有突出贡献的科学馆工作人员和学生。以美国为例,美国对科普场馆评估的内容和范围非常广泛。美国国家科学基金会(NSF)是参与科普事业最多的联邦基金,它十分重视对科普场馆建设、展览和其他项目资助的评估,要求每一个项目申请议案都必须包括相应的评估计划。20世纪后期,发达国家的科普场馆评估体系快速发展,促进了科普场馆建设和运营的改善。可以说,重视评估对于发达国家科普场馆的改进至关重要。

③ 场馆服务评估。奇尔德斯-凡郝斯指标体系采用因子分析,对所有公共指标进行了范畴划分。卡尔弗特(Calvert)和丘伦(Cullen)以此为基础,并在实例评价中做了检验和修正,最终提出了一个更完善的评价指标体系,重点可分为9类评价指标:输入输出、管理、物理环境、服务范围与深度、用户使用率/满意度、可获取性服务、参考咨询、用户关爱和关系类指标。要建立科技馆的评价模型,可借鉴对公共服务的评价指标,再结合科技馆评价指标的选取原则,从中筛选出确定科技馆的评价指标体系。

(2) 科普活动评价。科普活动是提高公众科学素质的重要途径,加强对科普活动效果评估能够促进科普活动效率和质量的提高。美国科普活动的评估以国家科学基金会(NSF)和国家航空航天局(NASA)的作用最为突出。

① 国家科学基金会(NSF)。美国 NSF 的科普工作主要是通过非正规科学教育计划实施的。NSF 有一整套严格的项目审批和评估制度。一方面,NSF 在征集非正规科学教育项目通告中明确规定:项目申请人所提供的项目申请书中必须包括严格的、全面的项目评估计划,即评估所用的策略、方法、时间安排、预算等。如果条件许可,应进行 3 个阶段的评估:项目启动前的预评估、项目进行中的形成性评估和项目完成后的总结性评估。总结性评估必须反映科普项目对参加者在科学知识、态度、兴趣和行为上的影响。评估计划必须与项目目标保持一致,尽可能采取试验项目的方法来获得评估数据。另一方面,NSF 还专门设立了由外部专家组成的评审委员会,实现对项目的外部监控。

② 国家航空航天局(NASA)。美国 NASA 的科普活动主要由其教育处负责组织实施。NASA 的科普项目申请方式与国家科学基金会类似,在项目申请阶段就要求申请人提出有关项目绩效和影响力的评估。通过其成熟的项目评

价体系来进行选择,开展广泛的内、外部评估来控制科普项目的绩效。另外,NASA还特别重视教育评估系统的信息化工作,1994年开始创建教育评估信息系统,从项目参与者和管理者处收集信息,为评估及后续研究提供信息基础。

③ 拉斯韦尔5W模式(见图3)。科普活动是提高公众科学素质的重要途径,加强对科普活动效果评估能够促进科普活动效率和质量的提高。科普活动、科学传播属于大众传播,结合拉斯维尔5W模式的大众传播研究的基础理论,有利于科学普及、科学传播的评价方法发展和创新。用拉斯韦尔5W模式构建的科学传播评价框架来评价科普活动,是通过对科普主体、科普内容、科普媒介、科普对象和科普效果这5项进行考察,采集统计数据,对某领域具体某项活动的科普发展现状和存在问题进行评价。

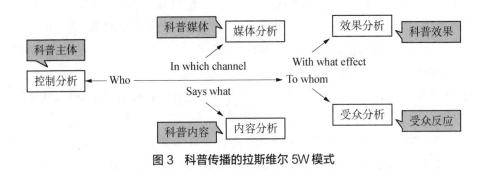

图3 科普传播的拉斯维尔5W模式

(3) 科普网站评估。美国的科普网站以科普信息为主要内容,专门为传播科学知识、普及科学思想而开设。网络科普评价可以更好地满足用户对网络科普资源的利用需求,使网络科普资源的组织和管理更加有效。网站的评价工作是以对传统媒体信息资源评价工作为基础的,但两者又有巨大的差异。

目前,美国科普网站的定量评价方法主要采用的是链接分析方法。1997年,Ronald Rousseau等研究了网络信息资源之间的连接关系,并分析了这种连接关系对人们研究网站所起的重要作用。此后,以网络连接数量为基础的各种网络计量指标被应用到网站评价当中。1998年,Peter Ingwersen受文献计量学中的期刊"影响因子"(impact factor)的启发,提出了网络影响因子的概念,用来分析一定时期内相对关注的网站或网页平均被引用情况。

北卡罗来纳州立大学的"网络科普资源评价标准"是比较有代表性的科普网站评价方面的研究,并形成了相应的教材《评估网络科学资源》(*Evaluating*

Science WWW Resources）。其中，设立了 5 个一级指标、22 个二级指标，从以下方面研究了网络科普资源的评估标准：科学性（内容是否准确、制作者是否负责、作者观点是否诚信、网民能否参与、是否具有交互性、内容是否客观、是否经常更新）、便捷性（友情链接是否明显、网站导航是否整齐、信息浏览的便捷性、有无搜索引擎）、网站设计（外观设计是否美观、主题是否与内容有关、有无广告等强制性浏览、图形是否恰当）、链接速度（打开时间是否过长、图片显示时间是否过长）、多媒体（多媒体文件容量大小、是否需要插件、多媒体能否普及科学知识、能否评价反馈）。

美国有关综合网站评价的研究内容比较丰富，但是专门针对科普网站的研究仍旧较为匮乏。综合网站的评价方法对科普网站评价标准的建立有很好的指导意义，为科普网站评估体系的探索打下了良好的实践基础。

2. 英国

英国是世界上最早创立科学节并开展科学节活动的国家，英国科学节由英国科促会（British Science Association）主办，每年由在英国中心城镇的大学申办并轮流承办，由政府和企业提供资助。每年科学节结束后，英国科促会都会出具相应的评估报告。鉴于此，笔者以科学节的效果评估体系为研究对象，从评估目标、内容和方法等多个维度，分析其评估特点、作用和局限性。

（1）评估目标。评估目标在评估体系中具有引领、指示整个评估框架构建和评估内容走向的功能。英国科学节自评估机制建立以来，一直采取内部评估的方式，历年的内部评估报告从不明确表述评估目标，而只是表述本届科学节希望达到的目标。例如，2014 年的内部评估报告提出：希望本届科学节的参观人数达到 50 000；科学节的活动地域能够拓展到伯明翰市中心及附近的图书馆。英国科学节评估目标的"缺席"意味着迄今为止仍然缺少一种系统的、科学的评估理念和目标指引。

（2）评估内容和方法。自 2007 年起，评估报告开始采用固定的内容评估模块，包括 4 个方面：影响力、人口统计、活动过程和青少年项目。其中"影响力"主要是评估科学节的影响，聚焦于活动和受众反馈；"人口统计"是用来评估谁参加了科学节；"活动过程"则是来评估本年度科学节的运作并和往年作对比由此得的反馈，可以为未来的科学节提供借鉴；"青少年项目"则是对科学节中专门针对青少年举办的活动进行受众体验、意见反馈的调查和分析。

英国科学节评估主要采取了定性与定量结合的方法，此外，科学节官方媒体如官方网站、Blog、Facebook、Twitter 上的信息发布和浏览量、点击量、相关互动指数的分析,还有其他各类媒体,包括报纸杂志等印刷媒体和电视、广播以及网络上对科学节的新闻报道的数量,采用数据分析法进行分析,并与往年的数据对比提出进一步的媒体宣传和市场策略。

英国科学节内部的评估方式虽然缺乏一定的专业性,但在极大程度上节省了时间、人力、财力,且能够使整个评估过程更为精简和高效,同时也为参与科学节举办过程的内部工作人员提供了一个自我总结和反思的机会。从评估的作用来看,历年的评估报告在检验目标完成情况、给予利益相关者反馈,在发现问题和总结经验方面都发挥了积极的作用,提升了科学节的品质和公众认可度。

3. 德国

从 2000 年开始,德国联邦教育研究部和"与科学对话"的发起者共同举办了科学年的系列活动。德国一直比较重视科普活动的评估,科学的评估是提升科普活动水平的有效手段,是测定科普活动目的、结果关系的一种尺度。2005 年科学年的主题是以一位科学家——爱因斯坦为科学年的活动主题。《2005 爱因斯坦科学年评估总报告》已经形成了一套比较完善的评估体系,对我国科普活动的评估工作具有良好的借鉴作用。

《2005 爱因斯坦科学年评估总报告》主要评估 3 个方面:策划和设定的目标;活动的内容;公共有效宣传措施,公众的感悟和媒体的反应。图 4 所示为爱因斯坦科学年评估的工作程序,整体描述主要建立在对各项活动的评估上,在评估中对活动设定的核心目标人群必须作为潜在积极参加活动的受益者。活动

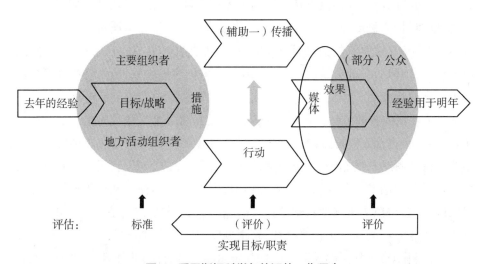

图 4　爱因斯坦科学年的评估工作程序

的内容和活动的参与者也是这次评估的重点。另外,还要关注爱因斯坦科学年活动的发起者、中央活动的组织者和地方活动的合作者。媒体就 2005 爱因斯坦科学年活动进行了大量的新闻报道,可从文章数量和出版量来看媒体的反应,并对媒体的反应、报道的主要动机和媒体文章内容做定性分析。新闻工作者这个重要传播信息群体的意见也是关注的焦点。

4. 加拿大

加拿大学者就如何评价一个国家的科普绩效构建了一个测量多维模型,从投入端和产出端来评价一个国家的科技文化水平。其中,投入端的指标包括国家的研究与开发(R&D)投入、中小企业的工程师数量及政府支持科技发展的全部投入;产出端的指标包括科技事件在电视、广播等媒体中报道的时间和频率,有关科技方面的法律、贸易和技术的平衡以及报纸和杂志中报道科技事物的版面。该模型使得抽象的科技文化具体化,把测量指标转化为一些已有的调查中可得到的指标,更具有实际操作性,能更好地评价一个国家或地区的科普发展水平。

一般来说,国外科普评价通过运用较完善的评价程序、评价规范、评价指标、评价方法,科学客观地评价科普绩效、科普活动的实际影响及作用,达到比较好的效果,我国可借鉴国外的一些评估方法。

(二) 国内兄弟省市开展科普工作评价的实践探索

公民科学素质建设被提到国家创新发展战略人才基础工程的重要地位后,科学普及工作被赋予重要的时代使命,加强和繁荣科普能力日益成为科普事业发展的内在要求。在此背景下,探讨我国的科普创新能力并构建其评估指标,具有重要的理论和实际意义。

1. 北京

近年来,北京也在积极探索科普的绩效评价工作。北京针对科普事业的社会化发展,依据指标体系设立的各项原则及科普工作社会化的相关理论、现状,设计了"科普工作社会化格局评价指标体系"。该指标体系包含一级指标 5 个,分别是科普工作有效形式、科普人员与机构规模、科普经费配置规模、科普活动组织规模、外部环境因素,二级指标 20 余个;并针对获取科普活动的信息渠道、获取科普经费的渠道分为两个二级。

在最近的一次科普社会化发展评价工作中,北京重点针对 4 类对象开展评价,分别包括:①中科院系统和北京科学技术研究院系统在内的北京科研院所;②市科协所属学协会系统;③长期参与北京市科普相关工作的企业;④各区县科协基层社区。针对以上对象发放调查问卷,在回收样本后,依据前述指标权重计算方法,计算得出各调查对象参与科普工作社会化的指标体系权重。现以科研院所举例说明,其中科研院所参与科普工作社会化的一级和二级指标权重如表2所示。

表2 科研院所科普能力评价一级、二级指标权重

一级指标	二级指标	二级指标权重	一级指标综合权重	二级指标综合权重
科普工作形式	纸质科普读物发行量	0.153	0.259	0.040
	开放实验室	0.110		0.029
	科技展览	0.119		0.031
	影视	0.180		0.047
	互联网	0.131		0.034
	讲座	0.107		0.028
	竞赛	0.201		0.052
科普人员与机构规模	专职科普机构设置	0.200	0.160	0.032
	科普专职人员占企业职工百分比	0.121		0.019
	科普兼职人员占企业职工百分比	0.177		0.028
	专职领导设置	0.352		0.056
	培训规模	0.150		0.024
科普经费配置规模	科普经费投入规模	0.503	0.058	0.029
	科普经费支出占收入比重	0.497		0.029
科普活动组织规模	读物年发行量	0.142	0.114	0.016
	参观实验室年人数	0.142		0.016
	展览年参与人数	0.139		0.016
	影视作品年观看人数	0.171		0.019
	讲座年听众量	0.184		0.021
	竞赛年参与人数	0.223		0.025
外部环境因素	优惠政策	0.125	0.409	0.051
	获取科普活动的信息渠道	0.407		0.167
	获取科普经费的渠道	0.467		0.191

实证结果表明,外部环境对科研院所开展科普社会化工作的影响最大,其中信息渠道的提供和经费渠道的提供表现尤为突出,二级指标综合权重明显高于其他二级指标。

2. 天津

(1) 科普教育基地评估。天津市科普教育基地是科普工作的重要支撑,是科普能力建设的重要组成部分,主要由场馆、旅游景区、校外教育机构、大专院校、科研院所、企业等机构组成。具体指标体系设立前,根据教育基地不同的功能划分为 4 个类别:科普场馆、科普主题公园、青少年科普活动站、研发单位。具体评价指标构架设计为三级指标,一级指标为科普设施、科普活动和科普机制 3 项。每类科普教育基地的一级指标下设二级指标,如图 5 所示。

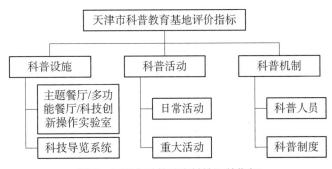

图 5　天津市科普教育基地评价指标

(2) 科普活动评估。科学技术普及是一项系统工程。完整的科普活动需要经过策划、组织管理、制作、宣传、展示、效果评估、反馈等过程。天津科普活动绩效指标体系(见图 6)包括 3 项一级指标、7 项二级指标、20 项三级指标。一级指标包括科普投入、科普活动和科普效果。其中,科普投入下设 3 项二级指标,分别为科普人员、科普经费、科普场地;科普活动下设 2 项二级指标,分别为科普活

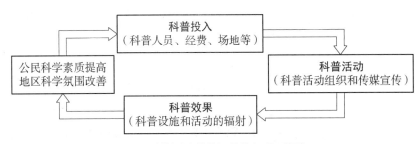

图 6　科普活动绩效评价指标体系框架

动组织和科普传媒宣传;科普效果下设 2 项二级指标,分别为科普设施辐射和科普活动辐射。

根据二级指标的具体内涵,又设若干三级指标。每个三级指标均从实力和效率两方面开展评价。其中,实力指拥有的科普资源、科普产出和科普辐射范围的总量规模;效率指科普资源、科普产出和科普辐射结构水平状况。从总量规模和结构水平两个方面开展评价,可以更加全面、客观、系统地反映科普活动的实施情况和实施效果。从投入和产出的角度看,科普人员、经费、场地等资源通过一系列实践,以科普活动的形式,借助传媒将科学知识普及到社会公众,从而提高全社会公民的科学素质,营造科学氛围,科普产出及其后续影响又再次推动政府和社会加大科普投入,形成科普系统的良性循环。

三、上海开展科普工作评价的背景及需求分析

(一) 开展科普工作评价的需求及重要意义

1. 科普工作评价是解决科普问题的有效手段

近年来,上海科普事业总体上发展迅猛,取得了显著的成绩,积累了很多宝贵的经验,但由于各种原因,部分单位、一些领域和地区的科普工作还存在着效率不高、责任不清、创新不力、实效不显等问题。这些问题直接影响科普功能的正常发挥。建立科学、合理的评估制度,加强对各类科普工作和科普活动的评价评估,有助于发现问题、找出产生问题的原因,从而为解决问题、促进科普事业的持续充分发展奠定基础。

2. 科普工作评价是提高科普效果的一条捷径

评价评估具有激励功能,可以激发科普主体和科普受体的活动潜能。通过评价评估及时了解科普效果、看到成绩、发现问题,可提高科普工作者的积极性,从而推动政府、企业和社会加大科普投入,广大人民群众也会以更大的热情参与科普活动。

3. 科普工作评价是科普管理现代化的本质要求

从发达国家和地区的实践来看,科学技术普及(科普)作为政府科技工作的重要一环,作为科技工作与民众生活的重要节点,对其效果和影响的科学测度,是一种国际潮流和时代趋势,也是提高科普工作效率、实施科普管理科学化、规范化的必然要求,是现代科普发展的本质要求。

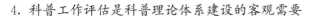

4. 科普工作评估是科普理论体系建设的客观需要

科普工作评价具有科普理论研究的价值,其本身就是一项严肃的科学探索,要求运用科学的方法收集评估资料,并对评估资料进行系统的分析、评判,因而评估结果对于探索和解决科普发展中存在的种种问题能起到积极作用,是科普理论体系建设的需要。

(二)上海科普工作评价的可行性分析

1. 科普事业的迅猛发展为评价奠定了社会基础

近年来,我国科普工作立足创新、着眼发展,围绕提高公民科学素质的目标,在基础设施建设、人才队伍培养、体制机制完善和特色品牌活动等方面取得了较大的成绩,促进了科普事业的持续、稳步、健康发展,为全面开展科普工作评价活动提供了可能,全社会产生了对科普评估的广泛需求。

2. 科普研究的理论成果为评价做好了前期准备

科普研究是科普工作及科普评估工作的重要基础环节。科普评估实践需要科普理论研究的指导。改革开放以来,邓小平同志提出的"科学技术是第一生产力"的论断深入人心,中国大众的科学意识和学习科技的热情空前高涨。科普的实践推动着科普理论的发展,研究组织队伍日益壮大、研究方法趋于先进合理、研究内容逐渐广博深入、优秀理论成果不断涌现,为开展科普工作评价做好了前期准备。

3. 科普人才的茁壮成长为评价夯实了人才根基

开展评估,人才是关键和核心。科普评估人才可以是科普工作人员、科普管理者和相关的软科学研究人员及统计人员等。目前,全国共有各类科普工作人员 194.4 万人,其中科普专职人员 17.3 万人,具有高、中级职称或大学本科以上学历的有 89.3 万人,软科学和各类评估(如科技评估)人才也为数众多。这些人员大多具有丰富的实践经验和扎实的理论基础,完全可以胜任科普评估工作,从而为开展评估工作奠定了坚实的人才基础。

4. 评估实践的顺利开展为评价积累了宝贵经验

目前我国部分地区已经开始了科普评估的试点工作。全国范围的公民科学素质调查由中国科协牵头组织实施,现已开展了 9 次。科普工作评估方面,全国性的科普示范城区(社区)、科普优秀网站评比活动已连续开展多年;中国科协早于 2001 年就开始委托中国科普研究所进行科普效果评估方面的理论和方法研究,并进行了若干试点工作;上海于 2008 年开始试点开展科普场馆、科普示范社区、区县科普工作和重点科普活动等的绩效评估活动。这些评估实践（含试点工作）的开展，在理论和方法研究、工作组织、人才队伍、规章制度建设等诸多方面积累了丰富的经验，为进一步开展评估工作做好了准备。

5. 社会各界的普遍认同为评价提供了坚强后盾

首先，政府及相关管理部门的支持。科普管理部门，从中国科协、国家科技部到地方科委、科技厅及科协等部门，对科普评估都非常重视，除了加大资金投入，组织社会力量进行评估理论和方法的研究外，还出台了相关的管理文件，并进行了不同范围的评估试点。其次，研究机构的智力支持。以中国科普研究所为代表的科普研究组织自 20 世纪 90 年代末就开始投入科普效果评估及公民科学素养测评的理论和方法研究，已取得了丰富的研究成果，为开展评估奠定了智力基础。最后，社会公众的要求。随着科普事业的发展，政府对科普的投入越来越大，作为纳税人，社会公众有权利也非常迫切希望通过评估来了解科普投入的效果。

四、上海科普若干重点工作的评价指标体系优化与设计

（一）科普教育基地年度考核评价指标体系的优化

1. 指标体系优化的基本原则及思路

当前，科普教育基地的年度考核工作的重要性日益加强。自 2011 年开展科普教育基地年度考核工作以来，考核指标体系也先后做了多次修改和完善。原有的指标体系在引导和推动科普教育基地增加开放时间、拓展科普宣传渠道和载体以及提升科普活动内涵等方面都发挥了重要的作用，但随着科普教育基地的创新发展，也显现出一系列的不足和问题。例如，指标过多过细，且打分标准非常复杂，导致科普教育基地考核不够聚焦，指标的引导性不强；指标计算过程比较烦琐，导致评估过程耗费较多时间和成本，等等。因此，现阶段有必要遵循科学设计科普工作的评价机制，提高科普教育基地年度考核效率的基本思路；按照科学性、系统性、实用性等基本原则，进一步优化科普教育基地年度考核评价指标体系。

指标体系优化的基本思路：一是科学设计科普工作评价机制，剔除部分不合理的指标，增加必备指标，形成科学合理、简便易操作的评估指标体系。二是进一步提高科普教育基地年度考核的效率、加强考核结果对基地建设的指导性，提高各类科普主体开展科普服务的主动性和积极性，从而引导其更好地服务于

公民科学素质提升和上海具有全球影响力的科技创新中心建设,具有较高的现实针对性和决策咨询价值。

（1）科学性原则。科学性原则主要体现在理论和实践相结合以及所采用的科学方法等方面。在理论上要站得住脚,同时又能反映评价对象的客观情况。设计评价指标体系时,要有科学的理论作指导,使评价指标体系能够在基本概念和逻辑结构上严谨、合理,抓住评价对象的实质并具有针对性。因此,为进一步科学设计科普教育基地年度考核评价指标体系,需明确评价的主要内容、关键指标、程序方式和实施路径,形成科学合理的工作考评制度。

（2）系统性原则。评价对象必须要用若干指标衡量,这些指标是互相联系和互相制约的。有的指标之间有横向联系,反映不同侧面的相互制约关系;有的指标之间有纵向关系,反映不同层次之间的包含关系。同时,同层次指标之间尽可能界限分明,避免相互有内在联系的若干组、若干层次的指标体系,体现很强的系统性。指标数量的多少及其体系的结构形式以系统优化为原则,即以较少的指标（数量较少,层次较少）能较全面系统地反映评价对象的内容,既要避免指标体系过于庞杂,又要避免单因素选择,追求的是评价指标体系的总体最优或满意。评价指标体系要统筹兼顾各方面的关系,由于同层次指标之间存在制约关系,在设计指标体系时,应该兼顾各方面的指标。设计评价指标体系的方法应采用系统的方法,通过各项指标之间的有机联系方式和合理的数量关系,体现对上述各种关系的统筹兼顾,达到评价指标体系的整体功能最优,评价系统能客观地、全面地输出评价结果。

（3）实用性原则。实用性原则指的是实用性、可行性和可操作性。指标要简化,方法要简便。评价指标体系要繁简适中,计算评价方法简便易行,即评价指标体系不可设计得太烦琐,在能基本保证评价结果客观性、全面性的条件下,指标体系尽可能简化,减少或去掉一些对评价结果影响甚微的指标。数据要易于获取。评价指标所需的数据易于采集,无论是定性评价指标还是定量评价指标,其信息来源渠道必须可靠,并且容易取得,否则,评价工作难以进行或进行下去代价太大。评价过程整体操作要规范。各项评价指标及其相应的计算方法,各项数据都要标准化、规范化。要严格控制数据的准确性。能够实行评价过程中的质量控制,即对数据的准确性和可靠性加以控制。

具体而言,在科普教育基地年度考核评价指标体系的优化中,指标要少而精,选取最适当、关键的指标,既能体现市区科普工作重点,也能反映各基地的特色优势。考核与科普统计要统筹谋划,减少反复操作。在实际操作上,突出简便易行,减少操作环节,数据统一采集。坚持评价指标和评价方法的可操作性。一方面,评价指标体系要使用方便,指标数据容易采集;另一方面,评价方法要简单、易用,避免使用虽然理论上先进,但实践上很复杂、难以操作的方法。

2. 指标体系的基本框架及指标构成

根据以上指标体系优化的基本思路与原则,完善后的指标体系基本框架由3个一级指标以及10个配套的二级指标构成。3个一级指标分别是科普服务能力类指标、工作业绩类指标和专家评分和附加分指标(见表3)。

1) 服务能力类指标

这一指标主要从科普教育基地的硬件条件、开放情况、人员构成等方面考核并评价科普教育基地的服务能力,包括室内常规展示面积、本年度新增展示面积、常设展品数(件)、年度新设及改造展品数、年累计开放天数、年累计免费开放天数、延长开放时间或开设夜间专场、科普专职管理者数量、科普专职讲解员数量、科普兼职人员或志愿者等。

其中,科普专职人员是指在统计年度中,从事科普工作时间占其全部工作时间60%及以上的人员,包括各级国家机关和社会团体的科普管理工作者,科研院所和大中专院校中从事专业科普研究和创作的人员,专职科普作家,中小学专职科技辅导员,各类科普场馆的相关工作人员,科普类图书、报刊科技(普)专栏版的编辑,电台、电视台科普频道、栏目的编导,科普网站信息加工人员等。管理人员是指在各级国家机关中从事科普行政管理工作的人员。科普兼职人员是指在非职业范围内从事科普工作,仅在某些科普活动中从事宣传、辅导、演讲等工作的人员,以及工作时间不能满足科普专职人员要求的从事科普工作的人员,包括参加科普讲座等科普活动的科技人员、中小学兼职科技辅导员、参与科普活动的志愿者、科技馆(站)的志愿者等。注册科普志愿者是指按照一定的程序在共青团、科协等组织或科普志愿者注册机构注册登记,自愿参加科普服务活动的志愿者。

2) 工作业绩类指标

工作业绩指标主要包括年接待量(人次)、当年上海科技节期间科普教育基地惠民活动、当年上海科技节期间科普教育基地举办特色科普活动、科普讲解大赛获奖情况、本年度科普工作表彰与奖励、参加科普护照与护照使用量等。

3) 专家评分和附加分指标

专家评分和附加分指标主要包括制度保障、与市科普工作的协同、"一馆一品"建设、科普宣传和参加科普护照等方面的情况,这部分主要由专家根据各科普教育基地的汇报和考核材料进行打分确定。

表3　优化后的科普教育基地年度考核评价指标体系

考核指标		测评维度	指标解释	计分准则
服务能力 (35分)	开放时长 (14分)	年累计开放天数 (KS001,8分)	KS001,当年度内场馆累计开放天数	根据《上海市科普教育基地管理办法》相关规定。计分标准: 累计开放天数≥315天,8分 315天>累计开放天数≥310天,7分 310天>累计开放天数≥300天,6分 累计开放300天以下,每减少10天,递减1分
		节庆假日开放情况(KS002,4分)	KS002,法定节庆(国庆、春节)及周末场馆开放情况(勾选)	"国庆""春节"两个节日开放得2分 "周六""周日"全部开放得2分
		场馆夜间开放情况(KS003,2分)	KS003,在常规开放时间以外,延长开放时间,或者开设夜间专场活动(勾选)	有得2分,无不得分
	人才队伍 (16分)	科普专职人员数量(KR001,6分)	KR001,科普专职人员是指从事科普工作时间占其全部工作时间60%及以上的人员	根据《上海市科普教育基地管理办法》相关规定: (1) 综合性科普场馆,应当具备70人及以上科普工作团队 (2) 专题性科普场馆,应当具备6人及以上科普工作团队 (3) 基础性科普教育基地,应当具备3人及以上科普工作团队 计分标准:科普专职人员数量,超过标准100%及以上得4分;超过标准50%(含)以上得3分;超过标准30%(含)以上得2分;超过标准15%(含)以上得1分
		科普讲解比赛成绩(KR002,10分)	KR002,在区级及以上科普讲解大赛获得的荣誉	(1) 全国科普讲解大赛一等奖得6分、二等奖得5分、三等奖得4分 (2) 上海科普讲解大赛金奖得5分、银奖得4分、铜奖得3分、"优秀奖"得2分、"入围奖"得1分 (3) 区级科普讲解大赛一等奖得3分、二等奖得2分、三等奖得1分

（续表）

考核指标	测评维度	指标解释	计分准则
展示能力（5分）	当年度新增展示面积（KZ001，2分）	KZ001，年度内通过场馆改建新增展示面积	有得2分，无不得分
	当年度更新展品展项（KZ002，3分）	KZ002，年度内通过对展品展项的更新改造，进而提升科普教育基地的展览展示能力	有得3分，无不得分
工作业绩（35分）	参观人次（12分）	年接待参观人次总量（KC001，4分）	KC001，年度接待参观人次总量	综合性、专题性科普场馆： 年参观人次≥100万，4分 100万＞年参观人次≥50万得3分 50万＞年参观人次≥30万得2分 30万＞年参观人次≥10万得1分 基础性科普教育基地： 年参观人次≥30万得4分 30万＞年参观人次≥10万得3分 10万＞年参观人次≥5万得2分 5万＞年参观人次≥2万得1分
		年接待参观人次的增长率（KC002，8分）	KC002，本年度接待参观人次与上年接待参观人次之比	年参观人次达100万及上的，年参观人次增长率达到3%及以上得8分；增长率每下降0.4%，减1分；不扣分 年参观人次达50万及上的，年参观人次增长率达到5%及以上，得8分；增长率每下降0.5%，减1分；不扣分 年参观人次达30万及上的，年参观人次增长率达到8%及以上，得8分；增长率每下降1%，减1分；不扣分 年参观人次达10万及上的，年参观人次增长率达到10%及以上，得8分；增长率每下降1.2%，减1分；有增长但增长率没超过2.8%（不含），得1分；不扣分 年参观人次达5万及上的，年参观人次增长率达到15%及以上，得8分；增长率每下降2%，减1分；不扣分 年参观人次5万以下的，年参观人次增长率达到21%及以上，得8分；增长率每下降3%，减1分；不扣分

(续表)

考核指标	测评维度	指标解释	计分准则
上海科技节(13分)	科技节期间参与场馆惠民活动(KJ001,5分)		在科技节期间参与场馆惠民活动,场馆免费开放得5分;有其他优惠措施得3分
	科技节期间开展特色科普活动(KJ002,8分)		在科技节期间开展特色科普活动,一项活动得2分,累计8分为满分
表彰和奖励(10分)	年度内因科普工作突出荣获集体荣誉和奖励(KB001,10分)	KB001,指集体(非个人)因科普工作突出,获得国家、上海或区级科普工作表彰。例如,"科创博览2017"优秀组织单位、当年度被评为国家级科普基地,"上海科技节"优秀组织奖、"上海国际自然保护周"优秀组织奖等	累计得分,满分为10分。获国家级奖项一项得5分,获上海市级奖项一项得4分,获区级奖项一项得2分
专家评分(30分)	工作协同(12分)	积极配合市(区)科委、科协组织开展各项工作,充分利用自身的特色调动各类社会资源投入科普工作。积极将科普内容、活动等资源与市科委科普资源公共服务平台(科普云)共享共用	
	品牌打造(12分)	积极推进科普教育基地的"一馆一品"建设。结合基地特色,开展主题鲜明、目标明确、内容丰富、成体系、可持续、影响大、群众喜爱的科普活动;开发具有趣味性、互动性、体验性、针对性的各类科普课程课件、科普影视、科普图书、科普展教具等,并取得良好成效	
	科普宣传(6分)	充分利用传统媒体和新媒体等多种宣传手段,积极开展线上线下联动宣传,科普宣传形式新颖、亮点突出、效果显著,有效扩大科普工作的社会影响力	
附加分(10分)	科普护照(10分)	参加科普护照(KH001,5分)	参加市级科普护照得5分,参加区级科普护照得3分。累计5分为满分
		当年市级科普护照使用量(KH002,5分)	KH002,持科普护照的参观人次(后台登记数据为准)	按排名顺序计分,排名第一得5分,依次递减0.2分

(二) 区域科普工作年度测评指标体系的设计

1. 区域科普工作的影响要素

1) 科普投入

科普投入主要是指各区在开展科普工作过程中所投入的资金和人力,包括科普资金和科普人才队伍两大方面。科普投入是科普绩效发生的基础和前提。按照投入-产出原理,投入是产出的前提,没有投入,产出也就成了无源之水。一般来说,投入越多,产出也可能越高。科普投入对区域科普工作绩效和科普能力的影响是显而易见的,在中国科协评定科普示范区的标准中,科普投入就是一个非常重要的指标。

2) 科普设施

科普设施主要是指用于科普活动的场所、载体和各种图书、音像材料等,比较常见的有科普馆、科普画廊、科普书籍、科普影带等。科普设施是开展科普活动的载体和依托,属于科普物质投入,也是科普绩效产生的前提和保障。科普设施的好坏,往往决定着科普活动能否顺利开展,有时候还能影响科普活动参与者的情绪,影响群众的积极性和主动性。国外有研究表明,人均科普活动面积如果过于拥挤的话,居民参与科普活动的积极性将受到极大的挫折,有的甚至会产生抱怨等情绪。

3) 组织管理

组织管理是科普工作得以顺利开展、科普资源得到最佳配置和使用的保障,也是科普效果产生和得以维持的根本。在区域科普工作发展中,组织管理也是影响区域科普能力的一项重要因素。

4) 科普活动

科普活动是科普效果产生的直接因素,可以说一切科普效果的产生都有赖于科普活动的开展。科普活动的多样性、趣味性和居民的参与度都是影响科普绩效的主要因素。一般而言,科普活动的趣味性越强,居民参与活动的积极性也就越高,科普活动的效果才可能越广泛、越持久。科普活动的多样性越浓,参与活动的社会公众也可能越多,科普效果才可能更加广泛和强烈。

2. 区域科普工作测评指标设计原则

1) 科学性和相关性原则

指标体系要能够客观地反映区域科普工作的发展变化情况及其内在联系,每个指标的概念、数据收集及计算方法都必须要有科学依据。指标的选择也要以科学普及理论、科技评估理论、经济理论、社会理论、环境理论以及统计理论为依据。

2）全面性和简明性原则

区域科普工作绩效具有丰富的内涵并受到多方面因素的影响。因此，其评价指标体系应具有足够的涵盖面，尽可能全面、概括地反映其基本内涵和各方面的影响因素。同时应避免选入意义相近、重复或可由其他指标组合而来的导出性指标，指标体系要相对简洁、易用。

3）动态性与前瞻性原则

区域科普工作绩效具有长期性和时间性的特点，随着时间的推移，其绩效很可能会发生变化。因此，评估指标的选择要充分考虑科普绩效的动态变化性，要能较好地描述、刻画与量度其未来变化趋势。

4）实用性与操作性原则

指标体系的设计要有利于资料的获取，指标内容应简单明确，容易理解，并具有较强的可比性和可操作性，而且在目前的技术水平下能够予以计算研究和分析。

3. 区域科普工作测评指标体系的构成

综上所述，区域科普工作测评聚焦年度科普工作重点和区域科普特色，在指标选择上突出 3 个方面：

（1）突出年度工作测评。合理把握"区域科普工作"和"区域科普能力"的异同，尽量选取体现各区年度科普工作的指标，淡化区域科普能力及总量指标，更多采用人均指标、增量指标或体现年度科普工作成效的指标。

（2）突出市区工作联动。更多选择各区对接或完成市级科普工作目标的指标，对举办、承办或参与市级科普活动和科普项目的相关指标，在权重或分值方面给予重点考虑。

（3）突出区域科普特色。将年度区域科普工作特色及创新举措作为考核的重点内容纳入测评体系，通过专家会议综合评审等方式确定考评结果，既充分考核各区科普工作实际，也体现公平公正的考评原则。

据此，区域科普工作测评指标体系（见表 4）包括工作基础、工作联动和工作创新等 3 个一级指标（KPI）和 12 二级指标（PI），其中工作基础和工作联动为定量指标。工作创新为定性指标，由专家评审确定评估分值或等次。

表4 区域科普工作测评指标体系

指标构成		测评维度	计分准则	数据来源
工作基础 (20分)	科普工作 经费 (PI,4分)	(1) 科普工作经费总额[指区科委(协)掌握的科普专项经费,1分]	达到或超过全市平均水平计1分,否则为0分	区科委
		(2) 人均科普经费[区科委(协)掌握的科普专项经费与上年度常住人口之比,1分]	达到或超过全市平均水平计1分,否则为0分	区科委、上海统计年鉴
		(3) 科普经费增长情况,2分	年度增长率≥10%,计2分;5%≤年度增长率<10%计1分;年度增长率<5%计0分	区科委
	科普工作 人员,4分	(1) 每万人拥有的专职科普工作人员数,2分		上年度的科普统计、上海统计年鉴
		(2) 每万人拥有的兼职科普人员全时当量,1分		上年度的科普统计、上海统计年鉴
		(3) 每万人拥有的注册科普志愿者人数,1分		上年度的科普统计
	科普基础 设施,8分	(1) 区级科普教育基地覆盖度(常住人口与区级科普教育基地数之比,万人/个),2分		区科委、上海统计年鉴
		(2) 新增市级科普教育基地数,2分	每新增1个计1分,累计不超过6分	市科委
		(3) 新增市级专题性科普场馆数,2分		
		(4) 新增社区创新屋数,2分		
	科普工作 制度,4分	(1) 年度科普工作计划制定及提交(是/否),2分	每年第一季度按时向市科委提交年度计划的计2分,否则为0分	市科委
		(2) 参加市科委组织的业务培训和科普工作例会,2分	每缺席一次会议扣0.5分,累计不超过2分	市科委

(续表)

指标构成		测评维度	计分准则	数据来源
工作联动 (40分)	重大科普活动, 10分	科技节、科普日期间举办的各类科普活动数量及参与人数(以当年上报给市科委、科协的数据为准)		市科委、市科协
	专题科普活动, 15分	(1) 科普讲解大赛(报名参与人数、获奖)		市科委
		(2) 创新屋大赛(报名参与人数、获奖)		市科委
		(3) 国际自然保护周(参与人数)		市科委
		(4) 国际科普产品博览会(组织参展企业数)		市科协
		(5) 科技艺术展演(参演节目数、获奖情况)		市科协
	科普项目, 5分	市科委项目配套资金投入情况		市科委
	互联网科普(科普信息化), 10分	(1) 为上海市科普资源公共服务平台提供资源数量,6分		上海科普云
		(2) 科普孵化空间及产业集群(基地)建设,4分		市科委
工作创新 (40分)	年度科普工作特色、品牌影响及示范效果,15分		主要考察区域科普管理规范化建设、工作质量、创新与特色,为定性指标,通过专家会议评审打分	专家评分
	科普工作社会化及资源共享度,10分			
	科普工作效率、质量及社会影响,10分			
	科普工作规范化建设情况,5分			

(三) 社区创新屋考核评价指标体系的设计

1. 社区创新屋运行绩效的影响因素

综合实地考察、相关文献分析、专家访谈与问卷调查结果,课题组认为影响社区创新屋绩效的因素主要包括如下:

1) 开放运行

面向社会公众特别是社区居民开放是创新屋建设的宗旨和使命,是影响科普服务绩效的重要因素之一。对社区创新屋而言,开放的天数为其开展创新实践活动提供了最基本的时间保证。根据 2016 年创新屋的综合评价情况,排名靠前的创新屋年度开放天数均排在前列。如大部分社区创新屋全年开放天数均高于标准规定的不少于 200 天,部分创新屋开放天数甚至达到 330 天,开放天数越多则评价分值越高。

2) 活动开展

举办创新活动的次数反映了社区创新屋的活跃程度,活动次数越多则在综合评价中分值越高。如在 2016 年的评价周期内社区创新屋累计接待人次 44 万,组织在校学生及社区居民开展了 486 场次的创新特色活动,有 31 家参与了全市科普日、科普周等活动。

同时,科普活动的特色与亮点也对创新屋的吸引力形成较大的影响,其影响了创新屋对社区人员吸引力的程度,是社区打造品牌化的特色活动,形成社区独有竞争力的重要因素。活动开展越富有自身特色,越能吸引社会公众参与。

3) 参观接待

参与创新屋实践活动的人数多少是衡量其科普工作绩效的最为核心的指标。创新活动的参与人员是社区创新屋活动的主体,社区居民融入创新活动中才能够享受创新屋提供服务的价值。如在 2016 年的评价周期内,各社区创新屋积极开展主题活动,年度参与人数越多则在综合评价中分值越高。参与活动人次主要集中在 6 000~8 000,少数创新屋年接待人次超过 10 000。

4) 社会影响

社会反响反映了展示社区创新屋成效的社会关注程度,社会关注程度越高表明创新屋的成效越好,综合反映了社区创新屋的影响力。主要包括社区创新屋在所在行业领域(科普工作领域)的影响力以及社会各界对创新屋的关注程度,前者可用获奖情况来表示,后者可用媒体报道次数等指标来体现。

创新屋获奖情况反映了对创新屋工作绩效的肯定,是衡量创新屋成效的重要影响因素之一,获得的奖项级别越高、数量越多,则在综合评价中得分越高。如在 2016 年评价周期内,有 29 家获得了创新屋创意制作大赛等赛事奖项,其中普陀区长征社区创新屋亮相国家“十二五”科技创新成就展,受到党和国家领导人的高度关注。

媒体报道情况。根据 2016 年的调研结果,通过微信、微博等新媒体向公众推送创新屋信息,同时创新屋相关活动及成果被央视、东方网、新浪网、人民网等各级媒体报道,获得了社会的广泛关注。创新屋积极参与全国科技活动周、上海科技节、全国科普日等活动,展示创新成果所获得的影响力。

5）保障条件

保障条件主要包括硬件和软件两方面。

（1）硬件设施。硬件设施为创新活动提供了场所以及开展活动所需要的工具设备，是衡量科普服务基础的重要影响因素之一，可以用每万人场地服务面积以及设备更新情况来衡量社区创新屋硬件设施条件情况。

（2）经费投入。经费投入主要包括建设经费和运行经费，是衡量创新服务基础的重要指标之一。为保障社区创新屋正常运行，各单位提供初始建设经费保障大多为 15 万～20 万元。创新屋的运行经费由市、区、街（镇）共同出资，所拨款项主要用于开展各类科普活动以及升级机器设备的日常运行费用。

（3）科普人才队伍情况。可以用专（兼）职指导教师拥有量来衡量人才队伍情况。指导教师的数量反映了创新屋的专业指导资源情况。服务人才是影响服务基础的重要因素之一，指导教师的专、兼职数量越多则在综合评价中得分越高。在通常情况下，各社区创新屋专职管理人员有 2 名，部分社区创新屋仅有 1 名。社区创新屋也会根据自身的实际情况，与相邻学校的教师及部分高校学生建立合作关系，或者通过第三方机构与相关行业工程师、指导老师或者生活在社区的发明人合作，由他们担任社区创新屋的指导老师或志愿者。

（4）运行机制与模式。运行机制反映了社区创新屋的管理模式，是反映服务水平的重要影响因素之一。根据 2016 年调研结果，目前全市社区创新屋的管理模式较为单一，多数采用第三方管理，部分采用自主管理模式。采用第三方管理模式，一方面形成竞争机制，服务能得到保证；另一方面，能够让创新屋的科技创新理念得到最大化体现。而采取自主管理，更具有灵活性，贴合自身情况，拓宽活动服务人群与社会资源。两种机制各有优劣，但是未来发展方向还是采用第三方管理机制。同时，运行模式的创新性体现了社区创新屋经营模式方面的独特之处，是影响创新屋持续活力的重要因素之一。在实际调研过程中，发现部分创新屋活动内容单一和同质化的问题，难以发挥创新屋多样化创新活动的带动作用；部分创新屋日常运行管理存在不够规范的问题，创新屋总体管理水平参差不齐。针对这两个问题，提出评价特色与创新性的定性指标，主要为社区参与人员对活动创新与模式创新的主观感受与评价。

2. 指标体系的构成及内涵解释

依据上述对社区创新屋运行绩效的影响因素的分析，根据针对性、可操作性等指标设计的原则，设计一套社区创新屋综合评价的指标体系，如表5所示。

该指标体系共包括 3 个一级指标、11 个二级指标。在第一个一级指标"科普服务绩效"中,它所占的比重为50%,共包含4个二级指标,分别是年度开放天数(所占权重12%)、年度参与人数(所占权重15%)、活动次数(所占权重12%)和获奖情况(所占权重11%)。

表5 社区创新屋考核评价指标体系

一级指标	二级指标	分值	评分细则	指标说明	数据来源
1. 科普服务绩效(50%)	1.1 年度开放天数	12	年均开放天数在350天及以上的,记12分;320～350天的,记10分;280～320天的,记8分;250～280天的,记5分;200～250天的,记3分;200天以下,记0分		上海市科普统计
	1.2 年度参与人数	15	创新屋的年度接待人次超过10000,记15分;在8000～10000的,记12分;在7000～8000的,记10分;在6000～7000的,记8分;在5000～6000的,记5分;在3000～5000的,记3分;在3000以下,记0分		上海市科普统计
	1.3 活动次数	12	举办1次活动记1分,累计不超过12分	含讲座、培训、展会等,活动时间不低于1小时,参与人数不少于100人(包括社区屋自主组织的和配合市里举办活动的情况)	上海市科普统计
	1.4 获奖情况	11	M+N+S≥3且M≥1,记11分;M+N+S≥3且N≥1,记8分;S≥3,M=0且N=0或M=1,N=1且S=0,记5分;M+N+S=2且S=1,记3分;M+N=1且S=0或S=2且M+N=0,记1分	获得市级及以上奖励等,一等奖(M)次,二等奖(N)次,三等奖(S)次	上海市统计年鉴、上海市科普统计

（续表）

一级指标	二级指标	分值	评分细则	指标说明	数据来源
2. 科普服务基础（25%）	2.1 年度运行经费	8	年度经费投入超过20万元的,记8分;15万～20万元的,记6分;10万～15万元的,记4分;5万～10万元的,记2分;低于5万元的,记0分	依托单位每年对创新屋运营的经费投入＋市、区、镇等部门累计经费投入	区科委（协）
	2.2 硬件设施	7	万人场地服务面积按实际情况分别记5分、3分、1分;年度设备有更新记2分;无更新,记0分	通过计算社区创新屋所在街道（镇）常住人口（万人）,计算该创新屋平均每万人场地服务面积	上海市统计年鉴、上海市科普统计
	2.3 专（兼）职指导教师拥有量	5	创新屋的专职指导教师拥有量大于等于3人,记4分;等于2人,记2分;等于1人,记1分;有兼职指导教师且其年度累计工作时间大于1个月的,记1分		上海市统计年鉴、上海市科普统计
	2.4 运行机制	5	政府机构运营记3分,第三方运营记5分		
3. 特色与创新(定性指标)25%	3.1 运行模式的创新性	5	举办活动或经营模式具有创新性		
	3.2 活动开展的特色与亮点	10	主题明确且富有品牌化特色活动个数		
	3.3 社会反响	10	新媒体关注度,创新成果影响力		

五、上海开展科普工作评价的对策建议

1. 加强评估文化建设

适当的评价评估对科技创新和科学普及工作具有监督和推动作用,而频繁

的评估检查和不正确的评估体系会损害严谨的学风,产生浮躁的现象。如今,各种名目的评估一哄而上,使得各被评单位的负责人、学术骨干要花大量的精力和时间填报数据和应付工作检查。同时,频繁的评估也是弄虚作假的根源。由于害怕本单位在评估中成绩较差,因而谎报数据,造成评估结果失真,使评估失去了真正的科学意义。一些评估机构不顾客观规律,不去认真分析评估对象的实际状况,而是以长官意志为原则,冠以评估的名义对评估客体进行评价,其造成的危害是可想而知的。因此,评估应在遵循科学规律的基础上进行,使评估理论与客观实际相结合。不能为了评估而评估,要把评估真正作为一个科学的管理工具加以合理的运用。作为评估者,应具有丰富的知识背景,认真的工作作风和良好的道德水准。

2. 加强对评估方法的研究

加大对科普评估理论与方法的研究,可委托专门机构和人员对科普评估的模式、指标体系及主要方法进行跟踪研究,借鉴科技评估的理论与方法并加以改进。就科技评估而言,目前应用较多的是定性定量相结合的分析的方法,即在专家评议的基础上,结合科学计量学、经济计量学的方法。由于评估对象的复杂性,目前没有哪一种力法能解决所有的问题,每一种评估模型都只能适用于特定的环境、特定的评估对象和特定的评估目标,并各有其优缺点,可以互为补充。每种方法也都有一定的适用范围,要弄清不同方法的使用范围及注意事项,各种方法的优势与缺陷,这样在真正的评估操作过程中,才能尽可能地选用科学、合适的评估方法。

3. 加强工作队伍建设

科技(科普)评估活动是一项要求很高的专业工作,需要有一支长期、稳定、受过系统专业培训的工作队伍和一个健全的组织机构。根据市场需求,运用信息网络技术搭建网络系统,在实践中吸引和培养一批合格、称职的高素质评估专家;应用现代化的市场运作手段,建立多层次从事科普评估的组织,根据市场规则承担相应的法律责任和经济风险,对科普工作及其影响做出客观、公正的评估。

(1)优化评估人员的结构。评估人员不能由单一的技术专家和理论学者组成,应当根据项目的类型和特点,注意吸收经济专家、管理专家和未来的使用者广泛磋商,使科技研究与使用紧密结合,不要将研究和产业化脱节。

(2)发展专业性的科普评估机构。结合我国和上海的实际情况,借鉴学习国外成功的经验,在参考科技评估机构发展模式的基础上,建立健全科普评估机构,引导科普评估机构实施品牌战略,形成自己的核心业务。

4. 健全科普评价规范

完善相关政策文件,尽快出台科普评估规范等相关文件,制定评估准则,促进科普评估工作的制度化和经常化。评估规范应对评估人员、评估机构的资质、评估的组织和管理、评估的过程及评估结果的运用做出明确的界定。例如,可规定从事评估活动的人员必须具备一定的资格和能力,评估活动的设计和实施必须符合规范要求;评估方法的合理性对使用数据的可靠性都要经过论证,评估结果的局限性必须加以说明,等等。

5. 完善评价工作保障

加强评估资源建设,建立科普评估专家库和科普评估数据库。同时,收集国内外科技评估的最新理论和实践经验,广泛开展国际交流,出版专门的杂志,完善科普工作统计体系,建立相关的科技评估专业协会和各种数据库。

参考文献

[1] 张仁开,李健民.建立健全科普评估制度,切实加强科普评估工作——我国开展科普评估刍议[J].科普研究,2007,2(4):38-41.

[2] 李健民,杨耀武,张仁开,等.关于上海开展科普工作绩效评估的若干思考[J].科学学研究,2007,25(2):331-336.

[3] 张仁开,罗良忠.我国科技评估的现状、问题及对策研究[J].科技与经济,2008,21(3):25-27.

[4] 张仁开,孙长青.外资R&D机构本地绩效测评指标体系研究[J].科技管理研究,2008,28(9):102-105.

[5] 杜德斌,张仁开,李鹏飞.英国大学REF评估制度及其启示[J].中国高校科技,2014(3):36-38.

[6] 李健民,刘小玲,张仁开.国外科普场馆的运行机制对中国的启示和借鉴意义[J].科普研究,2009,4(3):23-29.

[7] 李婷.地区科普能力指标体系的构建及评价研究[J].中国科技论坛,2011(7):12-17.

[8] 何丹,谭超,刘深.北京市科普工作社会化评价指标体系研究[J].科普研究,2014,9(3):29-33,40.

[9] 加布里尔,夸斯特.2005爱因斯坦年评估报告[M].王保华,译.北京:科学普及出版社,2008.

[10] 中国科普研究课题组.科普效果评估理论和方法[M].北京:社会科学文献出版

社,2003.

[11] 温超.美国科技类博物馆展览效果评估分析——以 NSF 项目展览效果评估案例为例[J].科普研究,2014,9(2)：47-53.

[12] 燕道成.用拉斯韦尔德 5W 模式解读科技传播,湖南科技学院学报[J].2009,30(1)：226-229.

[13] 张志敏,郑念.大型科普活动效果评估框架研究[J].科技管理研究,2013,33(24)：48-52.

[14] 王江平,高文,勒鹏霄,等.2014 年度天津市科普活动绩效评价[J].科技统计,2015,42(12)：41-45.

[15] 杨传喜,侯晨阳,赵霞.科普场馆运行效率评价[J].中国科技资源导刊,2017,49(2)：93-101.

[16] 孙爱民.科普网站评价标准研究[J].科普研究,2012,7(4)：20-24.

[17] 张风帆,李东松.科普评估体系探析[J].科协论坛,2005(10)：12-17.

[18] 张志敏.中国大陆科普评估的发端与发展[C].第七届海峡两岸科普论坛论文集.南京：江苏省科协等,2014.

区 / 域 / 篇

"十四五"期间嘉定区公民科学素质建设能力提升研究[①]

习近平总书记指出,科技创新、科学普及是实现创新发展的两翼,要把科学普及放在与科技创新同等重要的位置。公民科学素质是推进人的全面发展的基本保障。没有全民科学素质的普遍提高,就难以建立起宏大的高素质创新大军,就难以实现科技成果快速转化和生产力水平的大幅度提升。科学素质是指人们了解必要的科学知识,具备科学精神和科学世界观,用科学的态度和科学的方法判断和处理各种事务的能力,它反映了一个国家(地区)的软实力,从根本上影响着一个国家和地区经济、科技和社会的发展。进一步提升公民科学素质,有利于营造万众创新、大众创业的良好氛围,夯实上海全球科技创新中心和嘉定创新活力之城建设的人力资源基础。本课题根据嘉定区公民科学素质及科普工作现状,总结嘉定区公民科学素质建设的成效及主要经验,挖掘存在的短板及问题,为"十四五"期间嘉定区进一步加强公民科学素质建设、培育崇尚科学的创新文化,推动科技、科普工作融合发展提供咨询建议。

一、公民科学素质的内涵及其影响因素

(一) 公民科学素质的内涵特征

科学素质是公民素质的重要组成部分,涉及经济社会和生产生活的各个方面。在《全民科学素质行动计划纲要》中,公民科学素质的内涵被定义为"四科两

---

① 本报告作者:张仁开(上海市科学学研究所副研究员、上海市科学学研究会副秘书长),周小玲(上海市科学学研究所副研究员),张鲁宁(上海市科技干部学院助理研究员)。报告为 2020 年度嘉定区科委科协决策咨询研究课题(负责人:张仁开)的最终成果。

能力":了解必要的科学技术知识,掌握基本的科学方法,树立科学思想,崇尚科学精神,并具有一定的应用它们处理实际问题、参与公共事务的能力。公众科学素质具有平等性、开放性和普惠性的特点,与人类命运紧密相连,对于人类的全面发展和社会文明的重要性日益凸显。

2016 年 4 月,国家科技部、中宣部对外发布《中国公民科学素质基准》(以下简称《基准》)。《基准》共有 26 条基准、132 个基准点,"基本涵盖公民需要具有的科学精神、掌握或了解的知识、具备的能力"。26 条基准中含有具有基本的科学精神,了解科学技术研究的基本过程;崇尚科学,具有辨别信息真伪的基本能力;掌握基本的数学、物理、化学、天文、地球科学和地理知识;知道常见疾病和安全用药的常识;掌握常见事故的救援知识和急救方法,等等。

公民科学素质(civic scientific literacy, CSL)指标是目前国际上一些主要国家和地区衡量公民科学素质发展水平的通行做法。公民科学素质(CSL)的定量数据是通过公民科学素质调查而获得的。开展公民科学素质调查,是科技先进国家普遍采用的分析公民科学素质发展状况和变化趋势的重要方法和手段。经国家统计局批准,自 1992 年起,我国开展了 10 次公民科学素质调查。第 11 次中国公民科学素质调查已于 2020 年 6 月份正式启动。2018 年全国调查结果显示,我国 CSL 值为 8.47%,比 2015 年的 6.20%提高了 2.27 个百分点,增幅达 36.6%。上海市、北京市 CSL 水平均超过 20%,进入高水平的发展阶段。电视和互联网是公民日常获取科技信息的主要渠道,远超其他传统媒体。

(二) 公民科学素质的影响因素

提升全民科学素质是促进人的全面发展、夯实建设世界科技强国社会之基的迫切要求,是贯彻新发展理念、构建新发展格局、推动高质量发展的现实需要。一方面,提升公民科学素质是加强国家科技自立自强能力的重要基础。增强科技自立自强能力,基础在公民科学素质。另一方面,提升公民科学素质是加快经济社会高质量发展的迫切要求。高质量发展对包括科学素质在内的国民素质提出了更高的要求。此外,加强公民科学素质建设,有利于培育理解支持创新的优秀文化,为加快创新型国家和世界科技强国建设、促进社会主义文化大繁荣大发展提供强大的精神动力。

公民科学素质水平与区域经济社会发展、教育、文化建设、科学传播能力等有密切关系。实践表明,经济社会发展、教育、文化、科学传播等,是影响公民科学素质的重要因素。经济社会发展水平,是提高公民科学素质的重要基础。教育特别是青少年科技教育,是影响公民科学素质的重要因素。公共文化建设水平以及科学普及、科技传播等,对公民科学素质都有直接的影响。

科普是提升公民科学素质的重要途径:①科学普及有助于公民更好地理解科学。科学普及可以让公民了解目前各种信息传播渠道中涉及的科学术语和日常生活中的基本科学观点;可以让公民了解基本的科学方法和过程;可以帮助公民理解科学与社会之间的关系,从而提升公民对科学的理解。②科学普及有助于公民更好地获取科技信息。科学普及可以提升公民对各类新闻话题和科学技术发展信息的感兴趣程度;有利于公民从大众传媒及亲友同事获取科技信息;便于公民通过参加科普活动、参观科技类场馆等了解科技知识和信息。③科学普及有助于公民更加崇尚科学。科学普及有助于公民树立对科技创新、科学家团体和科学事业的正确态度;有助于公民正确看待我国科学技术发展和科学发展,进而有助于公民树立正确的科学技术态度。因此,需进一步加强新时代科普工作,全面提升公民科学素质。

二、嘉定区公民科学素质建设工作回顾与总结

(一)"十三五"以来的主要成效

"十三五"期间,嘉定区持续加大对科普事业的投入,提升科普的公共服务能力,进一步改善公民科学素质建设的基础条件,完善公民科学素质建设机制,多措并举推进公民科学素质提升,取得了良好的成效。

1. 公民科学素质稳步提升

嘉定区以科普事业发展促进科公民学素质提升。通过搭建"科普活动、科普设施、互联网+科普"三大平台,发挥各载体服务优势,积极营造浓郁的科普工作氛围,打造区域科普特色,增强科普服务能力,公民科学素质整体水平有较大幅度的提高。据上海市公民科学素质达标率中期测评结果显示,2018年嘉定区公民科学素质达标率为17.9%。

2. 针对不同人群的科普服务持续优化

结合不同重点人群的科学素质特点和基本情况,开展各具特色、丰富多彩的科普活动。如面向青少年开展"创客135行动计划",让更多的学生了解创客、走近创客;建设上海市青少年创新实践工作站2家,培养青少年的科学探究能力。面向全区领导干部和公务员,开展"嘤城大讲堂"特色培训,提升领导干部和公务

员的科学决策意识。面向农民需求,以助力乡村振兴战略为抓手,依托为农村综合信息服务站(农民一点通),推动科普资源向乡村倾斜;针对农村妇女开办"农村女性智慧课堂",取得良好的社会反响。面向社区人群,成立嘉定区社区科普大学总校1个、分校12个、教学点92个。社区科普大学教学内容特色鲜明,根据社区居民的构成、兴趣、需求等因素实行因人施策、因材施教,采取双向弹性选课,大大提升了教学点对社区居民的吸引力。

3. 公民科学素质建设的基础条件持续改善

"十三五"期间,嘉定区贯彻落实《科普法》,加大科普投入,改善公民科学素质建设基础条件。区财政优先安排科普经费,金额逐年增加。发挥财政资金的引导杠杆作用,仅2019年就以科普项目带动社会投入资金2100余万元。加强公民科学素质的基础设施保障,形成了国家级、市级、区级"三位一体"的科普设施体系。截至2019年底,全区共拥有国家、市级、区级科普基地分别为3家、15家和13家,拥有82所区级科技特色示范学校、科技教育特色学校。其中,上海光机所成为全国第7家、上海市首家国家科研科普基地,也是首家获批的"非台站馆园"基地。

4. 公民科学素质建设的政府工作机制不断完善

嘉定区牢固树立科普工作品牌意识,强化区科普工作联席会议作用,把政府职能转化为精准服务,协同推进基层科普发展。在科普工作中,区科协以"组织协调,各部门分工负责、联合协作"的工作机制,遵循"活动共办、资源共享、协同共商"的工作方法,着力加强横向、纵向协同联动,广泛开展科学普及活动,推动人的全面发展。

(二)存在的短板及问题

尽管本区公民科学素质达标率在"十三五"期间有所提升,但在本市仍处于落后水平。全区公民科学素质建设机制仍存在短板,科普载体形式单一也是公民科学素质建设的制约因素之一。

1. 科学素质达标率与全市先进水平存在一定差距

嘉定区五大重点人群科学素质建设发展不平衡,由于城乡差距较为明显,农民科学素质成为短板。全区公民科学素质低于上海市平均水平。2018年,上海市公民科学素质平均达标率为21.88%(2015年为18.71%),嘉定区公民科学素质达标率为17.9%,在16个区中排倒数第5位(见表1)。

表1   2018年上海市各区公民科学素质达标率情况

排名	区名称	达标率/%
1	徐汇区	27.2
2	静安区	26.4
3	长宁区	25.7
4	黄浦区	24.0
5	杨浦区	23.8
6	浦东新区	22.3
7	虹口区	22.2
8	普陀区	21.9
9	闵行区	21.2
10	宝山区	20.9
11	松江区	18.8
12	嘉定区	17.9
13	奉贤区	15.7
14	金山区	15.7
15	青浦区	15.5
16	崇明区	10.1

2. 全社会共同参与公民科学素质建设的机制亟待健全

目前,涉及全区公民科学素质建设的相关活动仍由政府主导,社会参与度还有待进一步提高。社会各界对科普战略地位、阶段性发展特点的认识与全区科技、经济、社会发展的要求还不完全适应。科普投入也基本依赖政府财政,社会多元化投入渠道尚未形成。公民科学素质监测体系尚未建立,科普统计、科普理论和决策咨询研究还需要进一步加强。

3. 公民科学素质建设的载体方式需进一步丰富

科普活动侧重于职前和职后人群,职中人群的科普参与度不高。专业化科普队伍建设比较薄弱,基层科普工作者的能力和水平亟须提高。科普手段和方式比较单一,特别是面向社区居民、农民及农业技术需求的科普方式和手段需要加快拓展和丰富。新媒体科普载体以及互动、体现、参与式科普方式建设还相对滞后。科普资源共享共用不足,科普工作协同效果不显著,综合优势和独特资源优势发挥不充分。

三、"十四五"时期嘉定区公民科学素质建设能力提升的形势与需求

(一) 公民科学素质建设发展的新趋势

公民的科学素质从根本上影响着经济、科技和社会的发展。目前,公民科学素质测评已成为世界许多国家(地区)科普工作的重要内容和行动指南。总体上看,国内外公民科学素质建设发展呈现以下三大趋势。

1. 将公民科学素质建设置于国家和城市发展战略的重要地位

许多国家和地区,特别是一些发达国家和地区,很早就认识到公民科学素质建设对国家发展的重要作用,并将其置于国家发展战略的重要地位。近年来,随着世界各国对科技创新的重要性的提升,对公民科学素质建设的战略重视也随之加强。

美国在进入 21 世纪以来接连发布一系列重要的科技报告和政策,如《面向 21 世纪的科学》《科学工程指标》等。在这些重要文件中,都有专门阐述科学传播目标和公民科学素质建设的章节。2009 年,美国总统奥巴马在美国国家科学院第 146 届年会上提出,通过加强数学和科学教育等政策措施,确保美国拥有持续的创新潜能。

英国是现代科学传播事业的发源地,历届政府都将公民科学素质建设纳入其职责范围,在政策上给予大力支持。英国制定了包含科学传播内容在内的各种科技计划、白皮书和政策法规等,如《卓越与机会:21 世纪的科学与创新政策》《英国 10 年(2004—2014)科学和创新投入框架》《创新国家》白皮书等,强调公民参与科技创新的重要性。其中,《英国 10 年(2004—2014)科学和创新投入框架》,将英国未来的战略目标分解成 6 大项,其第 6 项战略目标:为增加英国社会对科学研究和创新应用的信心和理解,要采用各种方式改善公民对科学的认识和理解,加大媒体宣传,扩大科学家和科技决策者与大众的沟通和交流,引导公民对科学的态度,建立对科学的信心。《创新国家》白皮书强调创新对英国未来的繁荣和应对气候变化的挑战至关重要,要把英国打造成为世界上最适宜创新企业和创新公共服务发展的地方。在白皮书中,"科学与社会"作为一个主要的独立模块。英国政府组成了 5 个顾问团队,分别针对"科学与社会"的 5 个层

面的问题做专门的政策研究,并协助政府制定相应的行动计划。

日本把科学传播与国民终生教育相联系,致力于建立一个学习型社会。例如,为了推动社会对发展航空航天技术的认识和支持,日本宇宙开发委员会制定了日本第一部航天长远发展规划《日本宇宙开发基础大纲》,通过制订中期航天计划,对开发活动进行适当评估和向公民宣传日本的航天计划等方式来完善国家航天政策。与其他科技项目相比,航天需要比较大的投资,所以公民的理解和合作对于航天的发展是必不可少的。日本政府认为:坦白地告诉公民日本航天计划的真实情况是一种明智而有效的选择,但政府和私营部门必须在加强宣传方面通力合作,以获得最佳的宣传效果。

韩国政府提出的《2025 构想》,类似于中国的《中长期科学和技术发展规划纲要》,提出了韩国科技的重点发展领域和发展目标。在科技发展方向中共规定了 39 项具体任务,其中第 39 项任务:通过全国宣传运动创建国家科学文化,建设科学博物馆网。韩国政府将致力于帮助公民了解并保持韩国独特的科学传统,使他们相信并尊重本国的科学遗产,提高公民的科技意识。此外,应该进行一场全国性的科学宣传运动,使有用的科学思想在日常生活中能够得到发掘和利用。落实各种各样的计划来激发公民对科学技术的热爱。例如,鼓励公民参加的全国性科学技术活动应该至少每月举办一次。《2025 构想》中还提出了对国家创新体系的 19 条建议,其中第 19 条建议:提高公民的科技意识和科学家与工程师的地位。为能开拓创造性的研究并不断培养出优秀的科学家,韩国必须营造一种社会风气,对国家的地位提高和财富的创造做出最大贡献的科学家必须受到尊重。

印度政府每年发布的年度科技政策一般都会提出 10 多个目标和战略行动措施,每年都有科普方面的目标,即保证印度的每一个公民都获得科学信息,以便提高公民的科学素养,出现一个文明进步的社会,让全国公民都有可能充分参与科技发展及其应用,为人类造福。其具体实施战略中提道:要通过对博物馆、天文馆和植物园等的支持加强对科学知识广泛传播的支持;要做出种种努力,来向年轻人灌输追求科技进步的激情,在全国人口中树立科学品格;要促进从事科学技术、社会科学和人文科学以及其他学术工作的人们加强互动,以便达到相互加强、产生附加价值和影响。

2. 积极探索公民科学素质建设的创新性举措

通过提高国民素质来提升国家发展的竞争力是各国发展的共同路径。21世纪以来,世界各主要发达国家和新兴经济体均认识到公民科学素质对国家创新战略、提供高素质劳动力的重要支撑作用,世界许多国家和地区都采取了一些创新性的政策举措,公民科学素质建设呈现很多亮点和共性经验。

例如,美国为加强科学(Science)、技术(Technology)、工程(Engineering)、数学(Mathematics)(以下简称 STEM)领域后备人才的培养,提出《联邦政府关于 STEM 教育战略规划(2013—2018 年)》,主要投资用于改进国家 STEM 教育课程、增进并维持青少年和公民参与热情、加强大学生 STEM 体验等领域,实现其未来有足够多经过良好培训的劳动力目标。

欧盟"地平线 2020"框架计划中的"科学与社会"主要关注研究和创新领域科学教育、公民参与研究与创新、开放的科学等方面,目标是激发公民对科学成就的社会意识和责任意识。

从欧美等发达国家和地区的公民科学素质建设的成功经验看,虽然各国和地区的社会传统、意识形态以及文化特质不尽一致,但都主张政府积极介入、引导公民参与科技决策过程,都注重以青少年为主要对象开展科学教育工程,都重视经费的投入、重视科技信息的重要作用,注重公民科学素质建设的产业化与生活化。

3. 注重开展公民科学素质调查

对公民科学素质的测评和调查始于 1957 年美国科学作家协会和洛克菲勒基金会共同资助的一次全美成人调查。

美国科学委员会从 1972 年开始出版双年度的《科学与工程指标》,其中就有一章是关于公民对科学的态度的调查。在汲取前人成果的基础上,国际科学促进中心主任米勒教授于 1983 年提出应从 3 个维度对公民科学素质进行测评,这 3 个维度分别是科学术语和科学概念的基本词汇、对科学过程的理解、知道科学和技术对个体以及对社会的影响。这就是著名的 PUS(公民理解科学)模型的测评依据。此后,法国、加拿大和新西兰等多个国家和地区均采用米勒体系对公民科学素质进行测评,使米勒体系得以不断完善和修正,成为世界上运用最广的科学素质测评理论和方法体系之一。

20 世纪 90 年代初,国外又提出了一种测量公民科学素质的"KAP"模式:

K(Knowledge)是对基本科学知识和科学概念的了解,A(Attitude)是对科学及其社会效用的态度,P(Practice)是指如何以科学指导日常生活。

1996 年,M. O. Pella 根据 15 年来有关科学素质的定义进行了归纳,总结出 7 个方面的内容,即具备科学素质的人:①应该理解科学知识的本质;②能够精确地将适当的科学概念、原则、原理和理论应用到自己生活的各个领域;③能够运用科学程序解决问题,做出决策并不断加深对自然的理解;④能够运用科学价值观对待自己遇到的问题;⑤能够理解和欣赏科学技术事业、科学与技术之间的关系以及与社会的关系;⑥通过科学教育获得对自然更丰富、更心满意足、更激动人心的认识,并将此教育持续不断地贯穿一生;⑦具备多种应用科学技术的技能。

2000 年,联合国经济合作与发展组织(OECD)启动了著名的 PISA(Program for International Student Assessment)项目,从科学概念、科学过程、科学境况 3 个维度对 32 个国家和地区 25 万 15 岁学生的阅读素养、数学素养和自然科学素养进行测评。这些测评模式,各有特色、各有所长,也存在各自的不足。

在重点人群科学素质测评方面,从国外的实践来看,青少年、农民、城镇职工、领导干部和公务员、社会弱势群体等几大重点人群中,针对青少年(学生)科学素质的测评研究工作相对较多,如 OECD 开展的 TIMSS(第三次国际数学与科学测试)项目和 PISA 项目就都是针对青少年学生的;针对城镇职工、领导干部和公务员科学素质的测评研究多散见于其他研究之中,而没有自成体系;针对农民、社会弱势群体的研究则几乎没有。

(二)嘉定区公民科学素质建设的新需求

1. 国家新一轮全民科学素质行动的战略需要

党中央高度重视全民科学素质提升和科普工作。从"全民科学素质行动计划"提出至今,我国公民科学素质建设已经走过了 20 年的发展道路。从明确公民科学素质建设的内涵、提出我国公民科学素质建设任务,到构建公民科学素质建设的体制机制;从确定公民科学素质建设的国家战略地位,到建立监测评估体系,公民科学素质指标纳入政府工作考核体系等,我国公民科学素质建设有了长足进步,成为国家经济社会发展的重要支撑力量。未来 15 年是中国发展的关键时期,编制实施《全民科学素质行动计划纲要(2021—2025—2035 年)》,开展新时代全民科学素质行动,对建设社会主义现代化强国具有重大的现实和深远的意义。要站在新的历史起点上来思考、谋划全民科学素质工作,深入研究提升全民科学素质的着力点,进一步明确任务措施。

2. 社会公民的个性化多元化科普需求

社会公民的科普文化需求呈现个性化、多元化趋势。未成年人、农民、城镇劳动者、领导干部和公务员、高科技从业者群体是公民科学素质建设中重点关注的主体。互联网技术和信息技术的发展,改变了科普信息的传递方式,影响了不同群体的认知模式。必须看到科学素质建设需要更加个性化、多元化,在满足政府、集体的需要之上满足公民的个性化需求,科普内容要因人而异。要充分利用互联网技术快速、便捷、精准等特点提供科普信息,尤其是一些新科学技术。

3. 提升科创策源功能的客观要求

当前,世界处于百年未有之大变局中。实现"跻身创新型国家前列"和"建成世界科技创新强国"的中长期目标,离不开全体人民的共同努力,也离不开全民科学素质的建设和全民科学素质的提高。同时,上海科创中心提升策源能力,离不开公民科学素质提供人力和智力支撑。因此,公民科学素质的提升决定着世界科技强国建设和上海科创中心策源能力提升的人力资源水平,在国家创新体系中起着重要的作用。

4. 嘉定现代化新型城市建设的迫切需要

增强自主创新能力,基础在公民科学素质。嘉定全力打造"经济有体量又有质量、城市有颜值又有温度、社会充满生机又和谐有序"的创新活力之城,对公民科学素质提出了更高的要求,迫切需要提升公民科学素质,培育理解支持创新的优秀文化,提高自主创新能力,实现全面发展。

四、"十四五"时期嘉定区公民科学素质建设能力提升的目标与思路

(一) 发展目标

到 2025 年,嘉定区科技教育水平和科学普及能力显著提升,科普公共服务产品的有效供给全面增强。公民科学素质的组织实施机制、基础设施体系、条件保障等更加完善,公民科学素质达标率达到市郊平均水平。

1. 全区科技创新生态环境明显改善

在全区营造讲科学、爱科学、学科学、用科学的良好氛围,激发公民特别是科技工作者的创新创造活力,努力培育宽松和谐、健康向上的创新文化,形成有利于创新创业的社会环境,倡导健康文明的生产生活方式。

2. 全区科普公共服务能力明显增强

以提升公民科学素质为主线,壮大面向一线的科普工作队伍,健全植根基层的科普设施体系,举办丰富多彩的科普品牌活动,开发各具特色的科普原创内容,公民提升自身科学素质的机会与途径显著增多。

3. 公民科学素质整体水平持续提升

青少年的创新实践意识和科学实践能力明显提高,领导干部和公务员的创新思维能力和科学决策水平不断提升,城镇劳动者的科学生产能力和社区百姓的健康生活水平快速提高,科学素质的城乡差距、人群差距大幅度缩小。

4. 公民科学素质建设机制更加健全

政府引导作用加强,统筹协调力度加大,公民科学素质建设的市区联动、区区协作、区镇互动机制不断完善。社会动员机制逐步形成,社会各界参与公民科学素质建设的积极性明显增强。常态化的公民科学素养监测调查制度基本建立,相关条件保障体系更加完善。

(二) 建设思路

1. 对接需求,精准服务

坚持以人为本,结合青少年学生、城镇劳动者、农民、老年人、社区居民等不同人群的具体特点和需求,开展有针对性的科普活动,提供精准化的科普服务,推动职前、职中和职后人群科普全覆盖,着力提升社会公民的科学生活能力、科学劳动能力、参与公共事务能力和终身学习能力,促进公民科学素质整体提升。

2. 对标一流,优化生态

对标徐汇区、静安区、长宁区等公民科学素质达标率较高的城区,立足嘉定区域产业特色,优化科普工作机制,促进跨界融合,深化开放联动,构建大科普工作格局。充分发挥政府政策和资金的引导作用,着力挖掘各类科普主体的创造力,充分调动社会力量参与公民科学素质建设的积极性,探索公益性科普事业与经营性科普产业融合,推进公民科学素质建设的创新机制。

3. 对照标准,分类施策

贯彻落实新一轮国家《全民科学素质行动计划纲要》,按照上海《上海市科普事业"十四五"规划》和新一轮《上海市公民科学素质行动计划纲要实施方案》的要求,并对照全国科普示范城区的工作标准,分步骤、分阶段、分人群制订科学素质提升方案,多渠道、多载体、多层次开展科技教育和科学普及工作,以保障公民科学素质达标率如期实现。

五、"十四五"时期嘉定区公民科学素质建设能力提升的重点任务

突出以人为本,根据职前(青少年学生)、职中(城镇劳动者、农民、公务员和

领导干部)、职后(老年人等)等不同人群的具体特点和需求,开展有针对性的科普活动,提供精准化的科普服务。坚持普及科学知识、倡导科学方法、弘扬科学精神、传播科学思想的有机统一,着力推进人文社会科学与自然科学的密切融合,促进科学文化与人文文化的融通,实现从普及科学知识为主向"四科"并举、全面提高公民科学素质的转变,注重提高社会公民的科学生活能力、科学劳动能力、参与社会公共事务以及终身学习的能力。

(一) 青少年学生创新思维和实践能力提升行动

以培育青少年学生的创新思维和实践能力为重点,大力普及科学知识和科学方法,激发青少年科学兴趣,增强青少年创新意识、学习能力和实践能力,培育具有创新创业意识的下一代,为嘉定区实施创新驱动发展战略、建设科创中心重要承载区培养充足的后备力量。

1. 丰富青少年科技教育活动

(1)着力培育青少年科技教育品牌。持续开展航天小达人、我家爸爸会编程、"科技融入生活 家庭教育需要爸爸""童创未来 智慧生活"小创客家庭等科普品牌活动。面向中小学生,积极参与明日科技之星、国际青少年博览会、青少年科技创新大赛、市长奖等品牌活动项目。面向大学生,组织嘉定地区的高校和科研院所积极参与挑战杯上海大学生课外学术科技竞赛等活动。

(2)丰富和创新青少年科技教育活动的形式。结合嘉定区域特色,以亲子类、社区类活动为主体,鼓励和支持中小学校、幼儿园积极举办学校科技节、科普讲座、科普进校园、校园科学达人大赛、科幻绘画评比、科幻小说展评、小院士评比等活动,让中小学生在制作小发明、开展小创造、撰写小论文中激发科学兴趣和创造激情,培养青少年的想象能力和创新思维。创新青少年科技竞赛组织模式,规范各类赛事评审评价机制,提升赛事的公平、公正性及社会的认可度,努力打造具有广泛影响力和公信力的科技竞赛品牌活动。

2. 加强青少年科学教育内容开发

坚持中小学科学教育与课程改革的方向,深化科学教育教学改革,完善课程体系,改进教学方法,把发展学生兴趣特长、创造思维、自主学习、独立思考、合作沟通等能力贯穿到课程教学全过程。

(1)加强具有嘉定区域特色的校本课程开发。积极吸纳专业机构参与科学教育教材的编写,有机渗透最新的科技成果和知识,加快建设科学教育课程教学的案例库和资料包,增强教材的科技性、教育性、趣味性、可读性和时代性,加速推进嘉定青少年头脑奥林匹克科普科技教育课程教育,建立课程积分、项目开发与科普实践为一体的科普校本课程。积极建设拓展型课程,依托嘉定高校科研院所与科技企业的科技资源,探索开发海洋科学弱磁传感、红外短波雷达智能驾驭、MEMS 芯片与集成电路、免疫细胞治疗、燃料汽车电池、垃圾分类与生化处理、基因检测与编制、6G 通信、马陆葡萄与甜瓜、多功能材料等知识性与趣味性相结合的短课程。探索建立青少年活动中心的短课程科普多中心服务,为学生配备丰富的选择性科学类活动课程,激发学生的学习兴趣与创新意识,培养学生善于思考、敏于发现、勇于创新的科学创新素质。

(2)加强科学教学资源开发,拓宽课程资源渠道。加强科普教育规律与科技创新类课程、资源开发的研究。积极开拓上海硅酸盐研究所的压电实验室、锂电池科研线、BGO 晶体制作车间;应用物理研究所的质子刀、钍基熔盐堆、X 射线自由电子激光试验装置;光学精密机械研究所的激光晶体、超强超短激光、追光逐梦微视频;微系统与信息技术研究所的 MEMS 制造、SIC 生产等科普教育资源,拓宽院所的科学旅游路线、社区文化知识阅读场馆、企业动手实践基地建设,有机整合科技工作者等社会性科学教育资源,丰富适合中小学生身心特点的拓展性科学教学资源。

3. 加强青少年科普基础设施建设

(1)完善校内科技教育设施。加强科技教育特色示范学校创建工作。建设学生创新实验室、网上虚拟实验室,加强科学实验室标准建设,提高科学实验室配置标准。在丰富可动手项目的同时,积极引进高新科技与现代化信息技术,提高科学实验室智能化水平。

(2)拓展校外青少年科普场所。继续推进嘉定青少年科创集散地建设,联合本区科研院所、高科技企业、高端科技教育机构共建 10 个青少年科创教育研学基地,依托众创空间搭建青少年科学创新体验校外活动平台,让青少年学生近距离感受创新创业。鼓励和引导高校、科研院所等机构建立适合中小学生的科研实践基地。优化青少年科学创新实践工作站、青少年科学研究院建设布局,优化培养模式和评价标准,丰富研学资源,扩大公益性研学教育招生覆盖面。拓展社区文化活动中心科学教育功能,建设青少年社区实践指导站(可依托部分社区创新屋建设专门面向青少年的实践站),形成一批向社区开放的学生素质教育综合基地和校外教育活动示范基地,让更多的学生参加快捷、灵活、信息量广、互动性强的创新实践活动。

(3)提高科普基础设施利用效率。充分利用企业、科技园区等创新创业资源,打造与科研院所、高新科技企业对接的教育直通车,提高学生实践能力。推动高校、科研机构、工程中心(实验室)、科技社团向公民开放实验室、陈列室和其他科技类设施,推动高端科研资源尤其是人工智能、大数据等前沿技术成果科普化,充分发挥重点实验室和重大科技基础设施等高端科研设施的科普功能。

4. 创新青少年科技教育模式

针对不同年级、不同类型青少年学生的具体需求,完善科学教育全链条培养体系,创新科学教育实践活动内容和形式,丰富青少年科技教育模式和科普工作方式。

(1) 构建各级各类学校科学教育全链条培养新体系。学前教育着眼于幼儿科学兴趣的培养和科学探究的启蒙。幼儿园的幼儿科学教育活动强调"生活化",将幼儿生活中常见的事物和现象作为科学探索的对象,实施"玩中学"项目,让幼儿有机会在探究具体事物和解决实际问题中,获得丰富的感性经验,培养科技兴趣与爱好的种子,逐步发展逻辑思维能力。义务教育的重点是提高科学教育相关课程的教育质量。义务教育阶段是培养学生科学素养的奠基阶段,学校的科学教育相关课程质量直接影响学生学习科学的兴趣和科学探究潜能的发展。整体设计中小学科学创新教育,实施"做中学"项目,小学关注"体验",初中强调"探究",培养学生在科技活动中的探究意识和实践能力。高中教育要着重建立拔尖与创新人才早期识别与培养机制。高中要凸显"研究",实施"创客教育",使学生在创新和实践的研究过程中,能将学科知识与课题研究相融合,形成解决实际问题的能力,实现科技活动的创意创造,培养面向未来的创新型人才。中等职业教育要发挥技术技能优势,以促进普职融通为切入点,充分利用职业学校资源,联合中小学开展劳动和职业启蒙教育,引领中小学生形成正确的职业意识,培养中小学生的动手实践能力。每所中小学至少与一所中职学校建立伙伴关系,形成常态化的职业启蒙和劳动教育。

(2) 优化学校内科学课程的教与学方式,尤其要加强实验教学。教师应转变以教师为中心的课堂教学模式,创造促进所有学生都能积极参与学习的环境,鼓励学生运用多种方式进行开放式的讨论交流。引导学生开展自主探究学习和小组合作学习,切实保障学生的实验学习时间,变被动接受知识为主动思考探究,能运用所学知识分析和解决实际问题,提高批判性思考、研究、写作、陈述等重要的相关技能。开发创新实验,研制中小学生必做的科学实验清单。

(3) 丰富科学教育模式。广泛开展讨论式教学、参与式教学、科学探究活动、研究性学习,倡导"做中学"、科学—技术—社会(STS)教育观。积极推行项目化学习,开发研学旅行、创客教育、计算机编程教育等课程,采取多种形式让学生参与科学教育实践活动。推广从现实生活中的问题出发、综合运用学科知识解决问题的科学教育模式。加强信息技术与科学教育的深度融合,充分利用好信息技术手段,指导学生把在线学习、模拟探究、实践探索有机结合起来,丰富学习形式和学习时空。

(4)加强高校、职校创新创业创造教育。推行通识教育和书院教育,实施弹性学制,建设创新创业实践基地,鼓励在校大学生积极开展创新探究、创业训练和创业实践,加强实践和体验式学习,强化科学思维、科学方法训练。以培育高技能人才为目标导向,引导各类应用技术大学、高等职业技术学校、民办院校、中等职业学校等对接市场需求优化专业结构,开展创新创业教育,推动职业教育与产业发展有机衔接,提升技术技能人才培养质量。鼓励和支持中高职业学校通过举办职业体验日活动、建立劳动和职业教育基地等多种方式和渠道,引导学生了解职业教育、体验职业乐趣、树立职业理想,并在体验中发现自己的职业兴趣和潜能。

5. 加快专业化青少年科普工作队伍建设

(1)提高现有科学教育师资的创新能力和教学水平。建议教育部门把教师进修科技类课程列入师资队伍建设规划和继续教育内容,鼓励高校、科技社团等定期举办科学教育师资培训班,加强科学教育教师在职培训;引导各学校为科学教育教师提供培训、学习、进修、考察的机会,不断提高他们的专业素质和业务能力。

(2)加强兼职师资队伍建设。要促进中小学校、中等职业技术学校等与嘉定的高校、科研院所、各类科技社团加强合作,动员和组织院士专家,兼职担任中小学校的科技辅导员和师资培训的授课老师,在中小学校设立实验室、建立课题组,让有创新潜力的学生较早地接触科学研究实践。

(3)改革完善人事制度和考核机制。建议人事等有关部门给予学校更加灵活的用人权力,并在职称申报评审方面给予科学教育专任教师与其他学科教师同等的待遇,建立完善适应科学教育发展的激励机制。

6. 营造有利于青少年科普工作发展的社会氛围

全社会要进一步提高科学教育的地位,树立和倡导科学教育与学科教育同等重要的观念,像重视科学研究一样重视科学普及和科学教育。应该树立科技教育的独特地位,将科技教育从过去"五育(德智体美劳)"之中独立出来,以强调科技教育的重要地位。

学校、社会和家庭各方要从人才成长规律和教育发展规律出发,主动适应创新发展对人才培养提出的要求,为中小学生参加科技教育活动营造良好的环境氛围,从根本上缓解当前中小学学生课业负担过重、应试压力过大的问题。

各级各类学校要根据不同学生的兴趣和特长,提高科技辅导教师的针对性,切实增强学生对科技的兴趣,激发学生爱科学、学科学、用科学的内动力,尤其要大幅度增加思想类、方法类的普及内容,加大科学家特别是现当代科学家科学精神和先进事迹的宣传力度,把创新意识、文化认同和公民人格作为科学精神教育的主要内容。

教育管理部门要在当前的高考体制下尽可能加强科技教育,引导和鼓励高校在招生中注重对学生科技能力的考查,增加对学生的科学素质、科学能力、科学特长的考核。

要充分利用家庭教育资源。鼓励家长参与学校科技教育改革、与学生共同参加科技实践活动,通过举办家庭教育学习班、科学育子新型家长报告会、科技进社区入家庭等活动,引导家长树立起崇尚科学和创新成才的新观念。

要切实发挥好各类媒体和社会教育机构的作用。鼓励大众媒体加强科学家科学精神和先进事迹的宣传力度。各类科普基地要积极参与青少年科技教育工作。例如,科普场馆要免费或优惠向青少年学生开放。鼓励科普场馆、少科站等校外教育机构面对不同年龄阶段的青少年学生,开发各具特色、激发学生科技兴趣并能产生较好体验的科普课件和教学内容,开展参与式、对话互动型教育培训活动。

(二)城镇劳动者创新创业能力提升行动

城镇劳动者的科学素质水平是关系到区域科技创新能力高低的一个重要因素。进一步提升城镇劳动者的科学素质,要坚持以充分就业和高质量就业为中心、坚持以职业发展为导向、坚持全社会共同参与,着力提升城镇劳动者的创新创业能力,培育造就规模宏大的高素质产业大军。

1. 构建分层分类的城镇劳动者科学素质建设体系

针对城镇劳动者中高层次人才、科技工作者、企业职工、外来务工人员等各阶层科学素质发展状况,提供差异化的科学素质建设内容。面向企业管理层、高级技术创新人才等高层次人才,重点提供学术交流、成果转化、信息咨询以及其他方面的延展性服务,加强科技成果的展示交流和普及应用等。面向科技工作者,要着眼于挖掘创新型人才的潜能素质,充分利用国内外学术资源,催生他们的创意,延伸探索空间,使知识资本及价值得到最大的体现。面向企业新进毕业生,重心应放在实现由知识向技能转化、由技能向创新力转化、由培养学习能力转向提升创新素质,提升他们研究与开发的能力,激发他们自主创新的积极性。面向外来务工人员,重点提高他们的职业技能水平和适应城市生活的能力。面向失业人员等弱势群体,重点提高他们的就业创业能力和适应职业变化的能力。

2. 构建城镇劳动者终身职业教育体系

将职业发展教育纳入城镇劳动者培训体系当中。鼓励和引导高校、职业学校开设职业发展与就业指导课程,建立专业化、全程化的就业指导教学体系,增强毕业生特别是高校毕业生自我评估能力、职业开发能力及择业能力,切实转变就业观念。面向经济社会发展和生产服务一线,培养高素质劳动者和技术技能人才并促进全体劳动者可持续职业发展的现代职业教育类型。增强职业教育体系的开放性、多样性和灵活性,使劳动者可以在职业发展的不同阶段通过多次选择、多种方式灵活接受职业教育和培训,促进全体劳动者实现职业可持续发展。举办高规格、高水平、高质量的职业技能竞赛,营造全社会尊崇知识、崇尚技能、尊重人才的良好氛围,为缓解就业结构性矛盾和促进更高质量的充分就业夯实基础,为长三角一体化发展培育大量高素质的技能型人才,为建设一支知识型、技能型、创新型劳动者大军,弘扬劳模精神、劳动精神和工匠精神创造更加广阔的空间。

3. 鼓励企事业单位加强职工科技教育培训

鼓励有条件的企事业单位根据自身特点加强对职工的科学方法、科学思想和科学精神等方面的科普教育。充分发挥企业科协、职工技协、研发中心等组织机构的作用,鼓励企业员工开展群众性技术创新和发明活动。建立企事业单位员工带薪学习制度,鼓励职工在职学习,加大有关科学知识内容的培训,合理规划职业教育发展,形成用人单位和员工共同投入职业培训的资金保障机制。鼓励、引导企业根据自身发展需要,建立和完善首席技师制度,通过技能比赛、岗位练兵、技术培训、名师带徒等多种形式,深入开展职业技能大练兵活动,为造就更多的知识型、创新型、复合型高技能人才提供支持。采取多种方式缩短毕业生进入企业后的转型期,激发自主创新积极性,提升研究与开发能力。

(三) 社区居民科学生活能力提升行动

以推进和谐社区、和谐社会建设为宗旨,以社区居民为重点,普及生态文明、公共安全、健康生活、节能环保、防灾减灾等内容,提升社区居民应用科学知识解决实际问题、参与公共事务的能力,促进社区居民全面形成科学、文明、健康的生活方式。完善社区科普设施,促进社区公共服务设施融合发展,提升社区科普公共服务能力,深入推动社区科普示范体系建设,全面提升社区居民科学素质。

1. 丰富社区科普活动

以"科技节""科普日"两大科普活动为重点,面向社区居民,开展形式多样、内容丰富、喜闻乐见的科普活动。深入开展和实施市民科普行、科普微电影大赛、科普进社区等活动和项目,开展科学生活大使评选、社区创新屋创意制作大赛等活动,鼓励社区居民积极参与科技发明创造活动,营造有利于创新的社会氛围。

2. 拓展社区科普场所

进一步完善街镇、村居等基层科普设施,大力推进"社区书院"和"科普 E 站"建设,充分利用各类文化设施、党群服务中心、新时代文明实践中心(所、站)等建设科普阵地。发挥社区科普大学、成人学校、老年大学等社区教育在提高社区居民科学素质、服务民生和促进社会和谐方面的作用。依托新媒体拓展基层服务中心的科普功能,建立完善科普信息服务平台,推动优质科普信息资源在社区落地应用。

3. 深化社区科普示范创建

深入实施"社区科普益民计划",开展科普示范社区、科普示范街镇创建工作。鼓励高等院校、科研院所、企业、科技社团、科技场馆、科普教育基地等相关单位面向社区提供多样化的科普产品和服务,支持社区科普发展。动员科技教师、医务工作者、企业科技人员、老科技工作者、在校大学生等参与社区科普服务。

(四) 领导干部和公务员创新管理和服务能力提升行动

领导干部和公务员是贯彻落实党的各项方针政策和国家法律法规的制定者、组织者,也是中国特色社会主义事业的组织者和领导者。他们日常直接面对人民群众,处理各种公共事务,做出各种决策和决定。领导干部和公务员的科学素质不仅直接影响着决策的科学化、民主化和科学执政、科学管理,还关系到国家和民族的发展。领导干部和公务员科学素质是《纲要》确定的五大重点人群中的重中之重,他们的科学素质代表的不仅仅是一个社会群体,还直接或间接地影响着其他社会人群,对其他人群会起示范、引领的作用。全民科学素质的提高必须依靠领导干部和公务员的大力推动。

1. 提高对领导干部和公务员科学素质的认识

(1) 提高相关单位领导的思想认识。各有关部门如党委、组织和人事部门、党校、行政学院等,要从主观认识入手,提高对领导干部和公务员的科学素质重要性的认识,进一步加强组织领导工作,将其列入工作计划,将科学素质培训作为一项任务列入绩效考核指标,做好监督检查,建立问责制度,确保科学素质培训工作落实到位。

(2) 提高领导干部和公务员对科普工作和公民科学素质建设工作的认识和重视程度。加强新一轮《纲要》的宣传、学习和考核,将其纳入党政领导班子理论学习内容,调动他们提高自身科学素质的积极性和主动性,在全社会起示范带头作用,使他们认识到科学素质是领导干部和公务员综合素质的一个重要方面,缺乏必要的科学素质,就无法应对当今社会日益激烈的各种挑战,难以担负科学决策的任务。通过学习强国 App、干部在线学习、入职培训、岗位培训、晋升培训等渠道,使他们掌握基本的知识、知晓科学素质的重要意义。

2. 加大领导干部和公务员科学素质培训力度

(1) 充分发挥党校、行政学院等阵地的作用。抓好《2018—2022 年全国干部教育培训规划》的贯彻落实,制订和落实提高领导干部和公务员科学素质的整体规划,加大培训力度的投力。在各类领导干部和公务员培训班中设置科学素质专题,保证教学课时中的一定占比,确保科学素质培训任务落实到位。

(2) 加强领导干部和公务员科普内容建设。联合高校或考研机构,共同编制领导干部和公务员科学素质读本。同时,针对科技前沿及国家的最新科技创新发展战略等内容,组织编写模块化的讲义、课件等,丰富领导干部和公务员科普内容。在党校、行政院校、科协等的干部教育网、继续教育网或科普宣传平台上设立公务员科普专栏或制作在线学习课件,为公务员科学素质提升服务。鼓励和引导党校、行政学院培养跨学科、复合型的专职教师,建立高水平的专兼职师资库,以满足领导干部和公务员科学素质培训的需求。

(3) 大力创新教学培训的方式方法。加大自主学习的比重,注重传授科学的方法、培育学员的科学精神、增强培训的针对性和有效性,以满足公务员个性化培训的需求。培训内容上,针对领导干部和公务员对科学素质的特殊性要求,重点在科技前沿理论、科学思维方法和科学精神上下功夫。首先,结合形势和任务,对领导干部和公务员进行高新技术、大数据、人工智能等前沿理论培训,让他们了解最新科技进展和发展趋势。同时,关注公务员心理健康的教育。其次,重点进行系统科学、创造科学、科学思维以及马克思主义辩证唯物主义、历史唯物主义的立场、观点和方法的培训,学会由此及彼、由表及里、去伪存真,掌握科学方法,树立科学思想。最后,要增加对伪科学、封建迷信的认识和剖析课程,强化领导干部和公务员求真务实、追求真理、实事求是的科学精神的塑造。在培训形式上,依托现场教学、情境教学、案例教学、小组研讨、课堂翻转和自主选学、参观考察等形式开展培训。

3. 丰富面向领导干部和公务员的科普特色活动

大力开展面向领导干部和公务员的系列科普活动。例如,举办公务员科学素质大讲堂、院士讲科普、科学素质竞赛等形式多样、喜闻乐见的活动,着力发现和培养一批既是知名科学家,又是作家或演讲家的科普"大家",培育一批具有一定社会影响力、轰动效应的品牌活动,调动广大领导干部和公务员参与科普活动的积极性。

组织领导干部和公务员积极参加科普活动。如组织他们参加"科技节""全国科普日"和"全国科技工作者日"等大型活动,或者参加一些因某个科学事件或科学纪念日等举办的科普活动,不仅让他们在活动中受到科学思想和科学方法的教育,还能发挥公务员群体在提升全民科学素质中的龙头作用和表率作用。

(五) 农民科学素质提升行动

为进一步加强农村科普工作,提高农民的科学文化素质,服务乡村振兴战略,加快建设高效便捷、精准服务的农村科普宣传教育体系,进一步健全农村科技教育、传播与普及服务组织网络,开展资源节约、环境保护、健康安全、移风易俗、乡村文明等宣传教育,增强农民群体科学生产、绿色生产能力和生态环境保护意识;围绕构建现代农业产业体系,推广先进农业技术,着力培养有文化、懂技术、善经营、会管理的高素质农民队伍,为推动农业高质量发展提供人才支撑。

1. 开展形式多样的农村科普活动

深入实施"科普惠农兴村计划",发挥优秀农村专业技术协会、科普惠农基地、农村科普带头人的示范带动作用。深入开展文化科技卫生"三下乡"、科技节、科普日等群众性、基础性、经常性的农村科普活动,大力普及科技惠农、绿色发展、耕地保护、生态循环、环境友好等知识和观念,引导农民养成科学、健康、文明的生产生活方式,打造美丽家园、绿色田园、幸福乐园。

2. 开展高素质农民培训

围绕农业增效、农民增收和农村发展主题,积极推动教育、科研单位等社会各界力量参与开展农业实用技能、创业就业知识培训,全方位、多层次培养高素质农民、高技能人才和农村实用人才。发挥农业广播电视学校、农业技术推广服务中心、农业综合服务站(所)、农业科技培训中心、基层综合性文化服务中心等在农业科技培训中的作用,面向农业从业人员开展新型职业农民培训、高技能人才培养和单项引导性培训等农业科技教育培训。

3. 加强农村科普公共服务建设

结合农业农村现代化发展,打造一批集现代农业生态观光、科普展示、优质农产品生产、农事体验的科普实践基地。加强农村科普服务网络建设,发挥农村各类实用人才作用,建立以农村实用人才、乡土专家为主体的专家咨询服务团和志愿者队伍。建立农村科普信息服务体系,将科普设施纳入农村社区综合服务设施、基层综合性文化服务中心等建设中,充分利用为农综合信息服务平台等扩大科普内容推送,推动优质科普资源在农村落地应用,切实提升农村社区科普公共服务能力。

六、"十四五"时期嘉定区公民科学素质建设能力提升的对策措施

(一) 搭建科学素质提升的服务平台

1. 活动平台

持续举办上海嘉定科技节、全国科技工作者日、全国科普日等全区性重大科普活动,积极参加上海国际自然保护周、科普讲解大赛等国家和市级重点活动,进一步扩大受众人群,整体提升活动实效。例如,在嘉定科技节或全国科普日期间,可通过项目资助、政府购买服务等多种方式,支持区级学会、相关科研院所、科普教育基地、龙头企业等结合自身特色举办行业性、专题性的科技教育活动,吸引企业职工、农民、青少年学生等参与,打造若干个有特色、创品牌的科普活动项目。又如,在举办科普讲解大赛中,可根据嘉定区汽车产业的特色,设立汽车产业科普讲解专场赛,动员汽车企业职工参与科普讲解大赛。

2. 科普阵地

推进国家、市级、区级科普基地三级联创,促进科普基地升级和扩容,引导科普基地走内涵式、品牌化发展之路,提高开放能力、接待效益和利用效率。例如,区科委科协在加大对区级科普基地的支持力度的同时,要积极与市科委沟通,争取将具有嘉定区域特色、在全市具有较好代表性的区级科普基地纳入市级基地

范围。同时,要完善社区基层科普阵地,大力推进社区书苑和"科普 E 站"建设,优化社区创新屋运行机制,丰富社区创新屋的科普内涵。

3. 宣传平台

充分运用报纸、电视、杂志、图书等各类传统方式和载体,扩大专业媒体媒介的科普内容推送。依托"嘉定科技"等微信平台,开设"名家科普"栏目,集中展示区域内各科普名家的科普活动动态、科普成果等。推出科普抖音公民号,制作专题科普系列短片,引导社会公民关注前沿科技,提升自身素质。

(二) 完善科学素质建设的工作机制

1. 调查监测机制

探索构建公民科学素质定期调查的测评机制。委托第三方机构定期开展嘉定区公民科学素质调查,查找不足和薄弱环节,并提出有针对性的对策措施。

2. 表彰奖励机制

根据国家和上海市相关政策规定,对在公民科学素质建设工作中表现优异的个人及团队给予奖励和表彰。

3. 协同联动机制

深化市-区-街镇-村居四级联动,完善科普联席会议的协调功能,形成各部门协同配合、积极参与,共同推进全区科学素质建设的良好格局。

(三) 扩大科学素质建设的社会参与

1. 发挥科技社团作用

充分发挥科技社团在公民科学素质建设中的积极作用。鼓励区级科技社团结合自身专业优势和行业特色,深入社区、基层等开展科普服务,提升公民的科学素质。建议区科协启动实施"区级学会科普能力提升计划",根据区级学会(协会、研究会)的具体特点,支持区级学会与社区或企业联合,面向社区居民、企业职工等人群,通过开展有针对性的科普活动,创作面向企业职工或社区居民的科普作品等,在提升公民科学素质的同时,促进区级学会科普服务能力的提升。

2. 激发创新主体潜能

动员企业、科研院校等创新主体参与公民科学素质建设。加强与科研院所、大学的资源紧密对接,充分发挥科研院所和大学的科普功能,引导科研院所、大学高端科技资源向社会开放。以企业科普工作为重点,持续深化和拓展"企业科普"行动计划,鼓励和引导企业把公益科普作为履行社会责任的重要内容,动员企业家支持科普事业发展。

(四) 保障科学素质建设的资源投入

1. 拓展社会资金投入

推广政府和社会资本合作模式,构建政府投入为主、社会力量踊跃参与的多元投入机制,积极拓宽经费来源渠道。

2. 加强专业人才培养

完善公民科学素质建设的志愿服务机制,建设一支志愿服务于公民科学素质建设工作多样化、专业性的队伍。可以结合嘉定区重点发展的汽车产业、集成电路、生物医药等,吸引相关领域的专家学者积极参与科普志愿工作,通过宣讲产业技术前沿知识、国家和上海市相关产业政策等,提升嘉定区相关产业从业人员的科学素质和能力,从而为区域产业高质量发展奠定坚实的人力资源基础。

3. 积极利用国内外优质资源

积极引进国外优质科普资源,主动实施科普"走出去"战略,鼓励相关机构、人员赴国外讲学、办展、开展科普活动等,提升国际影响力。加强与青浦区、宝山区等兄弟区域的合作交流,以长三角为重点,共同拓展资源,共享发展经验。

参考文献

[1] 高宏斌,郭凤林.面向 2035 年的公民科学素质建设需求[J].科普研究,2020,15(03):5-10,27,108.

[2] 何薇.从继承到创新:公民科学素质监测评估的中国道路[J].科普研究,2019,14(05):15-22,33,108.

[3] 赵立新,赵东平.中国公民科学素质建设 20 年回顾与展望[J].科普研究,2018,13(06):59-65,111.

[4] 季良纲,张奕,张彩伢,李建明.影响公民科学素质水平的因素分析——基于江浙沪地区公民科学素质调查数据[J].科技通报,2018,34(05):283-286.

[5] 怀进鹏.共促科学素质建设 共创人类美好未来[J].中国科技奖励,2018(09):17-21.

[6] 任福君,等.中国公民科学素质报告(第一辑)[M].第 1 版.北京:科学普及出版社,2010.

[7] 高宏斌,鞠思婷.公民科学素质基准的建立:国际的启示与我国的探索[J].科学通报,2016(17):1847-1854.

[8] 王志俊,李健民.以能力为导向的城市科普事业与公民科学素质调查研究[M].上海:

　　　　上海科学技术出版社,2014.

[9] 石兆文.当前国外科普发展趋势与舟山海洋科普发展战略[J].海洋开发与管理,2007, 24(4):103-108.

[10] 王蕾,杨舰.21世纪日本科学传播相关国策综述[J].科学,2016,68(2):56-59.

[11] 居云峰.中国科普的六个新理念[J].科普研究,2010,5(1):73-75.

[12] 张仁开."十三五"时期上海培育和发展科普产业的思路研究[J].上海经济.2017(1): 32-40.

[13] 曹宏明,李健民.全球科技创新中心战略与上海科普事业发展新思考[M].上海:上海 交通大学出版社,2018.

[14] 任福君.中国科普基础设施发展报告(2009)[M].北京:社会科学文献出版社,2009.

[15] 胡升华."大科普"产业时代来临[J].中国高校科技与产业化,2003(10):70-71.

[16] 李黎,孙文彬,汤书昆.科学共同体在科普产业发展过程中的角色与作用[J].科普研究, 2013,8(4):17-26.

青浦区科普工作模式创新及未来发展思路研究^①

习近平总书记关于"科技创新、科学普及是实现创新发展的两翼,要把科学普及放在与科技创新同等重要的位置"的论述,为新时代的科普工作指明了方向,也明确了新时代科普工作的重要地位。科学普及和公民科学素质建设是推进人的全面发展的基本保障,也是提升城市能级和核心竞争力的重要方面。按照《青浦区国民经济和社会发展第十三个五年规划纲要》确立的发展目标,到2030年,青浦要努力成为上海国际贸易中心重要承载区、国家生态文明示范区、建设具有全球影响力科创中心的产业高地与活力新区。特别是随着长三角实现更高质量一体化发展成为国家战略,青浦区充分发挥独特的区位优势,正致力于加快建设"上海之门",着力深化高水平开放、着力推动高质量发展、着力创造高品质生活、着力建设高能级城市,以新的不凡创造加快推动全面跨越式高质量发展。可以肯定,随着中国特色社会主义进入新时代和上海科技创新中心的持续推进,青浦区科普事业必将迎来持续发展的大好机遇。

本文立足上海建设具有全球影响力科技创新中心和长三角实现更高质量一体化发展的国家战略,聚焦青浦区加快建设"上海之门"的目标定位和2035城市总体规划蓝图,对接社会公众提升科学素质、创造高品质生活的需求,结合青浦的区位优势、产业优势和生态优势,系统总结了近年来青浦区推动科普工作模式创新的成功经验,梳理分析了青浦科普工作的亮点和特色,按照新时代的新要求,研究提出了进一步促进青浦区科普事业可持续、高质量发展的基本理念、实施路径和战略对策。

---

① 本文为2018年青浦区科学技术协会委托上海市科学学研究会承担的调研课题(课题负责人:张仁开)的最终成果,作者张仁开。

一、青浦科普工作模式创新：以融合为核心的社会化大科普模式

近年来，青浦区科普工作坚持全局观念、大局意识，以科普社会化为导向，对接区委区政府重点工作，贴近基层单位工作实际，突出协同联动，着力全方位推进、全社会动员、全覆盖服务、全渠道传播，科普与科技、经济、文化、体育等的融合进一步加强，社会化大科普工作格局进一步拓展。N 个 1、＋科普、大协同的科普模式成为青浦科普的最大特色和亮点。图 1 所示为青浦区科普工作的创新模式。

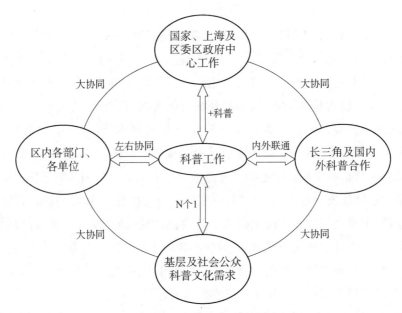

图 1　青浦区科普工作的创新模式

（一）以特色为导向的基层创新模式："N 个 1"模式

植根基层才能焕发生机和活力。科普是社会化事业，只有植根基层、面向民众，才能真正形成自身特色，才能取得真正的效果。2014 年以来，青浦区着眼于挖掘基层科普特色，激发基层科普活力，以稳步推进"N 个 1"科普工程为抓手，将科普工作不断融入社区治理、创新创业、科技教育等领域，培育科普品牌，推动基层科普特色、亮点向全区域发展，营造崇尚科学、崇尚创造、不拘一格鼓励创新创业文化氛围。"N 个 1"科普工程，既推动全区科普工作迈上了新台阶，也得到

了市级相关部门和兄弟区域的好评,《利用资源特色,创新"＋科普"管理模式》还荣获了 2017 年上海科普教育科普管理二等奖。

1. 一街镇一品牌

街镇是科普工作的重要力量,为深化区镇联动,充分调动街镇开展科普工作的积极性,形成全区科普工作的整体合力。2014 年,青浦区开始实施"一街镇一品牌"创建,综合运用项目引导[如 2017 年"一镇(街道)一品"科普特色项目立项 5 个,资助资金 20 万元]、活动联动、例会制度(定期举办街镇科普工作季谈会)、走访调研和工作考核等方式,推动各街镇形成各具特色的科普品牌。

经过 4 年多的持续推进,全区 11 个街镇均形成了具有自身特色的科普活动品牌和科普工作模式,充分彰显了"活力在基层"的青浦科普工作特色,一些街镇的科普工作还获得了市级相关部门的表彰和好评。例如,夏阳街道的"三结合"(结合农业生产,推广种养技术普及科学知识;结合社区管理,倡导科学理念普及科学知识;结合农事旅游,传播科学思想普及科学知识)"社区科普管理和华新镇的"科普六进"(进校园、进社区、进农村、进企业、进家庭、进社会组织)大科普工作格局先后被评为上海市推进公民科学素质示范项目,夏阳街道和华新镇也被评为 2015—2016 年度"上海市科普示范街道(镇、乡)"。青浦区各街镇的科普品牌如表 1 所示。

表 1 青浦区各街镇的科普品牌

序号	街镇	科普品牌特色	序号	街镇	科普品牌特色
1	夏阳街道	"三结合"社区科普管理	7	盈浦街道	"低碳家庭"创建
2	徐泾镇	挖掘社区科普资源,利用新媒体阵地开展"小巷微距"品牌建设	8	朱家角镇	依托古镇旅游资源和地域优势,开展科普集市
3	赵巷镇	"社区创新屋"内涵建设	9	重固镇	"福泉山"古文化科普
4	华新镇	"六进"大科普工作格局	10	香花桥街道	企业科普
5	练塘镇	"科普一条街"项目成功揭牌,有效整合千年古镇科普资源,并受到市科协科普基层行动计划资助	11	金泽镇	依托红柚文化园基地,开展红柚采摘体验节,为乡村振兴助力
6	白鹤镇	沪剧＋科普			

2. 一基地一特色

为提升科普教育基地的服务能级和科普内涵,2015 年,青浦区开始推进"一基地一特色"创建工作,通过项目引领、培训提升、活动联搞(如开展"爱科学亲普行"亲子科普基地实践活动)、基地考核,特色资源共建共享(如制作青浦区科普教育基地参观护照)等多种途径,提升青浦区科普教育基地的科普效果和社会影响力。截至目前,全区已创建国家和市级科普教育基地 19 家(其中国家级 7 家)、区级科普教育基地 39 家,形成了立足青浦、面向全市、辐射全国的科普基地体系。青浦区国家和市级科普教育基地名单如表 2 所示。

表 2　青浦区国家和市级科普教育基地名单

序号	基地名称	依托单位
1	中国兵器博览馆	上海市青少年校外活动营地——东方绿舟
2	中华印刷博物馆	上海印刷(集团)有限公司
3	上海市青少年校外活动营地(东方绿舟)	上海市青少年校外活动营地——东方绿舟
4	上海赵屯草莓科普教育基地	上海青浦赵屯草莓研究所
5	上海铸造科普教育陈列馆	上海浦宇铜艺装饰制品有限公司
6	上海康宇玻璃科技艺术馆	上海康渊企业发展有限公司
7	上海国家安全教育馆	上海市国家安全局
8	上海青浦区博物馆	上海市青浦区文广影视管理局
9	上海青浦循环农业科普教育基地	上海青浦现代农业园区发展有限公司
10	上海青浦区科技成果展厅	上海市青浦区科学技术协会
11	青浦区水资源与水环境科普基地	上海市青浦区水利技术推广站
12	上海人然合一生态园	上海人然合一现代农业生态园有限公司
13	青浦枇杷教育基地	上海沪香果业专业合作社
14	上海四季百果园	上海四季百果园有限公司
15	元祖启蒙乐园	上海元祖梦果子股份有限公司
16	青浦区环境教育科普基地	青浦区环境保护局
17	青浦天鹅、大雁科普基地	上海大千美食林实业有限公司
18	上海健康文化科普基地	上海菲尼克斯乡村俱乐部有限公司
19	上海优澈无人机科普基地	上海优澈智能科技发展有限公司

在"一基地一特色"创建工作的引领下,全区各科普教育基地都形成了自身的品牌项目。例如,上海中华印刷博物馆的"一本书的形成"荣获上海科普教育创新奖提名奖,该项目活跃在全市各中小学、上海大世界、上海图书展、科博会等各大展会,还应邀参加了市科委推荐的在中国香港举办的"创科博览2017——中华文明与科技创新展"。青浦枇杷教育基地的"田间课堂"成为市民和青少年的科普实践教学点。东方绿舟的"自然课堂"成为周末亲子的首选。元祖启蒙乐园的"儿童职业体验"基本覆盖全市幼儿园。青浦循环农业科普教育基地深化"四个一"品牌——"一粒米""一只菇""一棵菜"和"一枚果",推出了以春"菜"、夏"果"、秋"谷"、冬"菇"的"四季"色彩为主题的农事科普活动。青浦博物馆推出了"丝路寻梦——青龙镇访古"系列活动,其中《青龙镇与海上丝绸之路》展览由青浦区委、区政府和上海博物馆联合主办,对传播丝路文化、促进一带一路合作交流起了重要的作用。

3. 一社区一亮点

《全民科学素质行动计划纲要》中明确提出"社区是普及科学知识,提高公众科学素养的重要阵地",社区科普是科普工作的重要方面,也是区域科普能力提升的基础和支撑。从2016年开始,为打造社区科普亮点,将优质科普服务送到群众身边,区科委(协)以科普项目为引导,以社区科普大学、社区创新屋等科普设施为载体,推进"一社区一亮点"创建,引领社区沿着"区级示范—市级示范——全国示范"的轨迹开展创建工作。

截至2018年底,全区共创建全国科普示范社区5家、上海市科普示范社区9家、区科普示范村(居)42家、区科普村(居)123家,并在全市率先成立了青浦区社区科普大学,实现11个街镇分校、村(居)、基地、学校、活动中心等15个教学点的全网覆盖,累计开发科普课程100余门。

社区科普工作的鲜明特色和亮点逐步显现。例如,夏阳街道青平社区低碳节能技术应用推广项目推广节能创新产品,普及节能科技知识,成为青浦首家"上海市低碳社区"。此外,西部花园的"跳蚤市场"、新青浦社区的"科学商店"、青平社区的"低碳环保"、西湖新村的"四联动"科普益民惠民工作、新镇居委的"三坚持"科普工作、赵巷居委会的"科普三园('文化科普园''学习科普园'和'健康科普园'等)"工作、新木桥村的"农村信息化建设"、北大街居委的"小商铺 大科普"等都得到了广大居民的好评。

4. 一学校一创智

青少年是科普工作的重中之重。为拓展校内科技教育,提升青少年学生的创新意识和动手操作能力，2017年，区科委科协联手教育局创建"一学校一创智"，积极打造学校创新载体，充分激发青少年的创新潜能。截至目前，全区共创建上海市科技特色示范学校3所、区科技教育特色示范学校10所。复旦大学附属中学青浦分校陆泽浩等同学荣获上海市"明日之星"称号。在第33届上海市青少年科技创新大赛上，青浦高级中学获得特等奖1项（"走进黑天鹅"生态道德教育综合实践活动）、一等奖1项、二等奖7项、三等奖15项。

"一学校一创智"的实施，对加强中小学科技教育启动有重要的促进作用。一是促进了学校科技教育特色示范项目和品牌的培育，一批特色的科技教育示范项目和科普品牌逐步显现。例如，青浦东方幼儿园的"幼儿班级自然微课程的构建"作为青浦区学前教育课程项目向全区推广。沈巷小学的"创意稻草"拓展型课程荣获上海市拓展型课程课堂教学评比二等奖，同时"创意稻草"还深入社区、企业、基地、家庭开展互动科普活动，扩大了影响力。青浦高级中学的"创客空间"荣获全国青少年创客大赛3D打印一等奖、全国创新大赛优秀创意奖等多项荣誉。二是促进了学校科普活动的蓬勃开展。如上海复旦五浦汇实验学校定期邀请来自各大名校及高校的科技和人文领域方面的专家教授开展"科学邂逅人文　科技助力文化"青浦区复旦五浦汇名家科普系列讲座。青教院附小开展首届科技节之"气象季"活动。青浦教师进修学院联合青浦佳禾小学开展"轻学自然爱实验，科普创新我行动"——青浦区"我爱实验"亲子科普体验日活动。

5. 一单位一主题

为进一步调动全区各部门、各单位开展科普工作的积极性，形成上下联动、左右协同、内外联通的立体化科普工作格局。2018年，区科委（协）创新性地推出了"一单位一主题"创建，着眼于利用区域委办局的科技创新资源，开展科普主题活动。例如，在区气象局的大力支持下，青浦首个标准化校园自动气象观察站——"青葫芦"在青浦区实验小学青湖校区落成，以气象科普走进学校为主题，广受学校、社区的欢迎。

2018年青浦科技节期间，各单位结合自身的业务开展各具特色的科普工作，形成了广泛的社会反响。例如，区宣传部、区文明办等12个部门联合各街镇开展第十二届青浦市民读书节活动，启动"跨阅"——2018年青浦区亲子阅读家庭修身计划，通过"爱·阅读、智·阅读、汇·阅读"三大板块活动，让全民阅读深入人心，提升全民的科学文化素质。区民防办、区地震办会、区教育局等部门积极组织各学校、社区居民,开展形式多样的公共安全科普宣传系列活动,提升广大师生和居民群众的防灾减灾和消防安全意识。区农委、区文广局、区科委(协)等部门组织相关学会成员,做实"三下乡"服务工作,把最新的科技、农技、文化知识送到农民手中。区农委还积极组织区内农业品牌企业,在水岸科技集市内开设农夫集市。区经委举办 2018 年青浦区工业节能现场培训会,组织参观智能制造及机器人重点实验室,零距离接触 NAO 机器人。区环保局举办"美丽青浦,我们是行动者"2018 年青浦区"六五"环境日文艺汇演活动,表彰一批"绿色社区""绿色家庭"和"绿色学校"。区科协开展科普创建、科普拍客、公民科学素质竞赛、社区科普大学体验活动等。

(二) 以服务为导向的品牌培育模式:"+ 科普"模式

服务大局才能体现自己的作为和地位。近年来,青浦区科普工作坚持围绕中心、服务大局,聚焦国家和上海市战略要求,服务区委区政府中心工作,推动科普工作与区域发展战略重点有机对接,着力打造和践行"+科普"模式,重点是立足做好生态建设、特色产业、乡村振兴三篇文章,聚焦绿色青浦,打造"生态+科普";聚焦特色产业,打造"北斗+科普",培育青浦科普特色品牌,扩大区域科普的社会影响力。

1. 生态+科普

生态科普是科普的一个重要方面,是以生态文明社会科学为理论基础、以生态自然科学为核心内容的科学普及。绿色生态是青浦最大的优势和特色。为推动生态宜居现代化新青浦建设,"十三五"以来,区科委(协)立足青浦区国家生态文明示范区、"美丽乡村"和青西郊野公园建设等重点工作,突出环境保护和生态文明主题,着力培育"生态+科普"品牌。

(1)开展丰富多彩的生态科普主题活动,让环保理念深入人心。近年来,青浦区先后举办了水岸科普集市、"绿色青浦 科技惠民"——女科学家进美丽乡村系列活动、青西郊野公园科普定向赛、生态科普论坛、生态科普小讲坛、低碳作品征集等以"生态""低碳"为主题的活动;同时,还在公共安全科普宣传、科技活动周、科技节、科普日等大型活动中嵌入生态元素,引导社会公众积极投身美丽青浦建设中。部分以生态为主题的科普活动如表 3 所示。

表3 部分以生态为主题的科普活动

活动主题	活动概况
水岸科普集市	通过科普展示、科普课堂、科普活动、市集摊位四大板块,集中展示青浦科技在"绿色青浦、特色产业、乡村振兴"中的成就成果。2018年,在青浦科技节期间,活动现场云集了众多科技科普企业,结合北斗导航、人工智能、新能源、生物医药、农业新产品等最新科技产品,让市民亲身体验科技创新成果,一起来发现"青"科技,共享科学美好生活
"绿色青浦 科技惠民"——女科学家进美丽乡村系列活动	聘请上海建筑建材业材料市场管理总站贺鸿珠教授等15位女科学家为"绿色青浦 科技惠民"科普专家。重点围绕青少年科技创新、社区科普服务、在职人群从业创业能力提升等方面,把女科学家的人力、智力引入青浦,进一步提升青浦科普能力,打造青浦科普品牌
青浦枇杷科普基地"生态科普美丽田园"主题活动	上海科普教育发展基金会、上海科技馆理事长左焕琛为基地授予"科普体验实践基地"铜牌,上海市科协副主席王智勇为基地授牌"上海市科普惠农兴村科普示范基地"。左理事长还为社区科普干部作题为"生态文明绿色发展"的科普讲座
"七彩童年绘聚昆虫世界"活动	通过昆虫科普讲座、昆虫绘画作品征集、绘画作品展示和评选活动普及昆虫科普知识,宣传生态科普理念。先后征集到97幅学生绘画作品,其中工诗怡的《昆虫小发夹》荣获特等奖,潘佳颖等人的5幅作品荣获一等奖,陈薇薇等人的10幅作品荣获二等奖,王淼等人的15幅作品荣获三等奖
面向青少年学生,举办生态科普小讲坛	制订菜单式的暑期讲坛目录,根据社区和爱心暑托班的需求,先后开设了10次生态科普小讲坛,以PPT、视频、实物展示以及科学小实验等方式,从身边熟悉的动植物开始,深入浅出地介绍动植物的生长习性,与人类的关系,配合户外寻宝活动,让学生走进动植物世界,激发他们对身边生态环境的了解和关注,从而自觉地加入保护生态环境中。在暑假期间,"生态科普小讲坛"还在图书馆、7个居委和暑托班举办了15场活动,参与人次约500

(2)聚焦乡村振兴和现代农业发展,推动科技惠民兴村。立足于推动科技惠民兴村,将国家生态区的农业特色融入美丽乡村建设,着力培育农业生态科普品牌,促进人与自然和谐相处。成立青浦区农村专业技术协会成立,以农村科普示范基地、农村科普带头人为主的首批会员单位有43家,为青浦市民了解农业、走向农村、走近农民,体验更多的涉农科普知识搭建了一个平台。举办文化科技卫生"三下乡",争取市科委向金泽镇赠送50万元科技大礼包,市科协向金泽镇农民专业合作社协会授予10万元科普惠农奖补资金。举办以"创新、探索、成才"为主题的第八届学生科技节暨青少年科学院揭牌仪式,青少年学生深入白鹤镇新江社区、金泽镇淀湖村、练塘镇东庄村、朱家角镇西湖新村等开展科技下乡

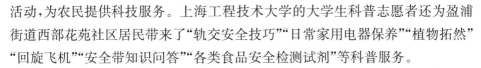

活动,为农民提供科技服务。上海工程技术大学的大学生科普志愿者还为盈浦街道西部花苑社区居民带来了"轨交安全技巧""日常家用电器保养""植物拓染""回旋飞机""安全带知识问答""各类食品安全检测试剂"等科普服务。

2. 北斗＋科普

北斗导航是体现国家战略、军民融合发展与全球性科技创新竞争力的重大战略方向。发展北斗导航与位置服务产业,既服务国家战略,带动区域经济转型发展,又能提升城市管理运行的智能化水平。2016 年以来,青浦区充分利用区域北斗产业集聚的优势和特点,聚焦培育"北斗＋科普"品牌,推动科技与科普两翼齐飞。

(1)开展北斗系列科普活动。充分利用西虹桥北斗产业基地的科普资源,开展"北斗在身边""绿色青浦　雏鹰飞翔"——青浦区中小学生无人机竞赛、北斗知识竞赛和创新大赛、中小学生对话院士等系列科普活动。青浦区政府和市科委联合承办第八届中国卫星导航学术年会,以学术交流、高端论坛、展览展示等丰富多样的科普形式,展示上海卫星导航领域的创新成果。通过组织市民观看展览、聆听讲座、参观基地,普及北斗卫星导航知识,同时,利用"青浦科普"微信公众号推送北斗科普知识,让市民了解北斗、热爱北斗和宣传北斗。

(2)开发北斗科普内容产品。在北斗项目推广顾问和"绿色青浦　北斗领航"科普专家团的指导和参与下,聚焦北斗主题,开发形式多样的科普课程,推动青少年北斗创新教育发展迅猛。区科技成果展厅完成北斗互动展示厅改造,新增"北斗卫星导航系统全息沙盘"等 50 项北斗展品。

(3)建设北斗科普教育基地。依托中国北斗产业技术创新西虹桥基地,建成北斗科普体验馆。2017 年 1 月 12 日,原国家科技部部长徐冠华院士、龚健雅院士等多名导航、遥感和通信领域的院士专家共同见证"北斗人家"科普基地揭牌,一批北斗专家被聘为北斗项目推广顾问。目前,"北斗人家"科普基地已接待参观、来访、科普学习等达数万人次。"北斗人家"科普特色示范区被列为 2017 年度"科技创新行动计划",获得市科委资助 50 万元,致力于打造北斗文化及北斗科普相结合的特色示范区。同时,在朱家角中学建设了全国首家"北斗创智空间",使之成为青少年探索以北斗导航系统科技为核心的航天信息技术的科普阵地。

(4)集聚北斗科普专业人才。成立北斗科普专家团,以西虹桥北斗基地相关科研单位的教授、知名企业的骨干组成北斗科普专家团,定期到学校、社区开展北斗科普知识讲座。聘请中科院院士褚君浩等 5 位专家学者为北斗项目推广顾问,聘请上海交通大学、华东师范大学、华东理工大学、上海电力学院、中科院上海技术物理研究所等一批高校教授和科研机构研究员为"绿色青浦 北斗领航"科普专家,助力青浦北斗科普特色工作。

(三) 以协同为导向的资源整合模式:大协同模式

健全领导制度和协同机制,充分发挥现有资源优势,依托"一街镇一品牌""一社区一两点""一单位一主题"等重点工程,以项目化推进着力打造上下联动、左右联合、内外联通的大协同工作模式,构建"大科普"格局,营造"大科普"氛围,扩大青浦科普工作在上海、全国乃至全球的影响力。

1. 促进上下联动

着力完善市区联动、区镇(街)联动机制,积极承接国家和市级科普活动项目的同时,加强对街镇、村居科普工作的扶持和引导,构建上下贯通的"四级联动"格局。

(1) 加强市区联动,提升青浦科普工作的层次和能级。积极承接市级重大科普活动项目,通过与市级机构联合开展科普活动提升青浦科普工作的能级和层次。例如,与上海科普教育发展基金会强强联手,开展了"秀科普启梦想"青浦区青少年科学体验系列活动,涵盖区内科技特色学校学生、农民工子女以及社区亲子家庭等,参与人次达1500多。与上海业余科技进修学校联合开展了"青浦名家科普讲坛——公共安全科普宣讲社区行"活动,举办了"交通安全,文明出行""公共安全,科学防范""家庭急救,安全用药""保护环境,低碳生活""科学养生,快乐生活""食品安全,健康你我""军事科技,国土安全""中小学生,安全教育"和"信息安全,防患未然"等九大类45个专题30多次科普讲座,受益达3000多人次。与女科学家联谊会联合开展"绿色青浦 科技惠民"——女科学家进美丽乡村系列活动,签订"市区联动推进科普能力提升"合作备忘录。

(2) 加强区—街镇—村居三级联动。加强对街镇和村居科普工作的指导,持续开展村居科普干部培训,提升街镇和村居的科普工作服务能力。与赵巷镇联合举办了五届"崧泽杯"社区创新屋创意制作大赛,既在全社会营造了激发创意、动手制作的良好氛围,也大大提高了街镇举办大型科普活动的能力和水平。每年持续开展街镇科普工作能力培训,为科普干部配发《基层科普工作指南》一书,以训促学、以学促用,努力提高青浦区科普干部的业务水平,提升街镇社区科普服务能力。

2. 强化左右联合

充分发挥区科普工作联席会议(区公民科学素质工作领导小组会议)的协调作用,激发各成员单位在科普工作中的主动性和积极性,形成了良好的部门协作机制。

以科普联席会议为载体和平台,定期召开会议,落实工作任务,共同举办科普活动,齐心协力促进科普事业发展。例如,区科协和妇联在全区范围内开展"低碳家庭"评选表彰活动,在全区普及低碳、节能、垃圾减量和分类等科普知识,倡导市民形成低碳的出行习惯、节约的消费习惯、节能的生活习惯,助力美丽青浦、美丽社区建设。区教育局积极开展科技教育特色示范学校创建及特色项目,创新中小学校科普教育方式,注重整合资源,搭建校际互动、联动平台,全面提升学校科普教育的整体品质。区文广局及时将影视、书刊等各类优秀科普作品送到基层社区。区委组织部利用干部远程教育网、干部在线学习城等开展科普宣传,提高领导干部和公务员的科学素质与科学管理能力。区经委主办的2018年青浦区百强企业看青浦系列活动,结合青浦区气象局站科普工作实际,开展主题为"生态青浦你我他,气象环保小课堂"的活动,组织亲子家庭参观气象观测场、业务平台和科普走廊,了解从天气观测到天气预报的整个过程,并开展了气象手工纸模制作等活动,激发活动参与者对气象知识的浓厚兴趣和学习热情。这些科普活动和工作的开展,推动了全区大联合、大协同科普工作格局的形成和发展,汇聚了全社会的科普工作合力。

3. 注重内外联通

积极践行开放共享理念,通过加强区际合作、城际合作和国际合作,既"请进来"也"走出去",形成了"内外联通、合作共赢"的科普开放发展格局。

(1)加强与兄弟区域的资源共享。组织开展以"体验新科技,乐享青生活"为主题的社区居民科普行,设计6条以青浦科普教育基地为起点,涵盖宝山、金山、闵行、普陀、浦东、奉贤等兄弟区域的科普教育基地旅游线路。将松江、闵行等毗邻区域的科普教育基地纳入青浦区科普教育基地参观护照,为区域内居民参观外区品牌科普场馆提供便利。此外,还与嘉定、普陀、虹口、宝山等区联动开展了第三届"西马特"杯创意制作大赛。

(2)加强国内合作与交流,将青浦科普资源推向国内。青浦区"赛复流动科技馆"落户云南红河州绿春县,为当地科技教师和科技工作者举办实务培训,为当地青少年策划了"体验重力加速度""大气压的奥秘""九龙环的故事""奇妙的声波""从小孔看世界"和"无处不在的传感技术"等13项科普活动。上海中华印刷博物馆的"一本书形成"应邀参加了在香港举办的"创科博览 2017——中华文明与科技创新展"。

二、新时代青浦区科普工作面临的重大需求及挑战

(一) 新时代对科普工作提出的新要求

党的十九大做出了"中国特色社会主义进入新时代"的重大战略判断,从而确立了我国发展新的历史方位。推动新时代青浦区的科普发展,必须准确把握中国特色社会主义新时代对科普工作提出的新要求,构建"大科普"格局,大力提升工作质量和效益,努力开创科普事业发展新征程,更好地满足人民日益增长的美好生活需要,推动人的全面发展,实现社会全面进步。

1. 对接新时代人民群众美好生活的殷切需要

新时代我国社会主要矛盾已转化为人民日益增长的美好生活需要和不平衡不充分的发展之间的矛盾。科普工作坚持以人民为中心,对接人民群众美好生活需要,把适应新时代社会主要矛盾作为科普工作的基本遵循。积极顺应我国社会矛盾的重大历史性变化,着力解决好发展不平衡不充分问题,实现科普服务的公平与普惠,推动人的全面发展,实现社会全面进步。

2. 对标区域经济社会高质量发展的迫切需求

我国已由高速增长阶段转向高质量发展阶段,深入实施长三角一体化发展战略,是引领全国高质量发展、打造我国发展强劲活跃增长极的重大战略举措。科普工作要对标我国经济社会高质量发展的需求,把培育新动能、形成新的经济增长点作为重要方面,以激发科普文化需求、繁荣科普市场为突破口,增加市场化、专业化、高质量的科普服务供给。要围绕长三角高质量一体化发展战略目标,深化区域合作交流,促进美誉度科普活动和科普资源向周边辐射、扩散、共享。

3. 对标全球科创中心强化策源功能的战略要求

全面提升科技创新策源功能是新时期深化科创中心建设的必然选择。坚持科技自立自强,努力实现科学新发现、技术新发明、产业新方向、发展新理念从无到有的跨越,成为科学规律的第一发现者、技术发明的第一创造者、创新产业的第一开拓者、创新理念的第一实践者,既为"十四五"时期科普发展提供了广阔的舞台,也对科普工作提出了更高的要求。必须聚焦提升科创中心策源功能,着力

加强科普能力建设,提升公众的科学素质,着力优化公民理解创新、支持创新、参与创新的社会环境,为全面提升科创中心策源功能提供重要的支撑。

4. 对照现代化国际大都市卓越城区建设的战略部署

"十四五"是青浦在新发展阶段全面服务落实国家战略、向社会主义现代化国际大都市的枢纽门户迈进的新的 5 年。全区将以中国国际进口博览会和长三角一体化发展国家战略为根本牵引,紧紧围绕上海打造国内大循环的中心节点和国内国际双循环的战略链接,加快推进区域治理体系和治理能力现代化,全力打造面向长三角的高能级城市,推动面向创新型的高质量发展,创造面向全社会的高品质生活,构建面向国际化的高效能治理,谱写出新时代"城市,让生活更美好"的新篇章。科普工作对照社会主义现代化国际大都市的枢纽门户的战略部署,把助力高水平创新、高质量创业作为重要使命,激发创意、宣传创新、服务创业,凝聚创新共识,汇聚创新正能量,为青浦区建设社会主义现代化国际大都市的枢纽门户提供重要支撑。

(二) 青浦区科普工作的进展及成效

在 N 个 1、+科普、大协同等科普创新模式的支撑下,近年来,全区科普工作聚焦民生关切,贴紧群众需求,以全面提高公众科学素养和城区文明程度为主线,坚持政府引导与全社会参与、公益性与市场机制相结合的原则,彰显科普社会化运作理念,大力加强科普公共服务能力建设,全区科普事业实现了持续、健康发展,成功创建 2011—2015 年、2016—2020 年度上海市科普示范区,全国科普示范区,仅 2018 年就有 22 人次获得市级及以上荣誉或奖励。

1. 科普设施体系日趋完善,为新时代高质量发展奠定了新基础

"十三五"以来,青浦区持续推进科普基础设施建设,多层次、多类别的科普基础设施网络日趋健全,为促进新时代全区科普事业的进一步发展奠定了新的基础。

截至 2017 年底,全区共建有国家级科普教育基地 7 家、市级科普教育基地 19 个、区级科普教育基地 39 个。平均每 6.4 万人(常住人口)拥有一家市级科普教育基地。

夏阳街道社区创新屋、赵巷镇社区创新屋等 4 家社区创新屋建成并开放,为周边居民、学生提供了动手实践创新的科普场所。社区等基层科普设施进一步健全,通过社区、公共场所的科普触摸屏、电子显示屏、科普大屏幕进行科普宣传,扩大科普受众面。

图 2 为所示为上海市各区科普教育基地密度。

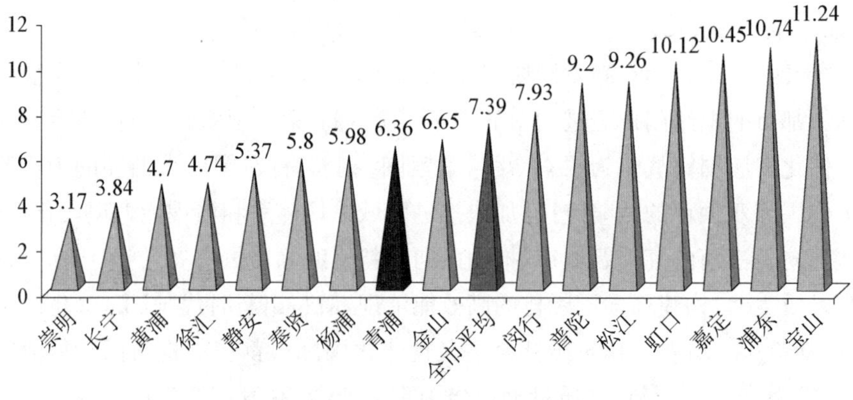

图 2　上海市各区科普教育基地密度

2. 科普活动品牌效应凸显，为新时代高质量发展增添了新亮点

近年来，青浦区坚持以人为本、注重实效，扎实推进群众性、社会性、经常性的科普活动，科普活动的影响力和示范效应不断扩大。

一方面，依托科技节、科普日等国家级和上海市级重大科普活动平台，举办富有青浦特色的各类活动。据不完全统计，2013—2018 年，全国科技活动周暨上海科技节、全国科普日期间，青浦共举办各类科普活动超过 600 项，参与人数超过 100 万人次，大大提升了科普活动的群众性、参与性和趣味性。另一方面，结合青浦的实际，培育了水岸科普集市、青浦名家科普讲坛、"院士青浦行""崧泽杯"社区创新屋创意制作大赛、青浦科普拍客、"绿色青浦　雏鹰飞翔"——青浦区中小学生无人机竞赛等具有青浦特色的科普品牌活动，以贴近基层、贴近群众的方式开展科普宣传，促进科技惠民、科普益民。

3. 科普宣传网络不断拓展，为新时代高质量发展拓展了新空间

近年来，青浦区顺应互联网、新媒体的发展趋势，创新科技传播方式，丰富传播载体，应用现代信息技术提升科普宣传效率，科技传播和科普网络不断拓展。

一方面，强化传统手段和载体的科普内容推送。充分发挥电视、报刊媒体的优势，开展科技传播。各类科普活动的开展都邀请电视媒体拍摄，并在青浦新闻中播出。坚持每月制作一期《青浦科技》，每周日播出，每次 15 分钟。与各类科技宣传报纸、杂志密切合作，及时报道青浦科普活动和科普工作的特色及亮点。2016 年还创设了《青浦科普》期刊，报道青浦科普动态，宣传普及科普知识。另

一方面,积极开拓新媒体渠道。2015年创设青浦科普微信公众号,截至2020年初,已累计发表科普原创作品近1 200条,拥有固定粉丝近1 000名。实施"脚印在身边 拥抱智慧生活"计划,依托青浦科普网、青浦区门户网站、绿色青浦微博、绿色青浦微信、青浦科普微信等新媒体平台开展网上视频访谈、"互联网＋科普讲坛"等科普活动,推送科普内容和信息。

4. 科普内容创作更加繁荣,为新时代高质量发展积蓄了新潜力

原创内容是科普宣传的灵魂,也是科普能力建设的核心所在。近年来,特别是"十三五"以来,青浦区结合自身特色和优质资源,加强科普作品的创作,策划创作了一批形式多样、内容丰富、为群众喜闻乐见的科普作品。

对接老百姓公共安全生活需要,编印科普图书。先后编印了"平安生活"丛书1 500册(包括《平安生活——居家安全指南》《平安生活——食品与用药安全指南》和《平安生活——防灾避险指南》)《公众应急救援应知应会手册》3 500册、《生活中的信息安全》(包括《电脑设备与手机保护》和《网络犯罪与诈骗防范》)6 000册、《生产安全,你我须知》2万册,分发到街镇村居和有关单位。

推动科普与文化、教育、旅游、传媒等的有机结合,一些科普作品获得了市级奖励。例如,《酒之祸》荣获第五届上海市科普艺术展演一等奖,《平安使者》荣获第六届上海科普文艺汇演一等奖,徐泾镇选送的时装表演《一样的美》荣获第七届上海市科普艺术展演活动二等奖。

5. 科普工作队伍不断壮大,为新时代高质量发展提供了新保障

人才是第一资源,是做好科普工作、提升科普服务能力的关键所在。近年来,随着对人才队伍建设的重视,青浦科普队伍建设持续深化。

(1)以科普专家库建设为抓手,集聚全市高端科普人才。与市女科学家联谊会签订"市区联动推进科普能力提升"合作备忘录,聘请15位女科学家为"绿色青浦 科技惠民"科普专家,聘请一批高校教授和科研机构研究员为"绿色青浦 北斗领航"科普专家,助推智慧城区建设;聘请6位科技、人文学者为"科学邂逅人文 科技助力文化"科普专家,助力青少年科技创新。

(2)以专业培训为抓手,提升科普专兼职人才的业务素质。近年来,区科协持续开展科普基地、科学诠释者、科普讲解员、街镇社区科普管理干部等专项培训,平均每年都有超过200人次的科普专兼职工作者参与培训。同时,还积极组织科普工作者参加市科委、市科协等组织的科普业务培训。通过培训,一批专业的优秀科普人才脱颖而出。例如,上海北斗导航创新研究院的刘建在第五届上海市科普讲解大赛的复赛和决赛中脱颖而出,勇夺第一,荣获金奖,成为"2018

上海市十佳科普使者"。

(3) 以志愿服务总队青浦分队建设为抓手,扩大科普志愿者队伍。青浦区率先在全市成立上海科普教育志愿服务总队青浦分队,扩大科普志愿者队伍的影响力,目前拥有科普志愿者 200 余名。

6. 科普发展环境逐步优化,为新时代高质量发展浓郁了新氛围

加强科普宏观管理和顶层设计。调整青浦区科普工作联席会议(区公民科学素质领导小组)成员;理顺关系,明确青浦区科普工作联席会议办公室(青浦区公民科学素质工作领导小组办公室)设在区科协,全面负责组织工作督查。

区科委(协)积极履行区科普工作联席会议和区公民素质纲要领导小组办公室职能,以项目共建、活动共办等为抓手,整合各部门资源合力推进科普工作。保障财政科普投入,近五年来区科委(协)累计立项 123 个科普资助项目,其中3 个项目被列为上海市科技创新行动计划。同时,积极引导和吸纳社会资金,科普投入正逐步形成多元化格局。

(三) 青浦区科普工作的不足及挑战

尽管全区科普事业在"十三五"期间实现持续发展并取得良好成效,但与新时代的新要求和社会公众的新期盼相比,全区科普事业仍存在发展不充分、不平衡、不适应等问题。

1. 优质科普服务供给亟待丰富

本区集聚、吸引市级优质科普资源的能力仍有欠缺,区内科普资源整合共享机制尚待优化。高端科普供给不足与人民群众日益增长的科普需求之间存在矛盾,具有区域优势和特色的原创作品和精品仍然比较缺乏。科普活动的内容和形式比较单一,活动参与面不够广、吸引力不够强、本区特色不够突出。

2. 科普发展不平衡问题比较突出

一是城乡区域发展不平衡,公民科学素质和科普工作能力存在比较明显的"东西差距"和"城乡差异",西部区域和农村地区公民科学素质仍有较大的提升空间。二是在不同人群中科普发展不平衡,日常科普活动参与以亲子家庭和社区老年人居多,职中人群参与科普活动相对较少。三是政府推动与社会作用发挥不平衡,科普事业总体上处于以政府推动为主的阶段,社会力量特别是企业从事科普的意愿还比较缺乏,专门从事市场化科普业务的企事业单位还比较少。

3. 专业化科普服务能力亟须提升

科普专业化水平和精准化服务难以适应人民群众多样化的科普需求。创新

主体对科普工作重要性的认识不够,在资源投入、条件保障方面存在明显的"重研发、轻普及"现象。全区科普财政投入呈现逐年缩减,科普专兼职工作者队伍建设亟须加强。科普应急服务能力难以适应"后疫情"时代的科技传播要求,针对社会热点焦点问题和公共事件舆情危机的响应速度有待提高,面向新技术、新应用、新业态、新科学的科普服务能力需要进一步加强。

三、进一步推进青浦区科普工作模式创新及高质量发展的战略思路

(一) 战略理念

面对新形势、新要求和新挑战,进一步推动新时代的科普事业发展,要全面贯彻党的十九大精神,以习近平新时代中国特色社会主义思想为指导,坚持创新、协调、绿色、开放、共享的新发展理念,紧扣我国社会主要矛盾变化,按照高质量发展的要求,紧紧围绕建设具有全球影响力科技创新中心产业高地与活力新区和全力打响"四大品牌"的战略需求,聚焦主攻方向和重点领域,抓好重大任务、重点项目和品牌活动的推进落实,以点带面,通过品牌活动、精品力作、重点项目的实施,引领科普事业实现高质量发展。

1. 注重工作机制的社会化

以推动创新治理体系和治理能力现代化为契机,着眼未来发展,加强引导激励,广泛动员社会力量参加科普工作,调动企业、社会共同参与科学普及的积极性和主动性,逐步培育、丰富科普的社会细胞和社会元素,建立健全政府引导、社会参与、共同受益的社会化、市场化科普运作体系和工作模式,实现科普工作机制由行政化向社会化转变。

2. 注重内容开发的综合化

立足区域特色,顺应学科交叉、科技社会融合的发展趋势,兼顾自然科学和人文社会科学,将科技知识、科学思想、科学方法和科学精神整合传播;促进科普、娱乐、体验、生产有机融合,寓教于乐、寓教于玩;推动创意、创新、创业纵向延展,不仅关注科技创新,更要激发创意,推动和服务大众创业、万众创新。

3. 注重资源配置的高效化

强化部门协同、市区联动、条块结合,处理好政府与市场、事业与产业、短期与长期的关系,充分发挥市场在科普资源配置中的决定性作用,提高科普资源配置效率,促进科普资源配置由分散化向集聚化转变,促进现有资源高效利用、分

散资源集中利用、不同资源综合利用,使科普资源各尽其用、科普主体各显其能,形成多元化投入、集聚化配置的科普资源开发格局和科普事业发展合力。

4. 注重科普服务的均等化

以提高公民科学素质和能力为宗旨,注重职前、职中和职后人群全覆盖。根据不同人群的特点和具体需求,形成有针对性的科普内容、形式和标准,提高科普对象的覆盖率;坚持以点带面,合理配置科普资源,更加重视科普服务的公平性和普惠性,营造"人人从事科学传播,人人享受科普服务"的"大科普"格局。

5. 注重发展视野的国际化

充分利用进博会的溢出效应,以提升科普国际影响力为导向,以国际化的理念和全球视野谋划工作、策划活动、实施项目。在科普功能辐射上,实现从注重本地化向本地化、区域化、国际化有机结合的转变,重视引进国外优质的科普资源的同时,将自身推向国际,融入全球科普格局,在国际舞台上树立创新、开放、专业的良好形象。

(二) 战略愿景

推进新时代的科普事业发展,要把创新、协调、绿色、开放、共享的新发展理念作为未来科普事业发展的根本指针,努力以发展理念转变引领科普工作方式转变,以科普工作方式转变推动科普服务质量和效益提升,着力打造长三角科普一体化发展门户和科普融合发展示范区。到 2025 年,科普工作统筹机制更加完善,社会化、区域化大科普工作格局基本形成,全区科普能力和公民科学素质水平实现跨越提升。

1. 长三角科普一体化发展门户

聚焦青浦战略定位从"上海之源"迈向"上海之门",加强长三角科普资源的共建共享。尊重各方意愿,加强与长三角城市群的协同协作,促进公共性领域的共享与交流,推动互补性领域的分工与合作,共同策划举办重大科普活动,共享优质科普资源,共树科普品牌,凝聚长三角一体化发展共识。

2. 科普融合发展示范区

以"+科普"为总抓手,深化 4 个融合(品牌化融合、规范化融合、信息化融合、多元化融合),促进科普与区委区政府中心工作有机对接,科普与文化、艺术、体育深度融合,自然科学与人文社会科学相得益彰,高质量科普服务和内容产品供给更加丰富,科学、理性、求实、创新的社会氛围更加浓郁,培育形成一批品牌科普活动和项目,产出一批高水平的科普内容作品。

(三) 战略路径

1. 以构建区域传播体系为牵引,推动协同发展

科普是一项社会系统工程,协同联动是现代科普发展的重要趋势。要围绕创新链完善科普工作体系,对接区域创新体系构筑区域科技传播体系,促进科普工作体系与创新链的深度对接,推动科技创新与科学普及协同发展。具体而言,在创新链的前端,要着眼于激发创意,着力推动科技与文化融合,营造良好的氛围,充分激发创意火花。在创新链的中端,要对接创新驱动发展战略部署,着眼于宣传创新,及时宣传推广创新战略、创新成果和创新机构,弘扬创新正能量。在创新链的后端,要立足服务创业,提高社会公众的创业意识和素质,培育发展科普文化产业,鼓励和支持科普创业,助力打造万众创新、大众创业升级版。

2. 以供给侧结构性改革为动力,实现供需平衡

针对社会公众科普需求升级和有效、优质科普内容供给不足的矛盾,加快推进科普供给侧结构性改革。改变惯有的"单向投入型"公共科普服务供给机制,构建以公众需求为导向的"双向互动型"供给机制,促进政府公共科普服务供给与公众需求有效耦合,保障公共科普服务供给的精准性和公平性。大力发展科普产业,打造科普龙头企业,通过市场机制,向公众提供更加优质、高效的科普产品和科普服务。

3. 以提升科普管理效能为抓手,保障持续发展

以科普社会化为导向,在充分发挥政府主导科普工作的独特优势的同时,充分发挥各类社会组织的作用,调动企业、社会共同参与科学普及的积极性和主动性,逐步培育、丰富科普的社会细胞和市场元素,在科普基础建设、科普传媒网络构建、科普文化产业培育等方面建立健全政府引导、社会参与、共同受益的社会化科普运作体系和工作模式,提高科普管理效能和科普资源配置效率,保障科普事业实现充分发展、持续发展和平衡发展。

(四) 战略重点

1. 以社会公众需求为导向的精准化科普

以提高社会公众科学素质与能力为宗旨,根据不同人群的特点和具体需求,形成针对各目标人群的科普内容、形式和标准,提高科普对象的覆盖面和科普内容的针对性。定位要准,适应分众化、差异化的传播趋势,明确精准受众的定位,确立自身特色。题材要新,围绕重大主题开展深度宣传策划,不断推出反映时代

风貌、具有时代印记的精品力作。表达要活,用群众喜闻乐见的语言和形式讲好故事,在潜移默化中说服人、打动人、感染人、影响人。着力构建以能力为主导的区域科普工作模式,注重提高社会公众运用科技知识分析解决问题的能力和处理实际事务的能力,提高科普工作综合效益,促进区域科普事业高质量发展。

2. 以新兴传播技术为载体的信息化科普

在移动互联时代,以智慧化和数字化为特征的信息通信技术、人工智能技术和虚拟现实技术等正在汇聚成一股重要的变革力量,重塑着传统的科学传播模式。要以科普信息化为核心,强化"互联网十"思维的应用,着力培育和打造"互联网十科普"品牌。推动传统媒体与新媒体深度融合,借力"互联网十"打造多层次的科普信息化平台,依托微信和 App 等新兴传播载体,定期向公众推送科普内容,实现科普宣传线上线下配合、虚拟与现实结合,拓展科技传播域和科普覆盖面。引导各类科普组织和机构加强科普传播协作,围绕公众关注的科学热点、社会热点焦点问题,建立快速反应工作机制,回应公众关切,及时解疑释惑。

3. 以区域优势资源为依托的特色化科普

特色化的品牌活动、优秀作品等科普特色精品是提高科普显示度和社会影响力的重要抓手,也是激发社会公众积极参与科普活动的兴趣点所在。要把突出青浦区域特色作为推动科普各项工作的基本内核,充分利用生态、农业及特色产业资源,发挥比较优势,围绕青浦在上海发展全局中的战略定位和区域特质,聚焦区域发展重点,坚持点面结合,策划设计科普重点项目、特色工作和品牌活动,推动社会化运作、特色化培育和品牌化发展,培育青浦科普特色品牌,扩大区域科普的社会影响力,带动科普事业全面发展。

4. 以培育科普产业为重点的市场化科普

科普产业是科普社会化、市场化的必然趋势,培育科普产业是构建现代化产业体系的重要举措。要顺应科普社会化、市场化发展大势,直面科普文化市场需求,及时捕捉市场信息和产业灵感,积极探索市场化运作科普的模式,在培育和发展农业科普旅游、生态科普旅游、特色产业科普研学等方面形成新的增长点,促进公益性科普事业和经营性科普产业协调发展,有效提升科普文化服务水准,更好地满足群众需求。

四、进一步推进青浦区科普工作模式创新及高质量发展的对策建议

进一步推进青浦区的科普工作模式创新及持续高质量发展,要在发展中继

承、在继承中创新、在创新中发展。

(一) 持续创新科普模式,培育美誉度科普品牌

在总结"N个1""＋科普"、大协作等科普工作模式成功经验的基础上,对接区域发展战略重点任务、基层科普工作特色资源、社会公众日常生活需要,持续推动和深化以融合为核心的社会化大科普模式,推动科普与区域中心工作、基层特色资源和社会公众需求相结合,培育美誉度科普品牌。

1. 深化"N个1"创建,提升科普工作融合度

充分发挥科普联席会议协调作用,注重上下联动、左右协同、体制内体制外结合,深化和拓展"N个1"创建,提升科普工作的融合度。在持续推动"一街镇一品牌""一社区一亮点""一基地一特色""一学校一创智""一单位一主题"的同时,拓展工作视野,顺应科普社会化、市场化发展态势,充分激发科技企业、科技园区开展科普工作的积极性,探索开展"一企业一精品""一园区一活动"创建工作,支持科技企业结合自身生产业务开发科普精品、开展科普工作,引导科技园区动员入驻企业开展有针对性的科普服务活动,活跃园区氛围。

2. 持续推进"＋科普",提升科普工作显示度

在"生态＋科普""北斗＋科普"的基础上,对接区域经济社会发展重点和热度,拓展"＋科普"的内涵,培育具有青浦特色的品牌科普。深入推进"特色产业＋科普",聚焦人工智能、民用航空等区域主导产业和重点发展的新兴产业,开展有针对性的科普工作,深挖产业科普潜力和企业科普活力,为产业发展汇聚资源、营造氛围。持续推进"乡村振兴＋科普"惠农计划,助力美丽乡村建设,促进城乡科普服务均等化。全力推进"进博盛会＋科普",提升广大居民对举办进博会的理解、包容、支持和参与度,服务保障进博会举办。

3. 加强长三角科普合作,提升科普工作影响力

加强与嘉兴、苏州等毗邻地方的沟通对话,构建地方科普创新联盟,强化优势特色科普资源的共享共用和互补互鉴。例如,通过发行长三角科普护照、构建长三角科普游学研修路线等,实现长三角科普教育基地和科普场馆资源的有机链接。联手打造品牌科普活动,使其成为长三角科普合作的亮点和名片。在举办青浦科技节、科普日活动期间,邀请江浙同行参加,浓郁合作氛围。共同策划举办博览会、创新大赛、科技竞赛等赛事活动,定期举办,形成品牌。

（二）追求共享平衡发展，优化普惠性科普服务

贯彻落实共享发展理念，促进科普服务的普惠与公平，核心要义是坚持以人为本，面向公众需求，注重职前、职中和职后人群的全覆盖，要着眼于全方位推进、全覆盖服务、全渠道传播，构建普惠性的科普服务体系。

1. 职前人群：强化科普的探究性

聚焦素质教育，以提升未成年人科学素质和创新意识为宗旨。坚持以点带面、内外互动，推进校内教育与校外教育协同发展，促进青少年科学素质稳步提升。在中小学校推广探究式学习方法，组织开展丰富多彩的科普活动。以科技特色示范校建设为抓手，浓郁中小学校科创氛围。注重对青少年学生的跟踪培育和长期指导，定期组织学生和科学家见面会，让学生们与科学家、科技导师"零距离"接触，在与科学家的双向互动接受潜移默化的思想教育、科学知识和科学精神。

2. 职中人群：突出科普的实用性

聚焦企业职工、白领人群、外来务工人员等城镇劳动者，突出科普活动的应用性，大力开展科普专题宣传，举办各类再就业培训、创业培训、职业技能比赛等，引导更多的劳动者投身创新创业潮流。积极参与"上海市职业技能大赛""上海市技术能手"评选，培养高技能的专业人才和高素质的创新人才。普及金融理财、企业管理、营销策略、健康保健等方面的知识和技能，提高都市白领的创业技能和就业素质。邀请知名企业负责人、创业家以及从事创业辅导和策划的专业人士，开展创业技能培训。

加强对公务员尤其是领导干部科学发展观、创新精神的宣传和普及，制订提高领导干部和公务员科学素质的培训教育计划和方案，积极开展以科学管理知识、创新驱动发展战略意识为重点的普及教育，提升领导干部和公务员的创新意识和组织创新活动的能力。向机关和企事业单位干部和公务员配发科普读本。邀请院士专家等高端人才面向公务员和领导干部开展战略性、前瞻性和高层次科普讲座。结合学习型机关建设等，举办各种提高科学素质的读书活动及知识竞赛。

推动科普进村居，培育新型农民和农村实用人才。聚焦乡村振兴战略实施，加大新型职业农民培训力度，通过集中培训、观摩学习、项目扶持等手段，打造一支懂技术、会经营、善管理的新型职业农民队伍。完善基层农技推广体系，形成"专家＋农技人员＋示范基地＋示范户"的农技推广模式，解决农技推广"最后一

公里"的问题。建立健全农村科技教育、传播与普及服务组织网络,重点面向农村妇女开设"智慧课堂"。充分利用为农服务热线等信息平台扩大科普内容推送,提高农民获取科技知识和依靠科技发展生产、改善生活质量的能力。

3. 职后人群：力求科普的生活性

以建设社区科普公共服务圈为抓手,深入实施"社区科普益民计划",着力提高市民运用科学知识来改善生活的能力。充分发挥社区科普大学等组织的科普功能,重点传播先进科技理念和现代科技知识,促进全社会科学、文明、健康生活方式的形成。聚焦安全健康、节能环保、防灾减灾等内容,推广科技文化下乡、科普体验、心理健康咨询等群众满意度高的科普活动。

(三) 深化互联网+ 科普融合,促进精准化科技传播

突出科普内容建设,创新传播形式,拓宽传播渠道,提升科普服务能力,深化"互联网＋科普"新模式。推动传统媒体与新媒体的深度融合,运用多元化手段实现多渠道全媒体传播。

1. 巩固大众媒体科普渠道

引导电(视)台、报纸、期刊、杂志等传统主流媒体增加公益类科技、科普节目的策划和宣传,确保各类专业媒体有一定的栏目、时段用于科普宣传。支持专业媒体加大科学家科学精神和先进事迹的宣传力度。畅通渠道,鼓励科技工作者、科普创作人员积极参与科普报道的选题策划,及时就相关热点科技话题在媒体发表科普作品。

2. 构建互联网科普新媒体矩阵

推动移动互联网、云计算、大数据等与科普工作有机融合,促进科普资源共建共享,大力提升科普公共服务能力和科技传播能力,形成互联网时代科普工作新格局。深入推进科普信息化建设,加快"智慧科普盒子"的应用和推广,以"青浦科普网"、青浦科普微信公众平台为新媒体,与市级科普云等科普网站、上海科普微信平台等加强信息速递,加快科普中国的落地运用,构建互联网科普新媒体矩阵,为社会公众提供精准化的科普内容资源和优质服务,彰显青浦科普宣传力度。

3. 扩大公共场所科普宣传

采用多种方式,引导公园、商店、书店、医院、影剧院、图书馆等公共场所逐步增加科普宣传设施,拓展科普功能,重点推动科普进商场、进公园,定期举办科普集市等活动,将科普融入人们的休闲、购物、医疗、旅游等日常生活之中。推动科

普进地铁站,打造若干科普车站。以政府购买服务的方式,利用公共场所的商业电子屏、企业广告牌等各类社会化载体,扩大公益性科普内容推送,拓展科普工作影响面。

4. 丰富科技传播精品内容

加强科普作品创作,鼓励和支持文学、艺术、教育、传媒等社会力量,结合青浦区域特色和产业特点,创作图书、画册、剧本、小品等科普作品及文艺节目。通过内容聚合和分发以及大数据挖掘分析技术,针对不同社区及科普受众群体的个性化需求,推送针对性、权威性较强的科普内容,建立全面系统、热点监控、实时发布、精准推送、供需对接和反馈评价的网络科普体系,掌握科技普及和传播的网络空间话语权。

(四)面向长远发展,增强基础性科普能力

按照新时代深化改革要求,进一步创新科普工作思路,着力壮大深入一线的科普工作队伍、保障多元供给的科普工作经费、健全植根基层的科普设施体系、提升面向未来的科普管理能力,不断增强基础性的科普公共服务能力。

1. 壮大深入一线的科普工作队伍

持续推进科普专家库建设,集聚区内外乃至市内外、国内外知名科普专家为青浦服务,当前可重点邀请江浙等地的科普专家入库。壮大科普专兼职工作者队伍,充分发动科技工作者、教育工作者开展科普工作,建立稳定的区、街道(镇)、社区科普志愿者队伍。持续开展科普工作业务培训,提升科普工作人员业务素质。定期举办科普管理、科普讲解、科学诠释者等专业培训班或研讨班,为科普工作者搭建交流、学习的平台。

2. 保障多元供给的科普资金投入

保障财政科普资金的稳定投入,根据全区科普事业和公民科学素质建设需要,逐步加大投入强度。以实施科普资助项目为抓手,引导鼓励社会资金投入科普事业,大力推进政府和社会资本合作模式,建立完善以政府为投入主体,企事业单位、社会团体和个人积极投入科普事业的多元化投入机制,实现公益性投入和市场化运作的有机结合。

3. 健全植根基层的科普设施体系

完善科普基础设施的统筹布局与规范管理。继续推进国家、市级、区级科普教育基地三级联创,挖掘本区科普资源,鼓励社会力量参与创建和申报市区两级科普教育基地。深入推进"一基地一特色"创建,引导和支持科普教育基地打造

品牌活动项目,提升科普服务内涵,打造品牌场馆。整合 17 号轨道交通沿线的科普设施、科普场馆和科普基地等资源,打造"与你一起(17)"科普新干线。着力完善街镇、村居等基层科普设施。继续开展科普示范街道(镇)、科普示范社区创建工作,创建一批科普示范社区、科普示范街道(镇)。加强社区科普活动室、社区创新屋、东方信息苑、科普图书室等科普场所建设。根据区域科普工作特色,依托科普示范社区、科普示范街道(镇)、科普教育基地、社区创新屋、商务楼宇、科技园区等,结合区域科普品牌活动,创建主题鲜明、设施完备、线上线下服务功能齐全的科普特色示范展示区。

4. 提升面向未来的科普管理能力

进一步完善区公民科学素质工作领导小组和科普工作联席会议工作制度,持续推进科普工作组织网络建设。根据新时代政府管理改革要求,优化科普管理相关的规章制度,加快推动国家及上海科普相关政策的落实落地,提升科普服务和管理效能。

参考文献

［1］张仁开."十三五"时期上海培育和发展科普产业的思路研究[J].上海经济,2017(1):32-40.

［2］曹宏明,李健民.全球科技创新中心战略与上海科普事业发展新思考[M].上海:上海交通大学出版社,2017.

［3］张仁开.新时代科普发展的新战略——以上海为例[J].安徽科技,2018(9):5-8.

培育和发展徐汇区科普产业对策研究[①]

"十三五"以来,国家将科普工作的地位提到了新的高度。习近平总书记在2016年5月30日召开的全国科技创新大会上指出,"科技创新、科学普及是实现创新发展的两翼,要把科学普及放在与科技创新同等重要的位置"。而科普产业不但是科学普及的新方向,也是新的经济增长点。《上海市科普事业"十三五"发展规划》也提出要"培育具有科普功能的新业态","鼓励各类社会机构、企业参与上海科普资源公共服务平台建设,增加专业化科普服务供给,集聚形成科普产业集群"。

科普产业对城市科技与经济的发展具有重要推动作用,培育科普产业不但有利于优化城市产业结构、提升创新能力和核心竞争力,更有利于提升城市科普能力,提高市民科学素质,为上海科创中心建设营造良好的创新创业氛围。作为上海科创中心重要承载区,徐汇区不仅是国家大众创业、万众创新示范基地和全国科技进步先进区,而且是上海和全国的科普示范区,理应率先培育和发展科普产业,大幅提高科学产品和科普服务的供给能力,为提高科技传播与普及水平、支撑上海科创中心建设做出应有贡献。

一、徐汇区发展科普产业的基础和优势

推动科普事业与科普产业协同发展,这也是新时代做好科普工作的新要求。总体而言,我国科普产业均处于培育和萌芽阶段,科普社会化和市场化还刚刚起

---

① 本报告由周小玲(上海市科学学研究所副研究员、上海市科学学研究会副秘书长)主笔完成。报告是2019年度徐汇区委统战部调研课题(课题负责人:周小玲)的最终成果。

步,但徐汇区科研实力雄厚、科技人才集聚、文化创意产业和高科技产业发达,科普事业有特色、公民科学素养较高,为徐汇区发展科普产业奠定了良好的基础。

1. 科技创新有实力

徐汇区综合实力雄厚,科技创新活跃,区内拥有百余所科研院所和高校,科技人才集聚。全区市级高新技术企业、国家重点新产品、市高新技术成果转化项目等均名列全市前茅,电子信息、生命科学、智能制造、人工智能等高科技产业发展迅速。截至2018年底,全区双创载体累计达到75家,入驻企业超过1200家。位于徐汇区东片的枫林生命科学园区,中科院上海分院、上海生命科学院、上海科技大学、复旦大学医学院、中山医院等国家级科研机构、三甲医院和重点高校组成了代表徐汇区的生命科学创新极。位于徐汇西片的漕河泾开发区,3 600余家中外高科技企业和研发服务机构驻扎,形成以电子信息产业为支柱,高附加值现代服务业为支撑的产业集群框架。此外,西岸智慧谷、西岸人工智能创新中心、华泾北杨人工智能特色小镇等区域正在形成人工智能应用项目、顶尖人才及重点企业的集聚区。高水平的科研能力、高素质的科技人才、高科技的产业为徐汇区的科普产业发展营造了良好的创新生态。

2. 文化创意有基础

科普产业属于文化创意产业的一个分支。将文化元素、创意基因注入科普产业,才能使之有可持续发展的生命力。徐汇区也是文化大区,文化产业发达,影视产业有上海电影集团,动漫产业有梦工厂,网络文化产业有腾讯视频,演艺中心已汇聚了京剧院、越剧院;艺术品交易有西岸的美术馆、画廊群和西岸保税仓库。近年来,徐汇区的文化创意产业也发展迅速。区内拥有文化创意市级示范园区1个、市级园区13个、市级示范空间2个和示范楼宇2个。其中,越界创意园是上海市最大的单体文化创意产业园之一,文定生活文化创意产业园是上海首家5G文创智慧园区。各大文创园区内,文创类企业约占入驻企业总数的75%,以艺术、音乐、演艺、数字内容、影视传媒、创意设计为支柱产业,集聚了游族、恺英、腾讯科技、巨人网络等一批龙头企业。随着文创企业不断集聚,徐汇区文化创意产业链不断完善,徐汇区文化创意产业园区的服务能级也不断提升,为科普产业的培育发展奠定了坚实的产业基础。

3. 科普事业有特色

科普产业化是以科普事业的社会化、市场化为基础。徐汇区的科普事业紧密围绕建设创新徐汇、幸福徐汇、文化徐汇、美丽徐汇和现代化国际大都市一流中心城区的战略需求,紧密结合科技创新与科学普及,充分挖掘区域特色资源,汇聚各类创新要素,引导社会力量共同参与科普工作。徐汇区成功创建全国科普示范城区,并连续多年在上海市科普工作测评中荣获"综合先进奖"。2020年徐汇区公民具备科学素质的比例达29%,连续多年位列全市第一。持续推动高端资源科普化,加强与大院大所大校大企资源紧密对接,鼓励科研院所打造"一所一品牌"科普品牌,鼓励街镇社区打造"一街一品牌""一居一特色"等科普项目,持续推动科普服务网络化,推行"互联网+科普"。区科委与区旅游局还联合推出了科普特色旅游线路,将继续推进科普产业园区建设相关研究和孵化科普企业相关政策措施工作。目前,徐汇区共有市级以上科普教育基地科普基地23家,其中全国科普教育基地5家。通过推进科普教育基地与文化馆、博物馆、图书馆等公共文化基础设施的联动,拓展科普活动渠道,提升科普教育基地的科学传播和服务功能。可见,丰富的科普活动为科普产业拓展了发展空间,各具特色的科普教育基地和公共文化设施为科普产业发展提供了稳定的载体和需求。

4. 科普产业有萌芽

近年来,徐汇科普企业在增长数量、发展水平等方面,都处于成长阶段,集聚了一批如上海科教电影制片厂的社会化、市场化科普机构,科普旅游业、科普出版业等一些科普产业细分领域也呈现良好的发展势头。2018年,在市科委的支持下,徐汇区联合氪空间徐家汇社区打造上海科普产业孵化基地。徐汇区在招商政策、产业政策方面给予扶持,氪空间提供全国领先的专业孵化和产业创新服务,合力打造科普产业、营造产业氛围。经公开征集,首批共有"妙小程""科学盒子""星趣科普""码趣学院""精练"等10个科普创业企业入驻孵化器;至2018年底,5个科普创业企业获得社会资本投融资,其中种子轮投资1个、天使轮投资3个、A轮投资1个。在此基础上,上海市科普产业孵化基地和科普企业共同发起"上海市科普产业联盟",建设开放共享、融通发展的产业创新生态平台。区内部分科普企业列表如表1所示。

表1 徐汇区部分科普企业

序号	企业/单位名称	类别	简　介
1	上海科教电影制片厂(隶属上影集团)	传播类	拍摄新闻纪录片、科学普及片、技术推广片、科学幻想片、科学杂志片和教学片、旅游片等各种类型的科教影视片
2	上海科学技术出版社有限公司	传播类	国内规模最大的综合性科技出版社之一,主要业务之一是科普类等书刊出版及发行,出版《科学画报》《大众医学》等科普杂志

(续表)

序号	企业/单位名称	类别	简　介
3	北京微创博志教育科技有限公司上海分公司(注册地:奉贤区,工作地点:徐汇区)	教育类	公司成员从中国科学院科普团队发展而来,专注于青少年科技教育,现已经建构出"涵盖课程、活动、教材、教具与基地运营五大产品门类,覆盖学前至高中全学段"的完整产品生态体系,包括科技英才研学旅行、科学盒子、科学公园、科创培优、博识课、趣味科学课、达尔文实验站、化石小猎人、博物馆奇妙夜等系列产品
4	上海敬学文化传播有限公司	教育类	围绕学校和学生开展全方位的科学创新教育。公司具有体系化的科学创新教育内容,涵盖航天航空、生命科学、新能源和新材料、人工智能和机器人、当代物理等五大方向
5	上海耕子教育科技有限公司	教育类	公司是中国人工智能学会教育行业会员之一,旗下"妙小程"品牌旨在打造具有全球影响力的青少儿在线编程教育平台,推动中国编程教育的普及
6	上海科技会展有限公司	会展类	在市科委直接指导下,凭借政府的政策指导和资源优势,根据科技发展的动态和市场需求,专业策划、主办、承办国内外各类科技型展览、会议和大型活动的股份制公司。近年来承办过的重要科普展会有上海科技节、中国国际工业博览会——创新科技馆、上海国际青少年科技博览会等

二、徐汇区发展科普产业存在的问题和瓶颈

总体上看,徐汇科普产业尚处于培育和萌芽阶段,科普社会化和市场化才刚起步,产业化还需要一个长期的过程。目前,徐汇区虽然已具备了培育和发展科普产业的良好基础和生态,但也存在不少瓶颈和问题。例如,科普产业整体规模较小、科普企业市场化程度偏低、有竞争力有特色的科普行业尚未形成,科普产业发展所需的各类支撑性环境要素还明显不足,培育和发展科普产业任重道远。

1. 缺少有影响力的科普企业

市场主体是产业发展的核心载体,只有具备一定数量的市场主体(企业),才能形成一个特定的产业。科普产业作为刚萌芽的新兴产业,整体比较小、散、弱,产业集中度比较低。尽管徐汇区有一些科普机构在进行市场化、社会化的探索,但总体而言,这些科普机构的市场化盈利能力还不强,产业化程度还不高,大多

数市场主体的业务不是专门针对科普市场,而是在其业务中包含与科普有关的产品或服务,如上海科技会展有限公司、上海科学技术出版社等。虽然近几年也出现了一些专业化的科普企业,但却未形成知名企业和龙头企业,企业大多规模小、盈利能力弱、市场竞争力低。其中"科学盒子"等几个稍有名气的品牌均出自北京企业在上海的分公司,当地培育起来的科普企业更是规模小、影响力小,尚未出现如北京果壳互动科技传媒有限公司这样有影响力的专业化科普企业。

2. 缺少有竞争力的科普产业品牌

缺少科普产业品牌,科普产品供给与大众科普需求之间存在较大的缺口,这是徐汇区也是上海市科普产业的一个短板。随着市民生活水平和知识水平的提高,他们对科普、教育、娱乐等文化需求与日俱增,但与之对应的是,科普产品和服务的供给明显不足,科普市场供需严重不平衡。一方面,科普产品和服务数量严重不足。由于缺乏良好的社会化、市场化机制,企业和社会开发科普产业、提供科普服务的积极性、主动性和创造性还不够,依托政府推动科普事业的局面尚未得到真正改变,而单靠政府一家之力,根本无法满足社会大众的需求。另一方面,科普产品和服务的质量也难以提高,现有的科普产品和服务质量不高、吸引力不足,为社会公众喜闻乐见的精品和品牌项目严重不足。相较于北京出现果壳、知乎等知名科普品牌,徐汇区乃至上海市都尚未出现具有同等竞争力的科普产业品牌,现有的科普品牌知名度低、特色不足。

3. 缺少专业性的孵化基地

作为国家双创示范基地,徐汇区围绕创新创业打造"两极两带"(漕河泾信息技术产业创新极和枫林生命健康产业创新极、滨江创新创意带和漕河泾—华泾创新创业带),拥有一批高水平的科技孵化基地和文创孵化基地,但却缺少与科技、文化、创意密切相关的科普产业孵化基地。目前,徐汇区仅有氪空间·徐家汇文定路社区一家专门的科普类孵化基地。刚运作一年半的基地虽旨在打造为创业者提供服务、孵化、成果培育和项目产业化的综合性平台,但实质上仅是解决了小微创业团队的办公难问题,面向科普产业的孵化服务能力和成果培育能力还较弱,导致基地内的科普企业成长性不足。

4. 缺少针对性的支撑政策

目前,全国的科普产品的市场还比较狭小,投融资和估值体系还不成熟,"政府引导、社会参与、共同受益"的格局还未成型,徐汇区面临同样的问题。相对于科普市场的巨大需求而言,徐汇区乃至上海科普产业发展所需的各类支撑性环境要素还不足,产业政策、服务平台、资金投入、人才队伍、产品丰富度等方面都亟须加强。在产业政策方面,目前的支撑性政策往往与其他产业政策混搭,专门针对科普产业发展的政策措施几近空白;在产业人才方面,专业化、高层次科普策划、产品研发和市场开拓人才不足;在资金投入方面,无论是政府专门的扶持资金还是企业对科普产品的开发投入都严重不足,政府资金对社会、企业资金的带动效应也亟须增强。这是相对于旺盛的科普市场需求,科普产业仍然发展缓慢的重要因素之一。

究其原因,主要是政府和社会对科普产业的重视度还不高,科技创新资源转化为科普产业的动力不足,科技产业与文化产业的融合度较低,科普事业与科普产业相互促进的动能不足等。

三、培育发展徐汇区科普产业的对策和建议

培育和大力发展科普产业,促进科技创新与科学普及的融合发展,将进一步为徐汇区提升科创中心重要承载区能级、全力打造创新策源引擎提供支撑。为此建议,要充分发挥政府引导和统筹规划作用,强化科技与产业、文化融合,依托科技园区和文创园区载体加快孵化科普企业,推动科普产业要素集聚,助力徐汇区打造成为具有全国影响力的科普产业发展示范基地。

1. 发挥政府引导作用,将科普产业布局纳入整体规划

切实发挥好政府在产业制度建设、规划和政策制定及市场监管等方面的职责,强化政府产业发展的导向作用,促进市场决定力、企业主体力和政府引导力有机融合,形成政府、企业、市场共同推进科普发展的新格局。

(1)加强与市相关部门的沟通协调,建议市相关部门制定促进科普产业发展的实施意见和扶持政策,力争将科普产业纳入现代服务业和文化创意产业发展规划范围。

(2)研究制定区科普产业布局,充分把握科普产业不同细分领域的市场成熟度和社会化程度,分层次、有选择地推进。

(3)率先建立科普产业统计监测体系,与统计部门合作,研究制定规范化的科普产业统计制度和指标体系,定期完成数据收集,及时做好科普产业发展的年度统计和分析。

(4)依托区内上海市科学学研究所、上海社科院等智库在科普研究领域的经验,加强科普产业发展相关的理论研究,强化产业发展的理论支撑,强化科普产业典型案例及实践调研,总结科普产业发展的成功经验和发展模式。

2. 发挥区内科技与产业优势,培育特色科普品牌

充分利用徐汇区科研、教育和相关产业资源,大力支持科普内容产业、科普制造产业、科普文化产业的发展,推动徐汇区建设成为全国科普产业培育示范基地。

(1) 结合徐汇区在生命科学、天文、气象方面的科研特色,对接青少年科教需求,鼓励文化创意企业、设计公司与相关科研院所、科普基地联合成立科普创意产品开发公司,合作开发特色化、专业化、趣味化的科普展教品;同时重视科技与文化艺术资源的优化融合,开发兼具科技含量和艺术品位的科普产品。

(2) 结合原有科普产业基础,打造科普精品。如依托上海科学技术出版社,引导其加大科技科普类图书的创作、出版、发行力度;依托上海科教电影制片厂,扩大科普影视内容开发和市场开拓,打造一批有科技含量和艺术内涵、在全国有广泛影响的科普影视精品;依托上海科技会展有限公司,充分发挥其在科技会展领域的优势,拓展国内外合作渠道,加强与科普教育基地合作,支持其提升会展水平,打造在科普会展的品牌影响力。

(3) 借势人工智能等徐汇区未来重点产业发展,加强与商汤"智能视觉"、依图"视觉计算"、明略"营销智能"等国家新一代人工智能开放创新平台的合作,通过项目形式组建"人工智能+科普"的产品开发团队,开发高端、原创的科普产品,拓展智能化科普产品的商业空间。通过数字化赋能教育,开发人工智能教育产品,切实推进人工智能进校园,加强人工智能课程区级教学资源建设,探索人工智能教育全学段覆盖模式。

(4) 整合区内科研院所、大学资源和科普教育基地资源,充分发挥区内科教优势与文化旅游特色,支持培育若干科普文化企业,打造高端原创的科普文创产品和特色精品的科普研学旅游产品。如对接"徐汇文化 C 圈"打造,在"徐家汇源""魅力衡复""艺术西岸""古韵龙华"等文化品牌中嵌入科技内涵和科普元素;依托"建筑可阅读——魅力衡复之旅"、徐汇音乐艺术之旅等特色旅游路线打造特色科普研学线路等。

3. 依托科技园区和文创园区载体,建设专业科普孵化基地和产业园

充分利用徐汇区科教资源和文化资源,积极推动科普产业与教育产业、文化创意产业等相关产业融合发展,建设若干科普产业孵化基地,推动政策、资金、技术、人才等产业发展要素向孵化基地集聚,培育孵化一批科普产业龙头企业,打造一批科普产业服务中介机构,促进科普产业集群形成。

(1) 引导氪空间提升科普孵化能力,做大做强"科普创业者集训营""科普企

业创新力商学院"等孵化品牌;围绕科普教育投融资对接服务,培育一批具有知名度的科普项目,助力科普企业快速成长。

(2)增加现有科技园和文创园的科普产业孵化功能,促进科普产业嵌入科技、创意(产业)园区和基地,发挥集聚效应。如区内现有18家文创园区(基地),已经入驻了一批数字内容、影视传媒、创意设计类文创企业,建议通过科普需求与企业优势对接,遴选一批有潜力的企业,给予其同等孵化企业的优惠政策,引导其整体或部分业务向特色化、专业化科普行业转型。

(3)依托在建和新建产业园区,开辟具有行业特色的科普产业孵化功能区。如依托徐汇AI新高地建设"T计划",以上海西岸国际人工智能中心和徐汇北杨人工智能小镇等为载体,结合人工智能行业科普需求和人工智能产品开发需求,打造具有人工智能行业特色的科普产业孵化区;依托枫林—漕开发东西联动和大健康产业集群发展,孵化培育大健康科普企业,面向公共卫生需求开发应急科普产品。

4. 推动科普产业要素集聚,拓展融资渠道,培育产业人才

资金要素方面:一是加大财政资金对科普产业的引导。建议徐汇区配套科普产业专项资金,对科普企业、科普产品开发以及符合条件的市场化科普项目予以资助和培育;加强与文化、宣传等部门的合作,支持科普类项目积极申报市和国家有关文化创意资金项目。二是拓展社会融资。以财政资金为牵引,联合文化、教育、科普基金会等,鼓励社会捐赠支持科普产业发展。三是探索发展科普金融,促进金融资本与科普要素有机融合。在知识产权质押贷款业务中,试点推行将原创性科普展品、教具、图书等纳入质押范围。

产业人才方面:一是发挥人才计划的育才聚才作用,依托国家及上海市重点人才计划,培育、引进一批科技类、动漫设计类、图书出版类和市场创业类的高素质人才团队,将高端科普人才培养和引进纳入新一轮光启人才行动计划。二是推动产学研合作培养人才,支持鼓励区内高等院校、科研院所、企业与相关机构建设高端科普人才培训实践基地,并探索建立以培育科普专业人才为宗旨的教育机构,面向全国培育科普创作、活动策划、产品研发和市场开拓等专业化科普人才,同时加快创新型、复合型、外向型科普产业人才培养,实现多样化科普产业人才供给。

参考文献

［1］任福君,张义忠,刘广斌.科普产业概论(修订版)［M］.北京：中国科学技术出版社,2018.

［2］张仁开."十三五"时期上海培育和发展科普产业的思路研究［J］.上海经济,2017(1)：32－40.

［3］周建强,苏婷,刘慧.科普产业发展趋势研究［C］//中国科普理论与实践探索——新时代公众科学素质评估评价专题论坛暨第二十五届全国科普理论研讨会论文集.北京：科学出版社,2018.

［4］任福君.新时代我国科普产业发展趋势［J］.科普研究,2019(2)：38－46,70,108.

［5］张仁开.新时代科普发展的新战略——以上海为例［J］.安徽科技,2018(9)：5－8.

［6］李宪奇.科普产业：培育经济转型升级的新支点［N］.中国科学报,2017－10－27(3).

主要参考文献

［1］张仁开."十三五"时期上海培育和发展科普产业的思路研究［J］.上海经济,2017(1)：32－40.

［2］曹宏明,李健民.全球科技创新中心战略与上海科普事业发展新思考［M］.上海交通大学出版社,2018：60－78.

［3］李黎,孙文彬,汤书昆.科学共同体在科普产业发展过程中的角色与作用［J］.科普研究,2013,8(4)：17－26.

［4］新华社北京11月3日电.中共中央关于制定国民经济和社会发展第十四个五年规划和二〇三五年远景目标的建议［EB/OL］.［2020－11－30］http://www. gov. cn/zhengce/2020-11/03/content_5556991. htm

［5］张仁开.新时代科普发展的新战略——以上海为例［J］.安徽科技,2018(9)：5－8.

［6］高宏斌,郭凤林.面向2035年的公民科学素质建设需求［J］.科普研究,2020,15(3)：5－10,27,108.

［7］康娜.企业科普主体作用研究［D］.北京：北京工业大学,2012.

［8］杨晶,王楠.我国大学和科研机构开展科普活动现状研究［J］.科普研究,2015,59(5)：93－101.

［9］刘佳.科研院所向社会开放的现状研究——以中国科学院为例［D］.北京：中国科学院研究生院,2010.

［10］陈立俊,史悦.科学商店：大学生志愿者服务社区科普新途径［J］.当代青年研究,2010(1)：6－10.

［11］袁汝兵,王彦峰,郭昱.我国科研与科普结合的政策现状研究［J］.科技管理研究,2013,33(5)：21－24.

［12］大卫·艾克.创建强势品牌［M］.北京：中国劳动社会保障出版社,2004.

［13］上海市科学技术委员会.上海中长期科普发展战略研究［R］.上海：上海市科学技术委

员会,2006.

[14] 上海市人民政府.上海市科普事业"十三五"发展规划[R].上海:上海市人民政府,2016.

[15] 国家科技部、中宣部,等.关于加强国家科普能力建设的若干意见[S].国科发政字〔2007〕32 号.

[16] 李健民,等.上海科普场馆与"二期课改"互动方案的研究报告[R].上海:上海市科学学研究所,2006.

[17] 陈晓洪.科技博物馆组织文化探讨[J].广东科技,2013,22(6):3-4.

[18] 张勇.科技博物馆科学传播模式研究[D].合肥:中国科学技术大学,2011.

[19] 任福君,张义忠,周建强,等.中国科协科普产业发展"十二五"规划研究报告[R].北京:中国科普研究所,2010.

[20] 齐繁荣.中国科普图书、科普玩具和科普旅游市场容量分析和预测[D].合肥:合肥工业大学,2010.

[21] 李小北,陈宁,田利琪等.中国展览业的现状问题及对策研究[J].河北农业大学学报(农林教育版),2004,6(3):11-15.

[22] 姚义贤.发展我国科普动漫的时机浅议[J].科普创作通讯,2010(2):3-5.

[23] 武丹,姚义贤.刍议我国科普动漫的发展前景[J].科普创作通讯,2010(4):22-24.

[24] 何谭谭.中国教育培训市场现状分析与发展对策研究[D].大连:大连理工大学,2010.

[25] 龙金晶,郭晶,武丹.中国科普动漫产业发展存在问题及对策研究[J].科普研究,2010,5(28):13-18.

[26] 任福君,周建强,张义忠.科普产业发展研究[R].北京:中国科普研究所,2010.

[27] 劳汉生.我国科普文化产业发展战略(思路和模式)框架研究[J].科技导报,2004(4):55-59.

[28] 任福君,张义忠,刘萱.科普产业发展若干问题的研究[J].科普研究,2011,6(3):5-13.

[29] 武丹.互联网科普发展初探[C].北京:全国科普理论研讨会论文集,2013.

[30] 张小林.互联网科普理论探究[M].北京:中国科学技术出版社,2011.

[31] 王丽晖.互联网+时代科普信息化建设问题思考[J].中国新通信,2018,20(22):44.

[32] 刘新村.社区科普工作模式研究[J].天津科技,2003(04):15-16.

[33] 徐仁杰,赖臻.北京:一刻钟社区服务圈[J].百姓生活,2011(10):14-15.

[34] 张欣.长春市"一刻钟便民服务圈"社区服务研究[D].长春:东北师范大学,2016.

[35] 石良.新农村社区建设新模式——"社区服务圈"[J].重庆科技学院学报(社会科学版),2011,(20):52-54.

[36] 李健民,张仁开.上海青少年科普工作现状及发展对策研究[C]//中国科普研究所.公民科学素质建设论坛暨全国科普理论研讨会论文集.北京:中国科普研究所,2011.

[37] 张仁开. 发达国家中小学科技教育的经验及对我国的启示[C]. 科技传播创新与科学文化发展：中国科普理论与实践探索——全国科普理论研讨会暨亚太地区科技传播国际论坛论文集. 北京：中国科协、中国科普研究所, 2012.

[38] 李健民, 刘小玲, 张仁开. 国外科普场馆的运行机制对中国的启示和借鉴意义[J]. 科普研究, 2009, 4(3)：23 - 29.

[39] 丁爱侠. 国际比较视阈下的科普教育[J]. 宁波教育学院学报, 2015, 17(1)：68 - 70.

[40] 张仁开, 李健民. 建立健全科普评估制度, 切实加强科普评估工作——我国开展科普评估刍议[J]. 科普研究, 2007(04)：38 - 41.

[41] 刘清华. 商业科普：向知识要第一营销力[J]. 上海管理科学, 1999(2)：20.

[42] 周文胜. 商业科普及其应注意的几个问题[J]. 商业研究, 2000(10)：144 - 145.

[43] 黄牡丽. 商业科普中的信息不对称及治理对策[J]. 学术论坛, 2004,(3)：108 - 110.

[44] 周荣庭, 何兵, 卢优莎. 基于"绿色"广告的企业商业科普模式及策略构想[C]//全民科学素质与社会发展——第五届亚太地区媒体与科技和社会发展研讨会论文集. 北京：中国科技新闻学会等, 2006.

[45] 吴海霞, 周荣庭. 商业科普网站与公益科普网站运作模式及传播能力对比研究——以新浪科技和中国科普博览为例[J]. 科技传播, 2014, 6(20)：179—180.

[46] 吴超钢. 企业商业科普模式在营销中的应用研究[J]. 企业科技与发展, 2009(18)：213 - 214.

[47] 赵杰. 黄浦区创建科普示范城区初见成效[J]. 上海人大月刊, 2007(10)：39.

[48] 依江宁. 让科技展览走进购物中心[J]. 金融经济, 2019(19)：65 - 66.

[49] 王森. "大科普"立法, 筑牢创新大厦基础[N]. 深圳特区报, 2020 - 01 - 02(A02).

[50] 任福君. 新中国科普政策70年[J]. 科普研究, 2019, 14(05)：5 - 14,108.

[51] 宁波市人大常委会. 关于《宁波市科学技术普及条例》的说明[J]. 浙江人大(公报版), 2018(05)：66 - 67.

[52] 唐志勇, 周鸿燕. 社会科学普及立法模式探析[J]. 南方论刊, 2017(09)：48 - 51.

[53] 李群. 积极开展哲学社会科学普及工作[N]. 中国社会科学报, 2016 - 05 - 31(005).

[54] 万永波. 重视社科普及　加快科普立法[J]. 社科纵横, 2015, 30(10)：116 - 118.

[55] 关于《杭州市科学技术普及条例》的说明[J]. 浙江人大(公报版), 2015(03)：17 - 18.

[56] 明希. 《四川省科学技术普及条例(修订)》立法研究[Z]. 四川省科技交流中心, 2014 - 06 - 12.

[57] 李彤. 完善科普法制　推动科普工作——《天津市科学技术普及条例》修正案解读[J]. 天津人大, 2013(10)：27 - 28.

[58] 张义忠, 任福君. 我国科普法制建设的回顾与展望[C]//安徽首届科普产业博士科技论坛暨社区科技传播体系与平台建构学术交流会论文集. 合肥：安徽省科学技术协会学

会部,2012.

[59] 王光明.《科普法》与科协的不解之缘——纪念《科普法》颁布 10 周年[J].科协论坛,2012(10):5-7.

[60] 张义忠.《科普法》的颁布与实施是我国科普事业发展的里程碑[J].科普研究,2012,7(04):7.

[61] 张义忠,任福君.我国科普法制建设的回顾与展望[J].科普研究,2012,7(03):5-13.

[62] 张金声.历史功绩与历史超越(一)——纪念《科普法》颁布 10 周年[J].科协论坛,2012(04):6-8.

[63] 张义忠.我国地方科普法制建设中科普内涵的创新与外延拓展[C]//中国科普理论与实践探索——公民科学素质建设论坛暨第十八届全国科普理论研讨会论文集.北京:中国科普研究所,2011.

[64] 湖北省科协课题组,曲颖.科普资源共建共享机制研究[C]//湖北省科学技术协会.2010湖北省科协工作理论研讨会论文集.武汉:湖北省科学技术协会,2010.

[65] 李健民,杨耀武,张仁开,等.关于上海开展科普工作绩效评估的若干思考[J].科学学研究,2007,25(2):331-336.

[66] 张仁开,罗良忠.我国科技评估的现状、问题及对策研究[J].科技与经济,2008,21(3):25-27.

[67] 张风帆,李东松.科普评估体系探析[J].科协论坛,2005(10):12-17.

[68] 张志敏.中国大陆科普评估的发端与发展[C]//第七届海峡两岸科普论坛论文集.南京:江苏省科协等,2014.

[69] 李宪奇.科普产业:培育经济转型升级的新支点[N].中国科学报,2017-10-27(3).

[70] 何薇.从继承到创新:公民科学素质监测评估的中国道路[J].科普研究,2019,14(5):15-22,33,108.

[71] 赵立新,赵东平.中国公民科学素质建设 20 年回顾与展望[J].科普研究,2018,13(6):59-65,111.

[72] 季良纲,张奕,张彩伃,李建明.影响公民科学素质水平的因素分析——基于江浙沪地区公民科学素质调查数据[J].科技通报,2018,34(5):283-286.

[73] 怀进鹏.共促科学素质建设　共创人类美好未来[J].中国科技奖励,2018(9):17-21.

[74] 石兆文.当前国外科普发展趋势与舟山海洋科普发展战略[J].海洋开发与管理,2007,24(4):103-108.

[75] 王蕾,杨舰.21 世纪日本科学传播相关国策综述[J].科学,2016,68(2):56-59.

[76] 居云峰.中国科普的六个新理念[J].科普研究,2010,5(1):73-75.

[77] 李黎,孙文彬,汤书昆.科学共同体在科普产业发展过程中的角色与作用[J].科普研究,2013,8(4):17-26.

［78］任福君,张义忠,刘广斌.科普产业概论(修订版)[M].北京：中国科学技术出版社,2018.

［79］周建强,苏婷,刘慧.科普产业发展趋势研究[C]//中国科普理论与实践探索——新时代公众科学素质评估评价专题论坛暨第二十五届全国科普理论研讨会论文集.北京：科学出版社,2018.

［80］任福君.新时代我国科普产业发展趋势[J].科普研究,2019(2)：38-46,70,108.